养殖场兽药安全使用技术系列

猪场安全高效用药技术

ZHUCHANG
ANQUAN GAOXIAO
YONGYAO JISHU

王艳丰 张丁华 编著

化学工业出版社
·北京·

《猪场安全高效用药技术》全书共十七章，内容涵盖兽药基本知识，给药方法及安全用药原则，兽药标准及相关制度，消毒防腐药，抗微生物药，抗寄生虫药，作用于神经系统的药物，作用于内脏系统的药物，解热镇痛抗炎药与糖皮质激素类药，体液补充药与电解质、酸碱平衡调节药，调节组织代谢药，抗过敏药与局部用药物，解毒药，常用中成药及猪常见病处方等。全书内容丰富，系统阐述猪常用西药与中药，突出全面性和科学性；融入新兽药及兽药临床新用，突出新颖性和前瞻性；细化每种兽药的使用，突出实用性和可操作性；严格执行《中国兽药典》《兽药使用指南》及农业农村部相关公告等，突出安全性和合法性。

《猪场安全高效用药技术》可供规模化猪场兽医、养猪专业户、兽药与饲料企业技术人员等阅读使用，也可供农业院校动物医学、动物科学专业方向的师生阅读和参考。

图书在版编目（CIP）数据

猪场安全高效用药技术/王艳丰，张丁华编著.
—北京：化学工业出版社，2020.2
养殖场兽药安全使用技术系列
ISBN 978-7-122-36025-0

Ⅰ.①猪… Ⅱ.①王…②张… Ⅲ.①猪病-用药法
Ⅳ.①S858.28

中国版本图书馆 CIP 数据核字（2020）第 004323 号

责任编辑：尤彩霞　　文字编辑：焦欣渝
责任校对：刘　颖　　装帧设计：韩　飞

出版发行：化学工业出版社（北京市东城区青年湖南街 13 号　邮政编码 100011）
印　　刷：北京京华铭诚工贸有限公司
装　　订：三河市振勇印装有限公司
850mm×1168mm　1/32　印张 13¼　字数 341 千字
2020 年 6 月北京第 1 版第 1 次印刷

购书咨询：010-64518888　　售后服务：010-64518899
网　　址：http://www.cip.com.cn
凡购买本书，如有缺损质量问题，本社销售中心负责调换。

定　　价：45.00 元　

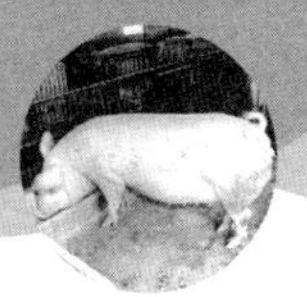

前言

近年来，随着我国养猪业的迅速发展，用于猪病防治、提高生产性能的兽药层出不穷，合理用药可以防治疾病、提高生产性能、改善猪肉品质，从而提高养猪经济效益。相反，用药不当，如超量用药、盲目用药、不遵守休药期、使用违禁药、用药不对症、配伍不合理、人药猪用等，不仅会造成药物浪费、疗效不佳、贻误治疗时机，而且会导致猪肉药物残留、细菌产生耐药性等，对人类健康构成严重威胁。原农业部（2018 年 3 月已整合更名为农业农村部）2017 年发布了《全国遏制动物源细菌耐药行动计划（2017—2020 年）》，2018 年发布了《2018 年兽医工作要点》《关于开展兽用抗菌药使用减量化行动试点工作的通知》，2019 年又发布了《2019 年畜牧兽医工作要点》等，均在加强兽用抗菌药物管理，减少动物源细菌耐药性和兽药残留超标风险，以保障养殖业生产安全、食品安全、公共卫生安全和生态安全。因此，猪场科学规范、安全高效使用兽药具有极其重要的意义。

《猪场安全高效用药技术》共十七章，内容涵盖兽药基础、兽药使用与兽药处方，包括兽药基本知识，给药方法及安全用药原则，兽药标准及相关制度，消毒防腐药，抗微生物药，抗寄生虫药，作用于神经系统的药物，作用于内脏系统的药物，解热镇痛抗炎药与糖皮质激素类药，体液补充药与电解质、酸碱平衡调节药，调节组织代谢药，抗过敏药与局部用药物，解毒药，常用中成药，猪常见病处方等。本书的特点是新、全、实、严、精。

① 新：在系统介绍猪场常用药的基础上，力争将近年来的新兽药及兽药临床新用等融入其中，突出新颖性和前瞻性；

② 全：将西药和中兽药同时融入其中，尤其是常用中成药应用指征、用法用量等，突出全面性和科学性；

③ 实：详细介绍每一种兽药的别名、性状、药理作用、临床应用、用法用量、剂型规格、相互作用、不良反应、特别提示等，突出实用性和可操作性；

④ 严：以《中华人民共和国兽药典》（简称《中国兽药典》）、《兽药使用指南》及相关标准、农业农村部公告等为依据，以动物福利为出发点，以猪肉品质安全、无药物残留为落脚点，系统阐述猪场兽药安全使用技术，突出安全性和合法性；

⑤ 精：内容选留以国家相关兽药标准为原则，以猪场常用兽药为着眼点，重点介绍猪场常用兽药的安全高效使用方法及常见病的治疗处方。

《猪场安全高效用药技术》可供规模化猪场兽医、养猪专业户、兽药与饲料企业技术人员等阅读使用，也可供农业院校动物医学、动物科学专业方向的师生阅读和参考。

本书由河南农业职业学院牧业工程学院王艳丰、张丁华老师编写。编者长期从事猪病临床诊疗工作，开展猪病防治技术推广与培训、猪病实验室检测及巡诊，深知猪场用药存在的常见问题，了解猪场兽医工作者的需求，从安全科学高效的维度去介绍兽药，以解决他们的实际需求为编写原则。由于编者水平所限，难免会有不足之处，敬请读者批评指正。

用药声明：本书中提供的治疗处方仅供参考，具体用药应在执业兽医师的指导下，视猪的病情、发病阶段、年龄、体重、生理阶段及个体差异等因素决定用法用量、用药时间及最佳方案。出版社和作者对任何在治疗过程中所发生的对患病动物所造成的伤害和/或财产损失不承担责任。此外，由于兽药科学发展日新月异，加上国家兽药相关政策不断调整与优化，兽药的使用种类、范围、对象及用途等也会发生变化，请予以密切关注。

编著者

2020 年 3 月

目录

第五章 抗微生物药 65

第十四章　常用中成药 257

第十六章 猪寄生虫病处方 325

第十七章 猪普通病处方 331

第一章

兽药基本知识

第一节　兽药的概念及分类

一、兽药的概念

兽药是指用于预防、治疗和诊断动物疾病，或者有目的地调节动物生理机能、促进动物生长与繁殖和提高生产效能的物质。包括血清制品、疫苗、诊断液等生物制品；微生态制剂；兽用的中药材、中成药；化学原料药及其制剂；抗生素、生化药品、放射性药品及外用杀虫剂、消毒剂等。饲料添加剂是指为满足特殊需要而加入动物饲粮中的微量营养性或非营养性物质。饲料药物添加剂则指饲料添加剂中的药物成分，亦属广义兽药的范畴。

二、兽药的分类

兽药按来源可分为天然药物（如植物、动物、矿物和微生物发酵产生的抗生素）、合成药物（如各种人工合成的化学药物、抗菌药等）、生物技术药物（即通过细胞工程、基因工程、酶工程和发酵工程等新技术生产的药物，如酶制剂、生长激素和疫苗等）。此外，根据兽药的安全性和使用风险程度，兽药又可分为处方药和非处方药。

三、相关术语

1. 剂量

（1）最小有效量　指开始出现疗效的最小剂量。

（2）极量　指出现最大治疗作用但尚未引起毒性反应的量。

（3）最小中毒量　指超过极量，血药浓度继续升高，引起毒性反应的最小剂量。

（4）治疗量和常用量　治疗量指最小有效量与极量之间的量。临床为使药物疗效可靠而安全，常采用比最小有效量大又比极量小的量，称为常用量。

（5）安全范围　指最小有效量到最小中毒量之间的剂量范围。安全范围过小的药物易中毒。有时药物剂量在安全范围内，但当单位时间内进入体内的药量过大时也会导致中毒。

2. 治疗指数

治疗指数指药物半数致死量与半数有效量的比值，即 $TI = LD_{50}/ED_{50}$，治疗指数越大，药物越安全。

3. 半衰期

半衰期指血浆药物浓度下降一半所需的时间。半衰期是反映药物消除速度的重要参数。

4. 表观分布容积

假如体内药物是均匀分布的，静脉注射一定量的药物待分布达平衡时，按测得的血药浓度计算应占有的体液容积称为表观分布容积，用 L 或 L/kg 表示。

5. 清除率

单位时间内机体能将多少容积体液中的药物清除，称为清除率，单位是 L/h 或 mL/min。

6. 生物利用度

生物利用度指药物制剂被机体吸收进入体循环的程度和速度。

第二节　兽药的剂型

一、固体剂型

（1）散剂　指药材或药材提取物经粉碎、均匀混合制成的粉末状制剂，分为内服散剂和外用散剂。如白头翁散、黄连解毒散、擦疥散等。

（2）粉剂 指药物或与适宜的辅料经粉碎、均匀混合制成的干燥粉末状制剂，分为内服粉剂和局部用粉剂。如硫酸新霉素可溶性粉、氟苯尼考粉、结晶灭菌磺胺（消炎粉）等。

（3）预混剂 指药物与适宜的基质均匀混合制成的粉末状或颗粒状制剂。预混剂通过饲料以一定的药物浓度给药。如替米考星预混剂、吉他霉素预混剂等。

（4）颗粒剂 将生药以水煮沸或以其他方法提取后，再进一步浓缩成稠膏，以适量原药粉或蔗糖与之混合成颗粒状，即为颗粒剂，服用时用开水或温开水冲服。如板青颗粒、甘草颗粒等。

（5）丸剂 指药物与赋形剂制成的圆球状内服固体制剂。如板二黄丸、救黄丸等。

（6）片剂 指将一种或多种药物与赋形剂混匀后制成颗粒，再用压片机压制成圆片状的剂型。如阿苯达唑片、乳酶生片等。

（7）胶囊剂 指将药物盛于空胶囊内制成的剂型，如阿维菌素胶囊等。

二、液体剂型

（1）芳香水剂、溶液剂 芳香水剂一般是指挥发性芳香物质的饱和或近饱和水溶液，如薄荷水等。溶液剂一般多为非挥发性药物的透明水溶液，供内服或外用，如恩诺沙星溶液、双甲脒溶液、阿维菌素透皮溶液等；此外，亦包括由中药提取而得的口服溶液（称口服液，如杨树花口服液）以及合剂（系指溶质为两种或两种以上药物制成的液体药剂，如清解合剂、益母生化合剂等）。

（2）煎剂、浸剂和流浸膏 煎剂和浸剂均为中药的水浸出制剂。煎剂是生药加水煮沸一定时间去渣所得的溶液，中药汤剂也是一种煎剂。浸剂是将生药用水（沸水、温水或冷水）浸泡一定时间后去渣所得的溶液。流浸膏是将生药的浸出液浓缩而得的，如大黄流浸膏、甘草流浸膏等。为便于保存，此类制剂中常加有防腐剂。

（3）酊剂　指生药或化学药物用不同浓度的乙醇浸出或溶解而得到的溶液，如碘酊、陈皮酊等。

（4）注射剂　又称针剂，指灌封于特定容器中灭菌的药物溶液（水剂或油剂）、混悬液、乳浊液或粉末。如恩诺沙星注射液（水针）、注射用头孢噻呋钠（粉针）、黄芪多糖注射液、葡萄糖注射液、生理盐水等均属注射剂。

（5）乳剂　指两种互不相溶的液相（水相及油相）加入乳化剂后制成的乳状悬浊液。如猪用灭活疫苗。乳剂通常是一种液相的小滴分散在另一种液相中形成的，若油为分散相，水为分散媒，水包于油滴之外，称水包油乳剂，可用水稀释，多供内服或混饮；反之则为油包水乳剂，可用油稀释，多供外用。

三、半固体剂型

（1）软膏剂　指将药物与适宜的基质混合均匀，制成容易涂布于皮肤或黏膜上的半固体外用制剂，如硫酸新霉素软膏、氧化锌软膏等。

（2）糊剂　指将大量粉状药物（25％以上）与脂肪性或水溶性基质混匀，制成的半固体制剂，如芬苯达唑糊剂、氟苯达唑糊剂等。

（3）舔剂　指将药物与适宜的辅料（如淀粉、米粥等）混合调制成的粥状或糊状剂型，适用于投喂少量对口腔无刺激性的苦味健胃药。

四、气体剂型

气雾剂是指将药物和抛射剂（液化气体或压缩气体）包装于特制的耐压容器中制成的，以雾状、微粉或烟雾状喷出的制剂，是液体微粒或固体微粒分散在气体介质中而形成的分散形式。吸入给药治疗呼吸系统疾病，具有速效定位的特点，亦可用于皮肤黏膜给药及空间消毒。

第三节　兽药的作用

一、兽药的基本作用

药物的基本作用是指药物对机体原有功能活动的影响，是在机体原有生理生化功能基础上产生的。凡能使机体原有功能增强的作用称为兴奋作用，如肌肉收缩、腺体分泌增多、酶活性增强等，相应的药物称为兴奋药。凡能使原有功能活动减弱的作用称为抑制作用，如肌肉松弛、腺体分泌减少、心率减慢等，相应的药物称为抑制药。机体功能活动的兴奋和抑制，在一定条件下可互相转化，药物作用也如此，如适量的新斯的明可以使重症肌无力患畜骨骼肌收缩力增强，但过量时反使患畜肌无力症状加重。

二、兽药作用的类型

1. 局部作用与吸收作用

根据药物作用部位不同，在用药部位呈现作用的，称为局部作用，如普鲁卡因或利多卡因的局部麻醉作用。药物吸收进入血液循环后呈现作用的，称为吸收作用或全身作用，如复方氨基比林肌注后产生的解热镇痛作用。

2. 直接作用与间接作用

根据药物作用的顺序不同，药物进入机体后首先产生的原发作用，称为直接作用。由药物直接作用所产生的继发作用，称为间接作用。如强心苷能直接作用于心脏，增强心肌收缩力（直接作用），由于心脏机能增强，血液循环改善，肾血流量增加，又间接产生利尿作用（间接作用）。

3. 药物作用的选择性

药物进入机体后对各组织器官的作用并不相同，适当剂量时对某一或某些组织或器官的作用较强，而对其他组织或器官的作用较弱或无作用，这称为药物作用的选择性。如速尿选择性作用于泌尿系统（肾脏），而对呼吸系统无作用；甲基前列腺素 $F_{2\alpha}$ 选择性增强子宫平滑肌收缩，而对胃肠道平滑肌无作用。但药物作用的选择性是相对的，一种药物往往对多个组织或器官均有作用，只是存在作用强度差异。如硫酸镁注射液既可对中枢神经产生抑制作用，又能松弛内脏平滑肌和扩张外周血管。此外，有些药物的选择作用与剂量有直接关系，小剂量时只作用于某个器官，大剂量时则对较多器官产生作用。如缩宫素小剂量能增加妊娠末期子宫肌的节律性收缩，使收缩舒张均匀；大剂量则能引起子宫平滑肌强直性收缩，使子宫肌层内的血管受压迫而起止血作用，还能促进乳腺腺泡和腺导管周围的肌上皮细胞收缩，促进排乳。再如尼可刹米小剂量可选择性兴奋延髓呼吸中枢，使呼吸加深加快，但大剂量时可兴奋包括延髓在内的整个中枢神经系统，引起惊厥甚至死亡，故使用时剂量必须注意控制。

药物作用的选择性高，一般不良反应较少，疗效较好，因此，可以有针对性地选择来治疗某些疾病。如抗微生物药或抗寄生虫药能选择性地抑制或杀灭入侵动物体内的细菌或寄生虫，而对动物机体无明显作用，故常用来治疗相应的感染性疾病。相反，选择性低的药物，一般不良反应多，毒性较大。如消毒防腐药选择性较低，可直接作用于一切活组织中的原生质，又称为原生质毒或原浆毒，故只能用于皮肤或环境、器具的消毒，不能用于体内。

三、兽药作用的两重性

兽药的作用具有两重性，用药后既可产生防治疾病的有益作用（治疗作用），又可产生与防治疾病无关，甚至对机体有毒性的作用（不良反应）。

1. 治疗作用

治疗作用包括对因治疗作用和对症治疗作用，前者用于清除疾病病因（治本），后者用于改善或缓解症状（治标）。如使用抗微生物药、抗寄生虫药等杀灭或抑制病原微生物（细菌、病毒、支原体等）、寄生虫等，或补充维生素、矿物质元素等治疗某些营养代谢病等均属对因治疗；解热镇痛、止咳平喘、补液、防止酸中毒、兴奋心脏等均属对症治疗。对症治疗虽不能从根本上消除病因，但对某些危重症状（如休克、心力衰竭、惊厥、低温等），可达到暂时治疗的目的，有效降低患病猪只的死亡率。

对散养或小型猪场的猪疾病，常采取对因治疗与对症治疗相结合的方法。临床中应根据病情轻、重、缓、急的原则来选择治疗方法。“急则治其标，缓则治其本”：急性、危重病例，应先用药控制某些严重症状以解除急危重症，再进行对因治疗；慢性病例，应寻找病因进行对因治疗，以求根治。对规模化猪场的猪感染性疾病（如细菌、支原体、寄生虫等引起的疾病），应重点对因治疗，以清除侵入体内的病原体；某些暂无有效对因治疗药物的疾病（如病毒病、中毒病等），可进行对症治疗，防止继发感染，以降低死亡率，减少经济损失。

2. 不良反应

不良反应包括副作用、毒性作用、过敏反应、继发反应等。在药物治疗剂量正常时出现的与治疗目的无关的作用，称为副作用，属于药物的固有属性，一般反应较轻，常可预知并可设法消除或纠正。一种药物的作用常有多种，当用其某一作用来治疗时，其他作用就变为副作用；若改变其用途，副作用也可成为治疗作用。如阿托品能解除肠道平滑肌痉挛，可是会出现腺体分泌减少、口腔干燥的副作用；但用阿托品防治腺体分泌过多症时，其副作用转为治疗作用，解除胃肠平滑肌痉挛等作用就是副作用。再如阿司匹林能解热镇痛，可是有出血倾向的副作用；但用阿司匹林防治动脉硬化、血管痉挛、脑血栓时（防止红细胞凝集，抑制血管弹性酶的产生，抑制血小板的粘连），其副作用转为治疗作用。

毒性作用指药物对机体的损害作用，常由于使用剂量过大或时间过长引起，应特别注意避免。如水杨酸钠长期大剂量应用，可导致耳聋、肾炎等；磺胺类药长期或大量使用可损害肾脏和神经系统；氨基糖苷类药长期或大量使用，可引起耳毒性、肾毒性和神经肌肉传导阻断等。

过敏反应指某些个体对某种药物表现出的特殊不良反应，如皮疹、皮炎、发热、哮喘及过敏性休克等异常免疫反应，一般只发生于少数个体，主要与药物作用的种属差异和个体差异有关。如青霉素的过敏反应。

药物发挥治疗作用的同时，间接带来的不良反应，称为继发反应。如青霉素、四环素类药可诱导胃肠道的二重感染（长期使用广谱抗生素，使敏感菌受到抑制，某些耐药性菌株和真菌却大量繁殖，使肠道的正常菌群平衡被破坏，引起消化紊乱、继发性肠炎或真菌病等新的疾病）。

后遗效应指停药后血药浓度已降至阈浓度以下时残存的药理效应。如长期应用肾上腺皮质激素，停药后肾上腺皮质功能低下且数月内难以恢复。

此外，在养猪过程中使用超过标准规定剂量的兽药，各种药品添加剂及激素药物残留于猪体内，被食用后累积在人体中，对人的健康造成不同程度的危害，如过敏反应、腹泻、激素作用等，长时间食用甚至会致癌和致畸。因此，我国对生产中使用的兽药制定了允许残留量和休药期的规定，使用时应特别注意。

俗话说“是药三分毒”，完全无毒性的药物很少，即使是中药、营养性添加剂（如维生素、微量元素等）也不例外，使用过多或滥用，均可引起不良后果。因此，兽医临床用药，既要考虑治疗效果，又要保证用药安全，绝不可滥用。

第四节　兽药的体内过程

一、兽药的吸收

药物从给药部位进入血液循环的过程称为吸收。药物吸收的多少和快慢，常与给药途径、药物的理化性质、吸收环境等密切相关。除静脉注射药物可以直接进入血液循环迅速产生药效外，其他给药途径均需经过生物膜的转运过程才能被吸收。一般而言，不同给药途径药物吸收快慢的顺序为：静脉注射>吸入>肌内注射>皮下注射>内服>直肠>皮肤给药。

1. 气雾给药的吸收

脂溶性药物可以简单扩散方式从呼吸道被吸收，气体、挥发性液体、分散于空气中的微滴或固体颗粒均可从肺泡被吸收。肺泡表面积大，毛细血管丰富，故气雾给药时，药物既可直接到达鼻腔黏膜、气管、支气管或肺部产生局部作用，又可通过肺泡被快速吸收呈现全身作用。呼吸系统疾病和全身感染治疗均可应用。

气雾给药时，雾粒大小与药物滞留、吸收及用药疗效等密切相关。雾化微粒借助呼吸系统（鼻腔、咽喉、气管、支气管、肺泡）滞留与被吸收。气雾微粒在肺部沉积的机制有惰性碰撞、沉降、扩散等。通过与呼吸道壁的惰性碰撞滞留大粒子，直径大于10～25μm的微粒滞留于鼻腔、咽喉和气管内；通过沉降，微粒直径在10～25μm的主要沉降于肺泡内；通过扩散，若微粒直径小于0.5μm，则明显表现出扩散作用。直径在0.1～0.001μm的粒子，一般不会沉降，大部分能被呼出。哺乳动物呼吸器官能滞留和吸收被吸入气雾剂的35%，家禽为20%～23%。

2. 注射给药的吸收

静脉注射药物直接进入血液循环迅速呈现作用，因而无吸收过程。腹腔注射药物可通过腹腔大量的毛细血管被迅速吸收。皮下或肌内注射药物可通过局部毛细血管和淋巴管被吸收，吸收方式主要是扩散（脂溶性药物）或滤过（非脂溶性或水溶性的小分子）。吸收速度与水溶性有关，如吸收速度由快到慢顺序依次是水溶液、乳剂和油剂。

3. 内服给药的吸收

胃肠道黏膜属类脂质膜，内服药物多以被动转运方式被吸收。分子量越小、脂溶性越高或非解离型的药物更易被吸收，解离型药物则难以被吸收。整个消化道均有吸收作用，吸收药物的主要部位是胃和小肠。胃与小肠相比，其吸收面积小，药物在胃内滞留时间短，故吸收药物量较小；小肠因其吸收面积大，绒毛丰富，血流量大，是吸收药物的最主要部位。

药物的解离度是影响药物被吸收的主要因素之一。在酸性胃液中，弱酸性药物以非离子型存在，可在胃内被吸收；弱碱性药物部分解离成离子，在胃中难以被吸收。各种动物胃内的 pH 值差异较大：马为 1.1～6.8；牛、羊瘤胃为 5.5～6.5，真胃为 3.0；狗、猫、猪为 1～2。故弱酸性药物或中性药物在猪、狗、猫胃中易被完全吸收，在反刍动物的胃中被吸收较少。在小肠弱碱性环境中，弱碱性药物多以非离子型存在，故易被吸收；而酸性药物大部分解离则难以被吸收。剂型不同，吸收速率也有差异。一般而言，溶液剂＞散剂＞片剂、丸剂。此外，药物溶解的程度与速度、胃内容物组分与充盈度、胃排空情况与肠蠕动的速度等均可影响药物的吸收。

4. 皮肤给药的吸收

动物皮肤自外向内依次为表皮、真皮和皮下结缔组织。药物的透皮吸收关键要通过表皮的角质层屏障。角质细胞膜是含有类脂的半透性膜，是吸收药物的主要途径，吸收的主要方式是被动扩散。表皮下的真皮由疏松结缔组织构成，内有丰富的血管、淋巴管等，对药物穿透的阻力小，透入此处的药物易被血管及淋巴管吸收。

完整的皮肤药物透皮吸收率较低，常需借助透皮促进剂（如氮酮、二甲基亚砜等）、某些赋形剂（如聚乙二醇、丙二醇等）或透皮操作（如清洗、按压、摩擦等）来促进吸收。温暖环境中皮肤血管扩张，较寒冷环境中的皮肤吸收药物多。一般而言，动物耳后、肢间、腹下等皮肤软薄的部位比其他硬而厚的区域易透皮吸收。当皮肤表皮损伤时，药物的吸收量可增大几倍至十几倍。药物本身的理化特性、药物与皮肤接触的面积及时间也会对药物透皮吸收产生影响。低分子量水溶性和脂溶性很高的药物对表皮的透入性最大。不溶解的药物需溶解于赋形剂中才能被吸收。药物在皮肤上接触与停留的有效时间越长，则被吸收量越多。

5. 直肠给药的吸收

直肠虽然吸收表面积小，但血液供应丰富，无首过消除，吸收也较迅速。对于用量小、脂溶性高的药物可采用此途径给药。

二、兽药的分布

药物从血液循环跨膜转运到细胞间液及细胞内液的过程称为药物的分布。大多数药物在体内的分布是不均匀的。影响分布的因素有：药物的理化性质、体液 pH 值、血浆蛋白结合率和膜通透性、药物与组织的亲和力、体内屏障（血脑、胎盘等）及组织与器官的血流量等。如泰妙菌素主要分布于肺组织中，安钠咖多分布于中枢神经系统等。药物的分布既与药物疗效密切相关，又与药物贮存及不良反应等有关。如替米考星在肺泡组织中的浓度高于血浆中的浓度，故对猪的呼吸系统感染疗效较好；新霉素内服很少被吸收，大部分不经变化从粪便排出，故对猪细菌性肠炎或肠溃疡疗效较好；重金属（汞、锑等）在肝肾分布较多，当用量过大引起中毒时，即可引起肝肾损害；许多脂溶性高的药物在脂肪组织中分布较多，但其仅是一个贮存库，这些药物并不在此产生作用。但药物的分布与其作用并不成正相关，如强心苷在横纹肌和肝脏分布较多，但却选择性地作用于心肌细胞。

多数有机药物进入血液循环后，部分与血浆蛋白结合，部分呈游离型，只有游离型药物才能向组织分布，具有药理作用。药物在到达作用部位时，需通过不同的屏障，如血脑屏障和胎盘屏障等。脂溶性药物（如磺胺嘧啶、氟苯尼考等）易通过血脑屏障进入脑脊液，而水溶性药物（如四环素类、维生素等）则难以通过；高脂溶性非离子型药物（如巴比妥类、四环素类）还易透过胎盘和乳汁，因此，妊娠和哺乳期动物禁用。

三、兽药的代谢

药物在体内发生的化学变化称为生物转化或代谢。肝脏是药物代谢的主要器官，其次是肠、肾脏、脑等。代谢转化的方式有氧化、还原、水解和结合等。多数药物经代谢转化后活性降低或失活，其代谢物的药理作用减弱或消失，如去甲肾上腺素和氟苯尼考在体内代谢后失活。但有些药物在体内经代谢转化后可形成毒性代谢物，如对乙酰氨基酚在体内可以形成具有肝毒性的中间代谢产物；磺胺噻唑的乙酰化产物溶解度降低，导致在肾小管析出结晶，引起肾损害。一般说来，代谢使药物的极性或水溶性提高，易于从体内排出。当肝功能不良时，药物的代谢会受到影响，易发生中毒。因此，肝功能不全的动物，应注意选择药物和控制用药剂量。

药物在体内的生物转化需要在两类酶系统的催化下完成，分别是肝细胞微粒体混合功能氧化酶系统和非微粒体药物代谢酶系统。前者简称肝药酶或药酶，主要存在于肝细胞的滑面内质网上，除催化氧化、还原反应外，还参与某些药物的水解和结合反应。后者所催化的反应主要在肝脏进行，也可在血浆、消化道及肾脏等器官进行，除催化葡萄糖醛酸结合反应外，也可催化其他结合反应及部分药物的氧化、还原、水解等反应。

许多化学物质可以影响肝药酶的活性，直接影响药物的代谢。目前已发现有些药物（如对氨基水杨酸、异烟肼、保泰松、双香豆素等）可抑制肝药酶的活性，可使其他药物的代谢受阻、血药浓度升高、药效或毒性增强。如环丙沙星可使茶碱、咖啡因的代谢下降，清除率降低，血药浓度升高，甚至出现中毒症状。而有些药物则可增强肝药酶的活性，使其他药物代谢加快、药效减低或失效。如苯巴比妥可使强力霉素的代谢加速，联用时使后者的抗菌作用减弱。由于某些药物能影响肝药酶的活性，故联合用药时应予以注意。

四、兽药的排泄

药物自体内以原形药或代谢产物经机体的排泄器官或分泌器官排出体外的过程称为药物的排泄。药物排泄的途径主要是肾脏，其次是消化道、呼吸道、乳腺及肺脏呼出等。肾脏是药物排泄最重要的器官，当肾功能不全时，其排泄药物的能力降低，需酌情降低用药量或适当延长给药间隔时间。

（1）肾脏排泄　除与血浆蛋白结合的药物外，游离的药物及其代谢物，均能通过肾小球滤过进入肾小管。多数药物在肝脏转化为极性大的和水溶性的代谢产物，在肾小管不易被吸收，因而易于排泄。脂溶性药物重吸收多，排泄速度慢；水溶性药物重吸收少，易从尿中排出，排泄速度快。尿量和尿液 pH 值可影响药物重吸收。尿量多可降低尿液中药物浓度，减少药物的重吸收，从而促进药物排泄。尿液呈酸性时，弱碱性药物在肾小管中解离多，重吸收少，排泄较快。同样道理，尿液呈碱性时，弱酸性药物重吸收少，排泄较快。临床上可通过改变尿液 pH 值，改变肾小管内药物的解离度，来加速或延缓药物的排泄。如苯巴比妥中毒时，可用碳酸氢钠碱化尿液，促进排泄。

（2）胆汁排泄　许多药物和代谢物可从肝细胞转运到胆汁，随胆汁流入十二指肠，然后随粪便排出体外。有些药物（如红霉素）随胆汁流入肠腔后可在肠腔内重新被吸收入血液，形成肝肠循环。肝肠循环多的药物半衰期长，药物作用持续时间延长。

（3）其他途径排泄　有些药物还可经乳汁、汗腺、唾液及肺脏呼出排泄。如青霉素可部分从乳腺中排出。

第五节　兽药的配伍禁忌

配伍禁忌是指两种以上药物混合使用或药物制成制剂时，在体外发生相互作用，导致药物出现中和、水解、失效等理化反应，出现浑浊、沉淀、产生气体及变色等异常现象。配伍禁忌一般分为物理性配伍禁忌、化学性配伍禁忌和药理性配伍禁忌。

一、物理性配伍禁忌

物理性配伍禁忌指某些药物配合时产生物理变化，即改变了原药物的溶解度、外观形状等物理性状，给药物应用造成困难。常见的外观变化有分离、沉淀、潮解和液化。

（1）分离　常见于水溶剂与油溶剂两种液体物质配合，多由于两种溶剂相对密度不同而出现分层现象。因此，临床配伍用药时，应注意药物的溶解性，避免水溶剂与油溶剂配伍。

（2）沉淀　常见于溶剂的改变与溶质的增多，如樟脑酒精溶液和水混合时，由于溶剂的改变，使樟脑析出发生沉淀。此外，许多物质在超饱和状态下，溶质析出而产生沉淀。沉淀既影响药物的剂量又影响药物的应用。

（3）潮解　含结晶水的药物配伍使用时，由于条件的改变而使其中的结晶水被析出，使固体药物变成半固体或糊状。如碳酸钠与醋酸铅共同研磨，即可产生潮解。

（4）液化　两种固体物质混合时，由于熔点的降低使固体药物变成液体状态。如将水合氯醛（熔点57℃）与樟脑（熔点171～176℃）等量共研时，可形成熔点低的热合物（熔点为－60℃），即产生此种现象。

二、化学性配伍禁忌

化学性配伍禁忌指某些药物配合时发生化学反应，不仅改变了药物的性状，而且使药物减效、失效或毒性增强，甚至引起燃烧或爆炸等。常见的化学性配伍禁忌有变色、产气、沉淀、水解、燃烧或爆炸等。

（1）变色　主要由药物间发生化学变化或受光、空气影响而引起，变色可影响药效，甚至使药物完全失效。易引起变色的药物有碱类、亚硝酸盐类和高铁盐类。如碱类药物可使芦荟产生绿色或红色荧光，可使大黄变成深红色；碘及其制剂与鞣酸配伍会发生脱色，与淀粉类药物配伍则呈蓝色；高铁盐可使鞣酸变成蓝色。

（2）产气　指药物在配制过程中或配制后放出气体，产生的气体可冲开瓶塞而使药物喷出，药效会发生改变，甚至发生容器爆炸等。如碳酸氢钠与稀盐酸配伍，可发生中和反应产生二氧化碳气体。

（3）沉淀　指两种或两种以上药物溶液配伍时，产生一种或多种不溶性溶质。如氯化钙与碳酸氢钠溶液配伍，则形成难溶性碳酸钙而出现沉淀；弱酸强碱、水杨酸钠溶液、磺胺嘧啶钠溶液等与盐酸配伍，可生成难溶于水的水杨酸和磺胺嘧啶而产生沉淀；生物碱类的水溶液遇碱性药物、鞣酸类、重金属、磺化物与溴化物，也产生沉淀。

（4）水解 某些药物在水溶液中易发生水解而失效。如青霉素在水中易水解为青霉二酸而失效。

（5）燃烧或爆炸 常由强氧化剂与强还原剂配伍所引起。如高锰酸钾与甘油、甘油与硝酸混合或一起研磨时，均易发生不同程度的燃烧或爆炸。常用的强氧化剂有高锰酸钾、过氧化氢、漂白粉、氯化钾、浓硫酸、浓硝酸等；常用的还原剂有各种有机物、活性炭、硫化物、碘化物、磷、甘油、蔗糖等。

三、药理性配伍禁忌

药理性配伍禁忌指两种或两种以上药物配伍后，由于药理作用相反，使药效降低，甚至抵消的现象。如中枢神经兴奋药与中枢神经抑制药、氧化剂与还原剂、泻药与止泻药、胆碱药与抗胆碱药等。但某些药物相互作用虽无拮抗作用，甚至有协同作用，但联用时会增强另一种药物的毒性，亦应慎用，如氨基糖苷类同类药、强心苷与钙剂。因此，只有正确掌握药物的药理作用，才能在临床用药时避免配伍禁忌的发生。

第六节 兽药的贮存

一、按兽药典或兽药规范要求贮存

一般药品都应按照兽药典或兽药规范中规定的条件贮存和保管，对于药品包装要求的规定如下：

（1）密封 指将容器密封，以防止风化、吸潮、挥发或异物进入。

（2）密闭 指将容器密闭，以防止外界的尘土和异物混入。

（3）熔封或严封　指将容器熔封或用适宜材料严封，以防止空气、水分或细菌侵入。

（4）避光容器　指棕色的容器或用黑纸包裹的无色玻璃容器和其他容器。

此外，标签上经常提到的阴凉处是指环境温度不超过 20℃；凉暗处是指避光且温度不超过 20℃；冷处是指保存温度在 2～10℃；干燥处是指相对湿度在 75%以下。

二、按药物性质和剂型分类保管

临床上的药物根据其性质一般分为普通药、毒药、剧毒药、危险药品等。在分类保存时，毒药和剧毒药品应该设专账和专柜并加锁，由专人保管，每种药品有明显的标记，并以不同的颜色加以区分，单独存放，严禁混淆。

三、建立药品的保管账目

建立药品的保管账目，经常进行检查，定期盘点，并采取有效措施以防止腐败、发酵、霉变、虫蛀和鼠害。同时，要加强防火和防盗等安全措施。

四、按药物的特性区别贮存

（1）容易潮解的药物　此类药物容易吸收空气中的水分，如氯化钠、碘化钾、葡萄糖等，应置于密闭容器中，放于干燥处保存。空气中的湿度可以通过湿度计进行测定，一般药品的适宜相对湿度为 75%。若湿度过高应通风降湿，必要时按照药物的性质及其要求贮存条件选择吸水防潮物质，如生石灰、氯化钙、无水硅胶、活性炭等。

（2）易风化的药物　通常含有结晶水的药物，置于干燥处因结晶水会丢失而变成粉末，如硫酸镁、硫酸钠、阿托品、硫酸铜等，此类药物除密封外，还应置于适宜湿度处进行保存。

（3）易被氧化的药品　指容易和空气中的氧起反应的药物，如维生素，此类药物应严密包装，置于阴凉处保存。

（4）易光化的药物　此类药物应置于有色瓶中或在包装容器内加黑色包装纸进行避光，并放于阴暗处保存，如盐酸肾上腺素、氨茶碱等。

（5）易碳酸化的药物　指容易和空气中的二氧化碳结合而变质的药物，如氢氧化钾、氢氧化钠、氢氧化钙等，此类药物应严密包装，置于阴凉处保存。

（6）需要冷冻或冷藏的药物　指在常温下容易被破坏变质或失效的药物，如生物制品、血清等，应置于冰箱、冷库或液氮罐中贮存。

第二章

给药方法与用药原则

第一节　猪生理特点与用药的关系

一、根据消化系统生理特点合理用药

（1）猪嗅觉、味觉发达，药物的苦味或异味影响其摄食。猪的鼻筒长、嗅区广，嗅黏膜绒毛总面积较大，分布有发达的嗅觉神经，猪对气味的识别能力比人强 7～8 倍。同时，猪的舌、会厌及软腭上皮等分布着许多小突起（味乳突），每个乳突上均含有不同数量的味蕾，每个味蕾中又含有 50～150 个味觉受体细胞，猪的味蕾数为人的 3～4 倍。因此，对于某些具有苦味或异味的药物，如替米考星、吉他霉素等，制药或混饲给药时最好加甜味剂、芳香剂或用微囊包封等掩盖药物的苦味，以提高猪对药物的摄入量。

（2）某些药物影响胃肠道免疫屏障发育。猪出生后的前 3 个月是胃肠道发育的关键期，在此期间，随着新生仔猪适应子宫外环境，肠上皮细胞、免疫系统、肠神经系统的表型与功能发生显著变化。上皮屏障在出生后迅速建立，其特点是肠道通透性迅速下降。某些药物（如多肽类抗生素、克林霉素等）能增加肠道通透性，影响肠上皮屏障，而清热活血化湿类中药及中药提取物（如藿香正气散、大黄、银杏叶、黄芩等）、益生菌等抗生素替代品，可增强肠黏膜屏障，降低肠道通透性。因此，在仔猪阶段应尽量减少抗生素的使用。

二、根据泌尿生殖系统生理特点合理用药

（1）猪易产生酸性尿，使用磺胺类药易引发中毒。猪尿液 pH 值为 6.5～7.8，由于饲料内含有酸性及碱性磷酸盐类而呈两性反应，即有时呈酸性，有时呈碱性。哺乳仔猪均为酸性尿。此外，各种热性病、呼吸性酸中毒、内服酸性盐类药物（如氯化铵等）等可产生病理性酸性尿液。磺胺类药主要在肝脏内乙酰化失活，乙酰化磺胺在尿中溶解度低，易于在酸性尿中析出结晶损伤肾脏。因此，使用磺胺类药时要注意用量和疗程，用药前 2d 使用等量碳酸氢钠碱化尿液，以增加磺胺类药及乙酰化磺胺类药的溶解度。

（2）有些药物可透过胎盘屏障，应慎用或禁用。母猪妊娠 0～21d 是受精卵发育着床期，在此期间需要保持安稳的生理环境，减少一切外在因素的应激；妊娠 21～75d 是胎儿的功能性器官生成及发育期；妊娠 75d 后是胎儿急剧生长期。有些药物如激素类（氯前列烯醇、地塞米松等）、活血化瘀类中药等可造成母猪流产，妊娠期应禁用；抗生素类药（如喹诺酮类药）大剂量使用可致胎儿畸形；磺胺类药妊娠后期使用，可使新生仔猪血小板减少、发生溶血性贫血（详见表 2-1）。此外，某些活疫苗（如猪瘟弱毒疫苗等）妊娠期也应尽量避免使用。

表 2-1　猪孕期禁用或慎用的药物及影响

药物类别	具体药物	对母猪和胎儿的影响	禁用或慎用
抗生素	氨基糖苷类（如链霉素、庆大霉素等）	损害脑神经、肾脏	禁用
	四环素类（如四环素、金霉素等）	胚胎毒性、致畸	
	喹诺酮类（如环丙沙星）	损害胚胎骨骼	
	磺胺类药及其增效剂（如三甲氧苄氨嘧啶）	新生胎儿黄疸、致畸	

续表

药物类别		具体药物	对母猪和胎儿的影响	禁用或慎用
抗生素		多黏菌素类	胚胎肾毒性、神经毒性	禁用
		酰胺醇类(如氟苯尼考)	胚胎毒性	
		大环内酯类(如替米考星、泰乐菌素)	流产	
		抗真菌药物(如制霉菌素、灰黄霉素等)	胚胎肝肾毒性、致畸	
		其他(如甲硝唑等)	致畸	
驱虫药及其他		阿苯达唑、伊维菌素、云南白药	死胎、流产	慎用
泻药		硫酸钠、硫酸镁、人工盐、大黄、蓖麻油	流产	禁用
拟胆碱药		氨甲酰胆碱、硝酸毛果芸香碱、新斯的明等	兴奋子宫壁平滑肌,引起流产	禁用
子宫收缩药		缩宫素、垂体后叶素、麦角新碱等	兴奋子宫壁平滑肌,引起流产	禁用
解热镇痛抗风湿药		阿司匹林、水杨酸钠、奎宁、保泰松	胎儿畸形,引起流产	禁用
激素类		生殖激素类药物、肾上腺皮质激素及促肾上腺皮质激素(如性激素、地塞米松、氯前列醇钠等)	流产	禁用或慎用
利尿药		呋噻米(速尿)	子宫脱水,胚胎脱离	禁用
中药类	大毒大热药物	生南星、朱砂、雄黄、大戟、附子、商陆、斑蝥、蜈蚣、砒石、蟾酥、全蝎、轻粉、马钱子、生川乌等	流产	禁用
	活血化瘀药物	桃仁、红花、枳实、蒲黄、益母草、当归、三棱、水蛭、穿山甲、乳香、没药、莪术、川芎、牛膝等	流产	禁用

续表

药物类别		具体药物	对母猪和胎儿的影响	禁用或慎用
中药类	滑利攻下药物	滑石、木通、牵牛子、冬葵子、薏苡仁(根)、巴豆、芫花、大戟、甘遂、瞿麦、车前子等	流产	禁用
	芳香走窜药物	丁香、降香、麝香、冰片等	流产	禁用

三、根据其他生理特点合理用药

（1）猪汗腺不发达，解表药疗效存疑。猪皮下脂肪较厚，功能性汗腺相对较少，当环境温度升高时，主要通过加快呼吸频率来增加散热量。解表药（辛温、辛凉）一般都具有发汗的功效，通过发汗而达到发散表邪，以解除表证的目的。如荆防败毒散、银翘散等，主要通过发汗发散表邪，但猪汗腺较少，会影响此类中药的疗效。

（2）血脑屏障影响药物吸收。猪的血脑屏障在4～5周龄以后才开始发挥作用，某些病原体（如链球菌、李斯特菌、伪狂犬病毒等）易透过血脑屏障进入脑内，导致猪病发生，大多数药物一般不易透过血脑屏障，仅有少数药物（如磺胺嘧啶、阿莫西林、利福平等）能透过血脑屏障。

（3）仔猪酶系统等功能不成熟或缺乏，对药物敏感或毒性反应较强。仔猪体内酶系统不成熟，影响药物代谢灭活，从而易产生不良反应。如酰胺醇类药可使仔猪厌乳、发育受阻等。仔猪细胞外液容积较大，一般占体重的35%左右，药物分布在较大容积的细胞外液中，加上肾功能发育不全，清除相对缓慢，半衰期延长，血药浓度升高，药效持久，不良反应增多。

第二节 兽药使用必须遵循的原则

一、合法性

严禁使用农业农村部公告禁用兽药，禁止使用人用药、兽药原粉，禁止添加违禁成分等，禁止使用未经国家畜牧兽医行政管理部门批准的或已经淘汰的兽药。

二、安全有效性

安全性是药物治疗的前提，有效性是选择药物的关键。在安全用药过程中，不仅应考虑所选药物的成分、剂量及给药途径等因素，还应注意药物配伍禁忌、耐药性、药物残留和不良反应等问题。同时，要注意药物规格、注意事项、生产日期和有效期等，以确保用药安全。

三、减抗限抗

2018 年 4 月，农业农村部办公厅发布《关于开展兽用抗菌药使用减量化行动试点工作方案》，力争通过 3 年时间，实施养殖环节兽用抗菌药使用减量化行动试点工作，推广兽用抗菌药使用减量化模式，减少使用抗菌药类药物饲料添加剂，兽用抗菌药使用量实现“零增长”，兽药残留和动物细菌耐药问题得到有效控制。

四、合理用药

根据所在地区猪病发生和流行的规律、特点、季节及耐药性等因素，有针对性地选择高效、敏感、不易产生耐药性、安全可靠的药物，切不可盲目滥用药物。不同药物抑制和杀灭病原体的效果不同，应合理选择药物，必要时做药敏试验。重症或全身感染可静脉给药，以确保快速产生药效；轻、中度症感染可肌内、皮下注射给药或内服给药。

五、剂量与疗程适当

不同药物应根据患畜体重、病症给予适当剂量，剂量过大会造成药物浪费并产生毒副作用；剂量不够，疗效差，用药时间长，细菌易诱导产生耐药性。因此，必须按照规定剂量用药，并定期轮换用药，以免产生耐药菌株。此外，要考虑猪的品种、性别、年龄与个体差异等因素，幼龄猪、老龄猪对药物的敏感性较成年猪高，用药剂量应相对要小，体重小、体质弱的猪较体重大、体质强的猪用药剂量小。猪病用药疗程一般需要 3～5d，抗菌药疗程因感染不同而异，但应充足。一般的感染性疾病可连续用药 3～5d，支原体病等呼吸系统疾病的治疗要求疗程较长，一般需 5～7d，症状消失后，最好再用药巩固 1～2d。

六、防止不良反应

某些药物用药不当（如用药时间过长或用药剂量过大等），易产生不良反应。如喹诺酮类药可导致呕吐、食欲不振、腹泻等消化系统的反应，以及红斑、瘙痒、荨麻疹及光敏反应等皮肤反应；氨基糖苷类药可产生耳毒性和肾毒性等。对于不良反应，生产中应特别注意。

七、注意配伍禁忌和休药期

两种或两种以上的药物配合使用时，配伍不当会导致药物之间发生沉淀、分解、结块等理化反应，导致药效降低，达不到预防效果或增加药物毒性。如氟苯尼考与大环内酯类、林可胺类的作用靶点相同，合用时可产生相互拮抗作用；泰乐菌素、泰妙菌素与莫能菌素、盐霉素等配伍会导致后者毒性增强。同时，应严格按照国家规定期限预留出充足的休药期，保证猪肉产品安全、卫生、无药物残留。

第三节　不同给药途径之间药物剂量的换算

一、畜禽与人用药剂量比例关系

见表 2-2。

表 2-2　畜禽与人用药剂量比例关系（均按成年）

项目	人	牛	猪(50kg)	羊	马	鸡	猫	狗
比例	1	5～10	2	2	5～10	0.167	0.25	0.25～1

二、不同给药途径与剂量比例关系

见表 2-3。

表 2-3　不同给药途径与剂量比例关系

项目	内服	直肠给药	气管注射	皮下注射	肌内注射	静脉注射
比例	1	1.5～2	0.333～0.5	0.333～0.5	0.25～0.333	0.25～0.333

三、内服与混饲或混饮剂量比例关系换算

由于猪的饮水量一般为采食量的 2 倍左右，因此，添加到饲料中的药物浓度一般为饮水中药物浓度的 2 倍左右。

每千克体重内服用药的剂量与饲料、饮水中添加药量的换算：设 d 为个体每千克体重内服剂量（mg），W 为每千克体重猪 24h 的采食量（kg）或饮水量（L），t 为 24h 内的给药次数，D 为混饲或混饮给药浓度，则 $D=(d\times t)/W$。猪体重与日采食量的比例关系参考如下方法换算：

1. 估测法

由于猪的品种、生长期或用途不同，其 W 也不同。仔猪每天（24h）的采食量占其体重的 6%～8%（平均 7%），即每千克体重 1d 进食量约为 70g；育肥猪每天的采食量占其体重的 5%，即每千

克体重 1d 进食量约为 50g；种猪（包括公猪、母猪）体重较大，每天采食量占其体重的 2%～4%（平均 3%），即每千克体重 1d 进食量约为 30g。

2. 系数法

按猪的体重计算，饲喂量(kg)＝实际体重(kg)×系数。系数：小猪（15～35kg）0.05，中猪（35～65kg）0.04，大猪（65～108kg）0.03。

3. 标准法

《猪饲养标准》（NY/T 65—2004）中各阶段猪日采食量见表 2-4～表 2-6。

表 2-4　不同体重瘦肉型生长育肥猪日采食量

体重/kg	3～8	8～20	20～35	35～60	60～90
日采食量/kg	0.30	0.74	1.43	1.90	2.50

表 2-5　瘦肉型妊娠母猪日采食量

妊娠期	妊娠前期			妊娠后期		
配种体重/kg	120～150	150～180	＞180	120～150	150～180	＞180
日采食量/kg	2.10	2.10	2.00	2.60	2.80	3.00

表 2-6　不同分娩体重瘦肉型泌乳母猪日采食量

分娩体重/kg	140～180		180～240	
哺乳窝仔数/头	9	9	10	10
日采食量/kg	5.25	4.65	5.65	5.20

注：配种公猪日采食量为 2.2kg；肉脂型猪的日采食量与瘦肉型猪接近或稍高。

【例 1】 盐酸多西环素，猪每千克体重内服剂量为 3～5mg，2 次/d，育肥猪每千克体重 24h 采食 50g，约 0.05kg，饲料中药物添加浓度应为：(3～5mg×2 次)÷0.05kg＝120～200mg/kg；每千克体重猪 24h 饮水约 0.1L，饮水给药浓度应为：(3～5mg×2 次)÷0.1L 水＝60～100mg/L。但必须注意，一种药物的混饮浓度与混饲浓度大多不同，不能互相套用。用途不同时，有时混饮浓度亦可高于混饲浓度，故应根据各药物说明书规定的用途及相应的用法用量使用。

如果将静脉注射或肌内注射给药的剂量换算成饮水或饲料添加的给药浓度，应考虑内服给药的吸收、生物利用度等，不宜进行简单的剂量换算。

第四节　兽药的剂量单位与含量

一、兽药的剂量单位

固体、半固体剂型药物常用剂量单位有：千克（kg）、克（g）、毫克（mg）、微克（μg）；质量换算：1kg＝1000g，1g＝1000mg，1mg＝1000μg。液体剂型药物的常用剂量单位有：升（L）、毫升（mL）；体积换算：1L＝1000mL。

某些抗生素、激素、维生素等药物常用单位（U）、国际单位（IU）来表示。抗生素多用国际单位（IU）表示，有时也以克、毫克、微克等单位表示。如青霉素钾 G 1g＝160×10^4IU，链霉素 1g＝100×10^4IU，庆大霉素 0.2g＝20×10^4IU。

二、兽药的含量表示

（1）百分比　表示辅料与药物含量的关系。如 50%卡巴匹林钙可溶性粉、10%替米考星预混剂等，表示 100g 商品制剂中分别含有 50g 和 10g 药物。可溶性粉、溶液、预混剂等剂型常以此表示。

（2）“体积(质量):质量”　表示药物剂量与净含量的关系。如恩诺沙星注射液规格标示 10mL:0.5g，表示 10mL 药液中含净药量为 0.5g，或每毫升含 50mg；阿苯达唑伊维菌素粉标示 100g:阿苯达唑 10g＋伊维菌素 0.2g。注射液、可溶性粉、预混剂、混悬液等常以此表示。

（3）相当于原生药　表示多少毫升相当于多少克原生药。如黄芪多糖口服液，每 100mL 相当于原生药 150g。中药注射液、口服液、颗粒剂等常以此表示。

第五节　兽药制剂用量换算

常用兽药的商品制剂由主药和辅料等混合制成，而《中国兽药典》《兽药使用指南》等所标示的用量主要是针对兽药主药的用量。同一种兽药因其剂型和含量不同，用量都不同，在使用时，需要对兽药主药用量与商品制剂用量进行换算。

一、化学药品用量换算

（1）混饲或混饮　商品制剂用量＝兽药主药用量÷商品制剂含量。制剂含量表示方法：百分比、体积(质量)∶质量。

【例 2】 以替米考星计，混饲：每 1000kg 饲料，猪 200～400g；制剂规格：10％替米考星预混剂，表示商品制剂含量为 10％。则 10％替米考星预混剂用量＝(200～400g)÷10％＝(200～400g)÷0.1＝2～4kg。其他含量计算方法相同。

【例 3】 以黏菌素计，混饲：每 1000kg 饲料，猪 75～100g；制剂规格：硫酸黏菌素预混剂 100g∶10g，表示商品制剂含量为 10％。则硫酸黏菌素预混剂(100g∶10g)用量＝(75～100g)÷10％＝(75～100g)÷0.1＝0.75～1kg。

【例 4】 以泰妙菌素计，混饮：每 1L 水，猪 45～60mg；制剂规格：45％延胡索酸泰妙菌素可溶性粉，表示商品制剂含量为 45％。则 45％延胡索酸泰妙菌素可溶性粉用量＝(45～60mg)÷45％＝(45～60mg)÷0.45＝0.1～0.13g。体积(质量)∶质量含量表示方法计算相同。

（2）注射　即如何通过每千克体重用药量来计算应注射的药量(mL)。商品制剂用量＝猪的体重(kg)×剂量率(mg/kg)÷制剂规格含量(mg/mL)。其中剂量率为猪每千克体重的用药量。

【例 5】 以卡那霉素计，肌内注射：一次量，每千克体重 10～

15mg，那么10kg体重的猪应注射多少毫升？换算方法：标示规格为10mL:1.0g的硫酸卡那霉素注射液，表示10mL注射液含卡那霉素1g(1g=1000mg)，即每1mL注射液含硫酸卡那霉素100mg。硫酸卡那霉素注射液（10mL:1.0g）用量=10kg×(10～15)mg/kg÷100mg/mL=1.0～1.5mL。

一般来说，凡未标明每千克体重用量是多少毫升或多少毫克的，通常指的是50kg标准体重猪的用量，可以除以50，换算出每千克体重的大体用量。但具体用药时应遵兽医嘱。

【例6】 复方氨基比林注射液，肌内注射：一次量，猪5～10mL。那么20kg体重猪的用量为：(5～10)mL÷50kg×20kg=2～4mL。

(3) 内服 内服时，用药量分为个体用药量和群体用药量。商品制剂用量=猪个体数×每千克体重兽药主药用量÷商品制剂含量×猪的体重。

【例7】 计算1头30kg体重猪的用量。以阿苯达唑计，内服：一次量，每千克体重5～10mg；制剂规格：10%阿苯达唑粉，表示商品制剂含量为10%。则10%阿苯达唑粉用量=1×(5～10mg/kg)÷10%×30kg=1×(5～10mg/kg)÷0.1×30kg=1.5～3g。然后将其混饲1次喂服或直接内服。若每天用药2次，计算方法相同。

【例8】 计算100头30kg体重猪的用量。以阿苯达唑计，内服：一次量，每千克体重5～10mg；制剂规格：10%阿苯达唑粉，表示商品制剂含量为10%。则10%阿苯达唑粉用量=100×(5～10mg/kg)÷10%×30kg=100×(5～10mg/kg)÷0.1×30kg=150～300g。然后将其混饲1次喂服。

二、中兽药用量换算

中兽药的剂型主要有散剂、注射液，此外，还有口服液、颗粒剂等剂型。《中国兽药典》《兽药使用指南》《兽药产品说明书范本》等关于中药散剂的用量，一般为每头50kg体重猪的用量，用法未作标示。因此，在临床应用中，应根据猪的病情轻重、药物性质、采食量、体重（仔猪、成年种猪或体重较大的猪）等因素，适当加减用量。目前，中药散剂的用法多为混饲、内服（煎汤灌服）、混饮等，但混饲用量一定要注意与内服用量换算。否则，用量过小不起作用；用量过大，既增加药物成本，又影响猪的采食。

（1）个体内服用量　可以参考产品说明书标示量。如黄连解毒散，标示用量为每天每头30～50g，表明50kg体重的猪一天用量为30～50g。临床中亦可按猪每千克体重1～2g推算使用。

（2）群体混饲用量　目前，关于常用中成药混饲用量没有官方使用指南。临床上混饲参考量，预防0.3%～0.5%，治疗1.0%～2.0%。按系数法估算，50kg体重猪饲喂量(kg)＝50kg×0.04＝2.0kg，即50kg体重的猪每天采食量为2.0kg，假如黄连解毒散用量为30～50g，将其混于饲料中，那么换算成混饲量为：(30～50g)÷2.0kg＝1.5%～2.5%。若是中药超微粉，用量适当减少。

第六节　给药方法

一、经口给药法

该法简单易行，适用于多种剂型投药，但吸收慢、吸收不规则、药效慢等。

1. 混饲给药

混饲给药是将药物均匀混入饲料中，让猪吃料时能同时吃进药物。此法简便易行，适用于长期投药和不溶于水的药物。应用此法时要注意药物与饲料必须混合均匀，并应准确掌握饲料中药物所占的比例；有些药物适口性差，混饲给药时要少添多喂。对健康猪群混饲给药时，可依据保育猪体重的4%～5%或育肥猪体重的3%～4%来估算每日采食量。

2. 混饮给药

混饮给药是将药物溶解于水中，让猪自由饮用。该法适用于大群预防和治疗，特别是对食欲不振，但饮欲良好的病猪。该方法简便，容易操作，关键是药量计算要准确，药物完全溶解。

（1）评估每日耗水量　正常情况下，猪饮水量占其体重的10%～15%。妊娠母猪与哺乳母猪的饮水量不同，分别约为10L、20L。夏天耗水量比冬天多30%～50%。

【例9】 200头15kg的仔猪通过饮水预防保健，季节是冬季，室温26℃，仔猪健康。饮水量为：200×15kg×15%＝450kg；冬季水的浪费为10%～30%，则提供的饮水量为：450kg×[1＋(10%～30%)]＝495～585kg。若猪群发病，需要根据猪群的采食量来矫正饮水量（饮水量与采食量的比值为2.5～3.0）。

（2）给药量的计算　通常使用两种方法计算给药量：一是根据药物在饮水中的终浓度（如阿莫西林：每千克饮水50～100mg）；二是根据每千克体重的给药量（如泰妙菌素：每千克体重8.8～15mg）。

方法一：根据药物在水中的终浓度计算，如200头15kg的仔猪，每千克饮水中含100mg阿莫西林，阿莫西林产品浓度为10%，那么该药物需要量为：200×15kg×15%×100g/1000kg(毫克换算成千克)÷10%＝450g。

方法二：按照每千克体重的给药量计算，如200头15kg的仔猪，阿莫西林按照每千克体重10mg通过饮水给药，阿莫西林产品浓度为10%，那么该药物的需要量为：200×15kg×10mg/kg÷10%＝300g。考虑水的浪费量为30%，故实际药物需要量为：300g×(1＋30%)＝390g。

当猪群患病时，需要对饮水量进行校正：先根据正常饮水量估计药物需要量为450g或390g，然后再根据采食量的降低（比如采食量降低为原来的60%），那么耗水量为：200×15kg×15%×60%＝270kg，故水的需求量为270kg，将450g或390g药物溶解于270kg水中，药物在水中终浓度约为144～166mg/kg。

3. 内服

内服为病猪个体给药最常用的方法，适用于剂量较小、有异味的药物，以及食欲差或废绝的病猪。

（1）投服法 助手将猪保定，投药者一手用木棒或开口器撬开猪的口腔，另一手将药丸或舔剂投入舌根部，抽出木棒，猪即可咽下。该法常用于片剂、丸剂或舔剂的药物。

（2）灌服法 将药物经猪口腔通过注射器或药管灌入胃内，常用于有异味的药物。注意不可将药物误灌入气管，以避免引起异物性肺炎。

（3）胃管投药法 将药物经猪口腔通过胃导管投入胃内，常用于刺激性大或有不良气味的药物。采用此法要注意插入导管前必须用开口器打开猪的口腔，并在导管前端涂液状石蜡润滑油。将胃管另一端浸入水杯中灌药，若有气泡冒出，应立即拔出再插。

二、注射给药法

常用的方法包括皮下注射、静脉注射、肌内注射、腹腔注射等。

1. 肌内注射

肌内注射适用于多种药物，如油剂、混悬液、水剂等。注射部位选择猪的颈部或臀部肌肉丰满、无大血管和神经处，局部消毒后，将吸有药液的注射器针头迅速垂直刺入肌肉内 3～4cm（大猪），在刺入动作的同时将药液注入，针头拔出后进行局部消毒。若一次量超过 10mL 时，应分点注射。

2. 皮下注射

皮下注射主要用于免疫接种。应选择皮肤薄、松弛、容易移动的部位（如颈部、股内侧等）注射。注射前先用 75%酒精或 5%碘酊消毒，再用左手拇指、食指和中指捏起皮肤，右手将针头刺入提起的皮下约 2cm，放松左手，将药液注入。

3. 静脉注射

静脉注射主要用于补液，多选取耳静脉为注射部位。具体方法：用一手拇指和中指执住耳的尖部，同时用食指在耳下作支持，另一手持注射器，将针头平行刺入耳静脉内，轻轻抽回注射栓，若有回血即表明已正确进入静脉内，即可将药液慢慢注入。注射时若发现耳壳皮下隆起小泡，或感觉注射有阻力，即表示未注入血管内，应拔出重新注射。注射完毕拔出针头后，立即用酒精棉按住注射部位，防止血液流出。

4. 腹腔注射

腹腔注射多用于补液。助手将小猪的两后肢提起，术者在耻骨前缘腹中线旁边 3～5cm，持 9 号针头于腹壁垂直刺入 1～1.5cm，回抽注射器活塞，如无气体和液体时，即可缓缓注入药液。注入药液后，拔出针头，局部消毒处理。

5. 胸腔注射

胸腔注射用于胸腔穿刺检查、排除胸腔积液、接种猪气喘病疫苗等。注射部位一般在猪胸腔右侧第 6～7 肋骨间肩关节水平线下方 2～3cm 处。猪站立保定或侧卧保定，注射部位消毒，术者左手于穿刺部位将皮肤稍向前方拉动 1～2cm，右手持注射器，沿肋骨前缘垂直刺入，刺入深度为 2～3cm，回抽无血时，将药液缓慢注入，注完后用酒精棉球紧压针孔处拔出针头。注意刺入深度不宜过深，以防损伤心脏、肺部、神经及血管。

6. 穴位注射

猪常用的是后海穴（又名交巢穴）注射，注射部位在猪尾根和肛门之间的凹陷处，主要用于治疗猪胃肠道及泌尿生殖系统疾病、接种猪传染性胃肠炎与流行性腹泻疫苗等。注射时将猪适当保定，提起尾巴，注射部位消毒，针头沿与猪的脊柱方向平行刺入，根据猪的日龄和体重，刺入深度为 0.5～4cm，注完后用酒精棉球紧压针孔处拔出针头。此法使用药物的剂量约为肌内注射的 1/3。

三、外用给药法

外用给药法主要有点眼、滴鼻、洗涤、涂擦等。点眼部位通常在眼睑与眼球间的结膜囊，常用于结膜炎治疗和眼球检查。滴鼻通常选择在鼻腔内，常用于鼻炎治疗与疫苗接种。洗涤通常用于清洗局部皮肤或鼻、眼、口及创伤部位等。常用的药物有生理盐水、

0.1％～0.2％高锰酸钾溶液、0.5％～1％双氧水溶液等。涂擦，通常将治疗局部感染和疥螨病的膏剂或溶液，涂于皮肤或黏膜表面。

四、直肠给药法

直肠给药法将药物配成液体，直接灌入直肠内。该法多用于病猪肠内补液、肠阻塞及直肠炎的治疗，亦用于病猪采食及吞咽困难时直肠内人工补充营养。猪可用橡皮管灌肠，先将直肠内的粪便清除，然后在橡皮管前端涂上凡士林，插入直肠内（大猪20～25cm、小猪8～10cm），把连接橡皮管的盛药容器提高到猪的背部以上。灌肠完毕后，拔出橡皮管，用手压住肛门或拍打尾根部，以防药液排出。灌肠药液的温度应与体温一致。

五、阴道（子宫）给药法

阴道（子宫）给药法多用于治疗母猪阴道炎、子宫内膜炎等，以促进黏膜的修复，使母猪及早恢复生殖功能。常用药液有生理盐水、0.1％雷佛奴尔溶液、0.1％高锰酸钾溶液及抗生素。

1. 阴道内投药

将患猪保定好，通过一端连有漏斗的软胶管，将配好的接近猪体温的消毒液或收敛液冲入阴道内，待药液完全排出后，术者再徒手或戴灭菌手套将消毒药剂涂在阴道内，或者是直接放入浸有磺胺乳剂的棉塞。

2. 子宫内投药

将患猪保定好，把所需药液配制好，并且药液温度以接近猪体温为佳。术者从阴道将导管送入子宫内，将药液倒入漏斗内让其自行缓慢流入子宫。当注入药液不顺利时，切不可施加压力，以免刺激子宫使炎性渗出物扩散。每次注入药液的数量不可过多，并且要等到液体排出后，才能再次注入。每次治疗所用的溶液总量不宜过大，猪一般为100～300mL，并分次冲洗，直至排出的溶液变为透明。或者直接投入抗生素，为了防止注入子宫内的药液外流，所用的溶剂（生理盐水或注射用水）量以20～40mL为宜。

第七节　影响药物作用效应的因素

一、药物因素

（1）理化性质　药物的脂溶性、pH值、溶解度、解离度等，均能影响药物的作用。溶解度高的药物易被吸收，起效较快，药效较强；反之则难被吸收，起效较慢，药效较弱而持久。

（2）剂型与剂量　药物的剂型会影响药物被吸收的速度和程度，进而影响血药浓度、半衰期、起效时间和药效维持时间。如水溶液注射剂比油剂、混悬剂较易被吸收且起效更快，但药效维持时间较短；内服溶液剂比片剂的被吸收速度要快，这是由于片剂在胃肠液中要有崩解过程，药物的有效成分要从赋形剂中溶解释放出来。

药物的剂量很大程度上决定了药物与机体组织相互作用的浓度。同一药物在不同的剂量下，所产生的作用强度亦不同。在允许范围内，药物剂量越大，其与机体发生作用的强度就越大。但当剂量的变化超过一定范围时，药物作用可由量变转化为质变，产生毒性作用甚至致死。如巴比妥类药小剂量有镇静作用，中剂量有催眠作用，大剂量有麻醉作用；大黄小剂量有健胃作用，中剂量有泻下作用，大剂量则有止泻作用；2%～5%碘酊有杀菌作用，但10%碘酊则表现为刺激作用；咖啡因超剂量使用会引起过度兴奋而抑制，甚至造成死亡。因此，药物的剂量是决定药效的重要因素。临床用药时，除根据《中国兽药典》《兽药使用指南》等决定用药剂量外，还应考虑药物的理化性质、毒副作用和病情发展等因素，适当调整剂量，以使药物疗效达到最佳。

（3）药物质量　目前我国虽有1500多家生产企业通过GMP认证，但兽药质量仍不容乐观。在农业农村部每季度公布的不合格兽药企业名单里，所谓知名企业，也屡次上榜。目前，兽药存在的问题主要有：生产和流通假冒兽药；添加违禁药物成分，如抗病毒西药、人用药等；含量不足，有些甚至检测不到药物成分；包装标示药物与实际所含药物不同；添加不明物质，干扰兽药的正常检测。

二、动物因素

（1）种属差异　大多数药物对不同动物一般均有相似作用，但不同种类的动物因解剖结构、生理机能存在差异，因此，对同一药物的敏感性、体内过程和不良反应等也存在差异，进而对同一药物的反应亦不同。如猪对敌百虫较耐受，而家禽对敌百虫则很敏感；替米考星注射液对猪心肌毒性较大，注射易引起死亡，而对牛则相对安全；草食动物长期服用广谱抗生素会引发二重感染，引起菌群失调，而肉食兽则反应较小。此外，同种动物的不同品种对药物的敏感性也不相同，用药时必须注意。

（2）年龄与性别　不同年龄、性别及不同阶段的动物对同一药物反应不同。一般幼龄动物处于生长发育阶段，各种生理机能尚未完善，老龄动物肝肾功能减退，因此，对药物的敏感性较成年动物高。如喹诺酮类药（如环丙沙星、恩诺沙星等）可使幼龄动物软骨发生变性，影响骨骼发育并引起跛行及疼痛。妊娠期母畜较空怀期对某些药物（如缩宫素、地塞米松、活血化瘀中药等）的敏感性要高，易发生流产。哺乳母畜用药亦可通过乳汁对幼畜产生药物效应或毒性。因此，临床用药需要注意。

（3）体重　同种动物体重不同，对相同剂量的药物反应也不尽相同，因此，应按动物体重计算剂量，并考虑其他可能产生影响的因素来初步拟定用药量，并随时监测血药浓度和药物反应来调整剂量。

（4）个体差异　同种动物的不同个体对同一药物的反应有显著差异。某些个体即使应用小剂量的某一药物，也可产生较强的药理反应，甚至毒性反应；而有些个体即使应用中毒量也不产生反应。主要原因是动物对药物的吸收、分布、转化和排泄存在差异。病原微生物对药物产生的耐药性，多是用药量不足或长期用药引起的。

（5）病理状态　动物机体的病理状态和机能状况不同，对药物的反应也有差异，一般在病理情况下对药物较为敏感。肝脏、肾脏分别是药物的转化器官和排泄器官，当肝、肾功能不全时，药物的转化和排泄减慢，则可加强或延长药物的作用，有时可能引起中毒。如氨基糖苷类药、磺胺类药、四环素类药对肾脏有毒性或长期使用对肾脏有损害作用，故肾脏功能不全时慎用。中枢神经机能被抑制时，能耐受较大剂量兴奋药；兴奋时能耐受抑制药。当动物处在营养不良、体质衰弱状态时，对药物的敏感性增高，易出现不良反应。此外，还应注意患畜是否有潜在性疾病，否则用药后可能出现正常动物不会出现的反应。

三、用药因素

（1）给药途径　不同的给药途径，药物进入血液的速度和数量不同，产生药效的快慢和强度也有差别，甚至可引起药物作用性质的改变。如硫酸镁内服产生泻下作用，肌内注射则产生抗惊厥作用；动物食欲废绝时，混饮给药、经口给药、注射给药等途径要比混饲给药效果好；初生仔猪补液腹腔注射要比静脉注射更易操作。因此，临床上应根据病情需要、药物性质、动物的种类来选择适当的给药途径。

（2）重复用药　在疾病治疗期间，需要反复使用同一药物以维持其在体内的有效浓度，使药物持续发挥作用。根据疗程重复用药至一定的次数或时间，可以使疾病迅速好转及防止重复用药时间过长而引起中毒。重复给药的间隔时间和剂量，取决于药物半衰期和病畜病情，多数药物一般每日给予2～3次，以保持药物在体内维持有效浓度，体内消除慢的药物应延长给药间隔时间。

（3）联合用药　为提高疗效或减少药物的不良反应，以及治疗不同的症状或合并症常需联合用药。联合用药后药效等于各单用时药效的总和，如盐酸大观霉素盐酸林可霉素；联合用药后药效超过各药单用时的总和，如磺胺与抗菌增效剂；联合用药后药效降低，如普鲁卡因作局部麻醉时，并用磺胺类药防治创伤感染，会降低磺胺类药的抑菌效果。利用药物的拮抗作用，可以解除某些药物的中毒反应或减少不良反应。

四、饲养管理因素

动物的健康主要取决于饲养管理水平。俗话说："三分治，七分养"。疾病的恢复不能仅依靠药物，还应配合良好的饲养管理水平，加强病畜护理，提高机体抵抗力，使药物作用得到更好的发挥。如治疗破伤风时，除应用破伤风抗毒素及抗惊厥药、镇静药外，还要注意保持环境安静，并将患病动物置于黑暗环境中；治疗肠道寄生虫病时，除应用驱虫药外，还应及时清除粪便并进行堆积发酵处理，以彻底消灭粪便中的虫体或虫卵。

此外，环境因素也可影响药物的疗效。不同季节、温度和湿度均可影响消毒剂、抗寄生虫药的疗效。环境中若存在大量的有机物可大大减弱消毒剂的作用；通风不良、空气污染（如高浓度的氨气）可增加动物的应激反应，加重疾病过程，影响药效。

五、疾病因素

(1) 有些病无药可医　猪病种类和数量较多，包括传染病、寄生虫病、营养代谢病、中毒病、内科病及外产科病等。其中75%左右为传染病，尤以病毒性传染病（如猪口蹄疫、高致病性猪蓝耳病、非洲猪瘟等），危害最为严重，目前大多无有效治疗药物，抗生素等往往疗效不佳。此外，某些疾病（如仔猪红痢、猪诺维氏梭菌病等），由于发病急、病程短、死亡快，往往来不及治疗或药物未发挥疗效病猪即已死亡。

(2) 耐药性严重　近年来，由于抗生素的滥用，细菌（如大肠杆菌、沙门氏菌等）耐药性越来越严重，常出现多重耐药、交叉耐药等，很难找到各地区均敏感的药物。因此，有条件时最好做药敏试验。

(3) 致病机制特殊　某些病原微生物侵害的靶器官比较特殊，如链球菌、副猪嗜血杆菌、滑液囊支原体等引起的关节炎，由于关节处血管分布少，大多数药物不易进入，因此，治疗效果不佳或需要较长的疗程；再如引起猪增生性肠炎的胞内劳森菌，该菌属于专性细胞内寄生菌，主要存在于肠上皮细胞的胞质内，多数药物无法进入细胞内，故疗效不理想或用药时间长。

(4) 发病阶段　疾病的发展阶段包括潜伏期、前驱期、明显期和转归期。在疾病早期，若能做到早发现、早诊断、早治疗，则能大大提高治疗效果。反之，疾病进入中后期，体内病原微生物数量增加、毒力增强，组织损伤严重，药物治疗效果往往不佳。

六、诊断因素

准确诊断是用药的前提和原则。目前，多病原混合感染已成为猪病发生的主要形式，使得临诊表现和病理变化不及单纯感染那么典型，同时，非典型化病例的出现，使得猪病诊断更加困难。一些疾病外观症状相似，极易混淆，必须注意鉴别诊断，必要时需通过实验室诊断确诊。若诊断差之毫厘或错误，治疗则谬以千里。因此，诊断准确，用药得当，才能达到“药半功倍”的效果。

第八节　兽药真假劣鉴别

一、网络查询

用户登录中国兽药信息网，点击“国家兽药基础数据库”，可以查询兽药生产企业数据、兽药产品批准文号数据等，即可查询兽药企业是否取得“兽药生产许可证”“GMP 证书”，若查询不到，则属非法生产企业；还可查询该产品是否取得产品批准文号，是否在有效期内，凡查询不到的均属于假药。

二、兽药二维码查询

农业部（现为农业农村部）规定从 2016 年 7 月 1 日起，我国生产、进口的所有兽药产品需附二维码上市销售，实现全程追溯。用户可以登录中国兽药信息网，用手机扫描“国家兽药综合查询”二维码，下载手机客户端。扫描兽药外包装上的二维码，若无企业及产品相关信息的属于假药；无二维码的也属于假药。

三、检查产品信息

（1）看外包装　一般真品兽药外包装印制清晰，包装袋厚、质量好、色彩鲜艳，而伪劣品则图案模糊不清、印制低劣。按照《兽药管理条例》的有关规定，兽药外包装必须有标签，并注明“兽用”“处方药”或“非处方”字样，包装袋箱（内）应有说明书与合格证，证上应有企业质检专用章、质检员签章及装箱日期。

（2）看标签　按照《兽药管理条例》的有关规定，兽药包装必须贴有标签或说明书，且以中文注明兽药的通用名称、成分及其含量、规格、生产企业、产品批准文号（进口兽药注册证号）、产品批号、生产日期、有效期、适应证或功能主治、用法用量、休药期、禁忌、不良反应、注意事项、运输贮存保管条件及其他应当说明的内容。如果标签上缺少上述内容，或虽有但不全以及与事实不符者，则应对其质量提出质疑。

（3）看产品规格　看标签上标示的规格与药品的实际是否相符，主要看标示装量与实际装量是否相符。

（4）查兽药产品执行标准　从 2013 年 9 月 1 日起，兽药标准必须执行国家标准［《中国兽药典》《兽药质量标准》（2017 年版）、农业部公告等］，如果兽药成分不符合国家标准，即为假药或劣药。

（5）看有效期　查兽药产品标签说明书里标明的有效期，超过有效期的即可判为劣药。

（6）检查产品性状　如外观色泽、是否结块、气味、沉淀物、异物、霉变等。

四、实验室检测

可以委托有资质的专业检测机构，如各省辖市（自治区）畜牧局、高校、科研院所等，从性状、含量、鉴别等方面进行鉴定。

第三章

兽药标准及相关制度

第一节　兽药标准

一、《中国兽药典》

该药典是兽药研制、生产（进口）、经营、使用和监督管理活动应遵循的法定技术标准。《中国兽药典》每5年修订1次，目前应用的是《中国兽药典》（2015年版），分为一部、二部和三部，收载品种总计2031种。《中国兽药典》一部收载化学药品、抗生素、生化药品及药用辅料共计752种；二部收载中药材及饮片、提取物、成方和单味制剂共1148种；三部收载生物制品131种。《中国兽药典》（2015年版）于2016年8月23日由中华人民共和国农业部公告　第2438号颁布，并于2016年11月15日起施行。

二、《兽药质量标准》

《兽药质量标准》（2017年版）包括化学药品卷、中药卷和生物制品卷三部分，自2017年11月1日起施行。自2017年11月1日起，除《中国兽药典》（2015年版）和《兽药质量标准》（2017年版）收载品种的兽药质量标准外，2010年12月31日前（含31日）各版《中国兽药典》《兽药国家标准》《兽用生物制品质量标准》《兽用生物制品规程》及农业部公告发布的同品种兽药质量标准同时废止。

第二节　兽药相关制度

一、兽药管理条例

该条例自2004年11月1日起施行，2016年2月6日对部分条款进行了修订。

二、执业兽医管理办法

执业兽医管理办法分总则、资格考试、执业注册和备案、执业活动管理、罚则、附则，共6章45条，自2009年1月1日起施行。

三、兽药产品电子追溯码（二维码）标识制度

2016年7月1日起，未使用统一的兽药二维码标识和未上传产品信息的兽药不得上市销售；兽药产品生产企业和销售者不得伪造或者冒用兽药二维码标识。

四、兽用处方药和非处方药管理办法

兽用处方药和非处方药管理办法共18条，自2014年3月1日起施行。与兽药使用相关内容如下：

（1）相关术语　兽用处方药是指凭兽医处方笺方可购买和使用的兽药。兽用非处方药是指不需要兽医处方笺即可自行购买并按照说明书使用的兽药。

（2）兽用处方药标识　兽用处方药的标签和说明书应当标注“兽用处方药”字样，兽用非处方药的标签和说明书应当标注“兽用非处方药”字样。前款字样应当在标签和说明书的右上角以宋体红色标注，背景应当为白色，字体大小根据实际需要设定，但必须醒目、清晰。

(3) 兽用处方药的开具和销售　兽药经营者应当在经营场所显著位置悬挂或者张贴“兽用处方药必须凭兽医处方购买”的提示语。兽药经营者对兽用处方药、兽用非处方药应当分区或分柜摆放。兽用处方药不得采用开架自选方式销售。兽用处方药凭兽医处方笺方可买卖[以下三种情况除外：进出口兽用处方药的；向动物诊疗机构、科研单位、动物疫病预防控制机构和其他兽药生产企业、经营者销售兽用处方药的；向聘有依照执业兽医管理办法规定注册的专职执业兽医的动物饲养场（养殖小区）、动物园、实验动物饲育场等销售兽用处方药的]。兽医处方笺由依法注册的执业兽医按照其注册的执业范围开具，处方笺应符合有关要求并保存两年以上。

(4) 兽用处方药目录　由农业部制定并公布（见附录Ⅴ）。兽用处方药目录以外的兽药为兽用非处方药。

五、兽药标签和说明书管理办法

兽药标签和说明书管理办法共3章27条，自2003年3月1日起施行，2016年6月对部分条款进行了修订。凡在中华人民共和国境内上市销售的兽药，其标签和说明书必须符合本办法的规定。

第四章

消毒防腐药

第一节　酚类

苯酚

【别名】 石炭酸。

【性状】 无色至微红色的针状结晶或结晶性块；有特臭；有引湿性；水溶液呈弱酸性反应；遇光或在空气中色渐变深。

【药理作用】 本品为原浆毒，通过使菌体蛋白质凝固变性而呈现杀菌作用。0.1%～1%溶液有抑菌作用，1%～2%溶液有杀灭细菌和真菌作用，5%溶液可在48h内杀死炭疽芽孢，对病毒的作用较弱。碱性环境、脂类和皂类等能减弱其杀菌作用。

【临床应用】 用于器械、用具、车轮及水泥地面等的消毒。

【用法用量】 喷洒：配成2%～5%溶液。

【不良反应】

① 0.5%～5%的浓度，对皮肤可产生局部麻醉作用；浓度高于5%的溶液则对组织产生强烈刺激和腐蚀作用。

② 动物意外吞服或皮肤、黏膜大面积接触苯酚会引起全身性中毒，表现为中枢神经先兴奋、后抑制及心血管系统受抑制，严重者可因呼吸麻痹而死亡。中毒时应进行对症治疗。

③ 有致癌作用。

【特别提示】 对皮肤和黏膜有腐蚀性，对动物和人有较强的毒性，不能用于创面和皮肤的消毒。

【休药期】 无。

复合酚

【性状】 国产：深红褐色黏稠液体，有特臭。进口：澄清至略微浑浊的绿褐色液体，有醋酸味和酚味。

【药理作用】 主要成分为酚、醋酸、十二烷基苯磺酸（国产）或邻苯基苯酚和对氯间甲酚（进口）。本品为原浆毒，通过使菌体蛋白质凝固变性而呈现杀菌作用。0.1%～1%溶液有抑菌作用，1%～2%溶液有杀灭细菌和真菌作用，5%溶液可在48h内杀死炭疽芽孢，对病毒的作用较弱。碱性环境、脂类和皂类等能减弱其杀菌作用。

【临床应用】 用于动物圈舍表面、器具、设备的消毒。

【用法用量】

① 国产，喷洒，配成0.3%～1%溶液；浸涤，配成1.6%溶液。

② 进口，稀释后喷雾使用，每平方米用量300mL。稀释比例：动物圈舍表面1∶200，器具设备1∶400；疾病发生时，猪蓝耳病1∶400，大肠杆菌病1∶400，支原体病、沙门氏菌病1∶200。

【不良反应】 同苯酚。

【特别提示】 对皮肤和黏膜有刺激性和腐蚀性。

【休药期】 无。

甲酚皂

【别名】 来苏尔。

【性状】 黄棕色至红棕色黏稠液体；带甲酚的臭气。

【药理作用】 本品为原浆毒消毒药，通过使菌体蛋白质凝固变性而呈现杀菌作用。抗菌作用比苯酚强3～10倍，毒性大致相等，但消毒用量比苯酚低，较苯酚安全。能杀灭一般繁殖型病原体，对芽孢无效，对病毒作用较弱，是酚类中最常用的消毒药。常用浓度可破坏肉毒梭菌毒素，能杀灭包括铜绿假单胞菌在内的细菌繁殖体，对结核杆菌和真菌有一定杀灭能力，能杀死亲脂性病毒，但对亲水性病毒无效。

【临床应用】 用于器械、猪舍和排泄物等的消毒。

【用法用量】 以甲酚计。喷洒或浸泡，配成5%～10%溶液。

【不良反应】 按规定剂量配制使用，暂未见不良反应。

【特别提示】

① 有特臭，肉联厂、圈舍、乳品加工车间和食品加工厂等不宜应用，以免影响食品质量。

② 对皮肤有刺激性，使用者应注意保护皮肤。

【休药期】 无。

氯甲酚

【性状】 无色澄清液体；有特臭。

【药理作用】 对细菌繁殖体、真菌和结核杆菌均有较强杀灭作用，但不能有效杀灭细菌芽孢。有机物可减弱其杀菌效能，pH 值较低时，杀菌效果最好。

【临床应用】 用于猪舍及环境消毒。

【用法用量】 喷洒，33～100 倍稀释。

【不良反应】 按规定剂量配制使用，暂未见不良反应。

【特别提示】

① 应现用现配，稀释后不宜久贮。

② 对皮肤和黏膜有腐蚀性。

【休药期】 无。

第二节　醛类

甲醛

【性状】 无色或几乎无色的澄明液体；有刺激性特臭，能刺激鼻喉黏膜；冷处久置易发生浑浊。

【药理作用】 能杀死细菌繁殖体、芽孢（如炭疽芽孢）、结核杆菌、病毒及真菌等。对皮肤和黏膜刺激性很强，但不会损坏金属、皮毛、纺织物和橡胶等。穿透力差，不易透入物品深部发挥作用。具滞留性，消毒结束后即应通风或用水冲洗。刺激性气味不易散失，故消毒时空间仅需相对密闭。

【临床应用】 用于圈舍熏蒸消毒，也可用于胃肠道制酵。

【用法用量】 熏蒸消毒，15mL/m^3。

【不良反应】 对动物皮肤、黏膜有强刺激性。

【特别提示】

① 消毒后在物体表面形成一层具腐蚀作用的薄膜。

② 动物误服甲醛溶液，应迅速灌服稀氨水解毒。

③ 药液污染皮肤，应立即用肥皂和水清洗。

【休药期】 无。

戊二醛

【性状】 无色或几乎无色的澄明液体；有刺激性特臭。

【药理作用】 具有广谱、高效和速效消毒作用，对细菌繁殖体、芽孢、病毒、结核杆菌和真菌等均有很好的杀灭作用。水溶液在 pH 值 7.5～7.8 时，抗菌效果最佳。

【临床应用】 用于橡胶、塑料物品及手术器械消毒。

【用法用量】 以戊二醛计。环境或器具（械）消毒，配成0.1%～0.25%溶液，喷洒、擦洗或浸泡，保持 5min 以上，晾干。

【剂型规格】 浓戊二醛溶液，12.8%，20%，25%；稀戊二醛溶液，2%，5%。

【不良反应】

① 常规浓度下可引起接触性皮炎或皮肤过敏反应，应避免接触皮肤和黏膜。

② 误服可引起消化道黏膜炎症、坏死和溃疡，引起剧痛、呕吐、呕血、便血、血尿、尿闭、酸中毒、抽搐和循环衰竭。

【特别提示】 避免接触皮肤和黏膜。

【休药期】 无。

戊二醛癸甲溴铵

【性状】 无色至淡黄色澄清液体；有特臭。

【药理作用】 戊二醛对细菌繁殖体、芽孢、病毒、结核杆菌和真菌等均有很好的杀灭作用。癸甲溴铵为阳离子表面活性剂，对细菌有较好的杀灭作用，对革兰氏阳性菌的杀灭能力比革兰氏阴性菌强，对病毒的作用较弱。

【临床应用】 用于圈舍及器具消毒。

【用法用量】 喷洒：常规环境消毒，1∶(2000～4000) 稀释；疫病发生时环境消毒，1∶(500～1000)。浸泡：器械、设备等消毒，1∶(1500～3000)。

【剂型规格】 100mL：戊二醛 5g＋癸甲溴铵 5g。

【不良反应】 按规定的用法用量使用尚未见不良反应。

【特别提示】

① 易燃，使用时须谨慎，以免被灼伤。

② 使用时需配备防护衣、手套、护面和护眼用具等防护设备。

③ 禁与阴离子表面活性剂及盐类消毒药混用。

④ 勿与饲料混合，一旦误服立即饮用大量清水或牛奶，并尽快就医。

⑤ 若不慎触及眼睛，用大量清水冲洗并迅速就医。

【休药期】 无。

第三节 醇类

乙醇

【别名】 酒精。

【性状】 无色澄清液体；微有特臭；易挥发，易燃烧，燃烧时显淡蓝色火焰；加热至约 78℃即沸腾。

【药理作用】 能杀死细菌繁殖体，对结核杆菌、囊膜病毒也有杀灭作用，但对细菌芽孢无效。95％乙醇因其可使组织表层蛋白质凝固，阻碍渗透而影响杀菌作用，故杀菌作用不如75%乙醇。临床消毒皮肤及浸泡器械常用75%乙醇。当乙醇浓度低于20%时，杀菌作用微弱。

乙醇能扩张局部血管，改善局部血液循环，用稀乙醇涂擦卧病日久动物的局部皮肤，可预防褥疮形成；浓乙醇涂擦局部皮肤可促进炎性产物吸收，减轻疼痛，用于治疗急性关节炎、腱鞘炎和肌炎等。无水乙醇纱布压迫手术出血创面5min可立即止血。

【临床应用】 用于手、皮肤、温度计、注射针头和小件医疗器械等的消毒。

【用法用量】 涂擦：75%溶液。

【不良反应】 偶见过敏反应。

【特别提示】 对酒精过敏者慎用；酒精对黏膜刺激性大，不宜用于黏膜和创面消毒。

【休药期】 无。

第四节 卤素类

次氯酸钠

【性状】 淡黄色澄清液体。

【药理作用】 在水中可以释放出次氯酸，后者释放出新生态氧而呈现杀菌作用，杀菌作用快而强，但不持久。对细菌繁殖体、病毒等有杀灭作用。

【临床应用】 用于圈舍、器具及环境的消毒。

【用法用量】 以本品计，圈舍、器具消毒，1∶(50～100)倍稀释；口蹄疫病毒疫源地消毒，1∶50倍稀释；常规消毒，1∶1000倍稀释。

【剂型规格】 含有效氯不少于5.0%。

【不良反应】 按规定的用法用量使用尚未见不良反应。

【特别提示】 对金属有腐蚀性，会损伤皮肤，对织物有漂白作用。

【休药期】 无。

二氯异氰尿酸钠

【别名】 优氯净。

【性状】 粉剂：白色或类白色粉末，具有次氯酸的刺激性气味。烟熏剂：白色或类白色粉末，有氯臭味，助燃剂为黄色细末。

【药理作用】 本品为含氯消毒剂。二氯异氰尿酸钠粉在水中分解为次氯酸和氰尿酸，次氯酸释放出活性氯和新生态氧，通过对细菌原浆蛋白质产生氯化和氧化反应而呈现杀菌作用。二氯异氰尿酸钠烟熏剂加热后，释放出氯气，通过氯化和氧化作用，作用于病原微生物，使菌体蛋白质发生变性，导致病原微生物死亡而呈现杀菌作用。

【临床应用】 用于圈舍、猪栏及器具等的消毒。

【用法用量】 以本品计，喷洒：饲养场所、器具消毒，每升水1～10g；疫源地消毒，每升水2g。烟熏：将二氯异氰尿酸钠与助燃剂按2∶1（质量比）混匀，每立方米使用混合物5g，点燃、密闭12h，通风1h。

【剂型规格】 粉剂：按有效氯计算，10%。

【不良反应】 燃烧时产生的烟气具有强烈刺激性，能引起人员流泪、咳嗽，严重时氯气中毒，表现为躁动、呕吐、呼吸困难等。

【特别提示】 现用现配，对金属有轻微腐蚀性，可使有色棉织品褪色。

【休药期】 无。

三氯异氰尿酸钠

【性状】 白色或类白色粉末；有次氯酸的刺激性气味；微溶于水。

【药理作用】 本品为含氯消毒剂。三氯异氰尿酸钠在湿润的环境下，释放出氯气，通过氯化和氧化作用，作用于病原微生物，使菌体蛋白质发生变性，导致病原微生物死亡而呈现杀菌作用。

【临床应用】 用于圈舍、猪栏、器具及饮水消毒。

【用法用量】 以有效氯计，喷洒、冲洗、浸泡：饲养场地消毒，配成0.16%溶液；饲养用具消毒，配成0.04%溶液；饮水消毒，每升水0.4mg，作用30min。

【剂型规格】 三氯异氰尿酸钠粉：按有效氯计算30%。

【不良反应】 按规定的用法用量使用尚未见不良反应。

【特别提示】 对人的皮肤和黏膜有刺激作用，对织物、金属有漂白或腐蚀作用，使用时应注意防护。

【休药期】 无。

碘酊

【别名】 碘酒。

【性状】 红棕色澄清液体；有碘与乙醇的特臭。

【药理作用】 主要成分为碘与碘化钾，具有强大的消毒作用，能杀灭细菌芽孢、真菌、病毒及部分原虫。碘主要以分子形式发挥作用，原理可能是碘化和氧化病原微生物蛋白质活性基因，并与蛋白质的氨基结合而导致蛋白质变性和抑制病原微生物的代谢酶系统。

【临床应用】 用于手术前和注射前皮肤消毒。浓碘酊用于局部皮肤慢性炎症治疗。

【用法用量】 局部涂擦。

【剂型规格】 碘酊：1000mL∶碘20g+碘化钾15g。浓碘酊：1000mL∶碘100g+碘化钾75g。

【不良反应】 低浓度碘酊毒性很低，偶尔引起过敏反应。

【特别提示】

① 对碘过敏动物禁用。

② 用碘酊涂擦皮肤消毒后，宜用70%酒精脱碘，以免引起皮炎。浓碘酊刺激性强，皮肤局部反复涂擦可引起炎症反应。

③ 不应与含汞药物配伍。

【休药期】 无。

碘甘油

【性状】 红棕色黏稠液体；有碘的特臭。

【药理作用】 主要成分为碘、碘化钾与甘油，能杀灭细菌芽孢、真菌、病毒及部分原虫。药理作用参见碘酊。

【临床应用】 用于口腔、舌、齿龈、阴道等黏膜炎症与溃疡治疗。

【用法用量】 涂患处。

【剂型规格】 1000mL：碘10g＋碘化钾10g。

【不良反应】【特别提示】 参见碘酊。

碘伏

【别名】 碘附、强力碘。

【性状】 红棕色黏稠液体。

【药理作用】 主要成分为碘、碘化钾、硫酸、磷酸等，可杀灭细菌芽孢、真菌、病毒及部分原虫。

【临床应用】 用于手术器械和手术部位消毒。

【用法用量】 配成0.5%～1%溶液。

【剂型规格】 3%。

【不良反应】 低浓度碘伏的毒性很低，使用时偶尔引起过敏反应。

【特别提示】 配制的碘伏溶液应存放在密闭容器内，其他参见碘酊。

聚维酮碘

【性状】 红棕色液体。

【药理作用】 通过不断释放游离碘，破坏病原微生物的新陈代谢而使其失活。属于高效低毒消毒药，对细菌、病毒和真菌均有良好的杀灭作用。

【临床应用】 溶液用于手术部位、皮肤黏膜消毒。口服液用于仔猪白痢。

【用法用量】 以聚维酮碘计，皮肤消毒及治疗皮肤病，5％溶液；黏膜及创面冲洗，0.1％溶液。仔猪：1∶20 倍饮用水稀释后(250mg/L)，每头 10mL，灌服，2 次/d，连用 3d。

【剂型规格】 聚维酮碘溶液：1％、2％、5％、7.5％、10％；聚维酮碘口服液：0.5％。

【不良反应】 口服液对仔猪甲状腺的功能有一定影响，停药 1～2 周后恢复正常。

【特别提示】

① 对碘过敏动物禁用。

② 溶液变为白色或淡黄色时失去消毒活性。

③ 不宜与含汞药物配伍。

【休药期】 无。

西地碘粉

【性状】 红棕色粉末。

【药理作用】 参见碘酊。

【临床应用】 用于畜舍环境及用具消毒。

【用法用量】 以有效碘计，畜禽饲养场所、器具消毒，配成 0.005％溶液。

【剂型规格】 以有效碘计，15％。

【不良反应】 按推荐的用法与用量使用，暂未见不良反应。

【特别提示】 现配现用；水溶液对二价金属有轻微腐蚀性。

【休药期】 无。

第五节　表面活性剂

苯扎溴铵

【别名】 新洁尔灭。

【性状】 无色至淡黄色澄清液体；气芳香；强力振摇会产生多量泡沫；遇低温可能产生浑浊或沉淀。

【药理作用】 阳离子表面活性剂，对细菌（如化脓杆菌、肠道菌等）有较好的杀灭作用，对革兰氏阳性菌的杀灭活性较革兰氏阴性菌强。对病毒作用较弱，对亲脂性病毒（如流感、牛痘、疱疹等病毒）有一定杀灭作用，对亲水性病毒无效。对结核杆菌与真菌的杀灭效果甚微；对细菌芽孢只能起到抑制作用。

【临床应用】 用于手术器械、皮肤和创面消毒。

【用法用量】 以苯扎溴铵计，创面消毒，配成0.01%溶液；皮肤、手术器械消毒，配成0.1%溶液。

【剂型规格】 苯扎溴铵溶液：5%、20%。

【相互作用】 对阴离子表面活性剂（如肥皂、卵磷脂、洗衣粉、吐温80等）有拮抗作用。碘、碘化钾、蛋白银、硝酸银、水杨酸、硫酸锌、硼酸（5%以上）、过氧化物和磺胺类药，以及钙、镁、铁、铝等金属离子，亦对本品有拮抗作用。

【不良反应】 按规定用法用量使用尚未见不良反应。

【特别提示】

① 禁与肥皂及其他阴离子表面活性剂、盐类消毒剂、碘化物和过氧化物等合用，术者用肥皂洗手后，务必用水冲净后再用本品。

② 不宜用于眼科器械和合成橡胶制品的消毒。

③ 配制器械消毒液时，需加0.5%亚硝酸钠，其溶液不得贮存于聚乙烯制作的容器内，以免与增塑剂发生反应而使药液失效。

④ 可引起人药物过敏。

【休药期】 无。

癸甲溴铵

【性状】 无色或微黄色黏稠性液体；振摇时有泡沫产生。

【药理作用】 对多数细菌、真菌和藻类有杀灭作用，对亲脂性病毒也有一定作用。在溶液状态时，可解离出季铵盐阳离子，与细菌胞浆膜磷脂中带负电荷的磷酸基结合，低浓度呈抑菌作用，高浓度呈杀菌作用。溴离子使分子的亲水性和亲脂性增强，能迅速渗透到胞浆膜脂质层及蛋白质层，改变膜通透性，起到杀菌作用。

【临床应用】 用于圈舍、饲喂器具、饮水等的消毒。

【用法用量】 以癸甲溴铵计，圈舍、器具消毒，配成0.015%～0.05% 溶液；饮水消毒，配成0.0025%～0.005%溶液。

【剂型规格】 癸甲溴铵溶液：100mL∶10g。

【不良反应】 按规定用法用量使用尚未见不良反应。

【特别提示】

① 避免与皮肤、眼睛和衣服直接接触，如溅及眼睛和皮肤立即以大量清水冲洗至少15min。

② 内服有毒性，如误服立即用大量清水或牛奶洗胃。

【休药期】 无。

季铵盐戊二醛

【性状】 无色至淡黄色澄清液体。

【药理作用】 高效广谱消毒剂，可有效杀灭细菌、病毒、芽孢。主要成分为苯扎氯铵、癸甲溴铵、戊二醛。季铵盐类化合物为阳离子表面活性剂，低浓度下有抑菌作用，较高浓度时可杀灭大多数细菌繁殖体与部分病毒。主要通过改变细菌胞浆膜的通透性，使菌体破裂，使蛋白质变性，以及灭活菌体脱氢酶、氧化酶，使其失去活性。

【临床应用】 用于圈舍的日常环境消毒。

【用法用量】 喷雾或喷洒：200mL/m^2，消毒时间1h。日常消毒，用自来水将碱化液按1∶(250～500）稀释；杀灭病毒，将碱化液以1∶(100～200）稀释；杀灭芽孢，将碱化液以1∶(1～2）稀释。用前需将消毒液碱化（每100mL消毒液加无水碳酸钠2g，搅拌至无水碳酸钠完全溶解）。

【剂型规格】 100mL∶苯扎氯铵1.6g＋癸甲溴铵2.4g＋戊二醛2g。

【不良反应】 参见戊二醛。

【特别提示】

① 使用前将圈舍清理干净。

② 消毒液碱化后 3d 内用完。

③ 用于具有碳钢或铝设备的圈舍日常环境消毒，需在消毒完毕 1h 后及时清洗残留在碳钢或铝设备上的消毒液。

④ 若产品冻结，使用前应该解冻，充分摇匀。

【休药期】 无。

月苄三甲氯铵

【性状】 无色或淡黄色澄明液体；强力振摇会产生多量泡沫。

【药理作用】 具有较强的杀菌作用，金黄色葡萄球菌、猪丹毒杆菌、化脓性链球菌、口蹄疫病毒及细小病毒等对其敏感。

【临床应用】 用于圈舍及器具消毒。

【用法用量】 圈舍消毒，喷洒，1∶30 倍稀释；器具洗涤，1∶(100～150) 倍稀释。

【剂型规格】 月苄三甲氯铵溶液：10%。

【不良反应】 按规定用法用量使用尚未见不良反应。

【特别提示】 禁与肥皂、酚类、原酸盐类、酸类、碘化物等同用。

【休药期】 无。

度米芬

【别名】 消毒宁。

【性状】 白色或微黄色片状结晶；无臭或微带特臭；振摇其水溶液，则产生泡沫。

【药理作用】 对革兰氏阳性菌和革兰氏阴性菌均有灭菌作用，但对后者需较高浓度。对细菌芽孢、抗酸杆菌和病毒效果不显著；有抗真菌作用。在中性或弱碱性溶液中效果好，在酸性溶液中效果明显下降。

【临床应用】 用于创面、黏膜、皮肤和器械消毒。

【用法用量】 创面、黏膜消毒，配成 0.02%～0.05%溶液；皮肤、器械消毒，配成 0.05%～0.1%溶液。

【不良反应】 按规定用法用量使用尚未见不良反应。

【特别提示】

① 禁与肥皂、盐类和其他合成洗涤剂配伍使用；金属器械消毒时加0.5%亚硝酸钠防锈。

② 可引起接触性皮炎。

【休药期】 无。

第六节 氧化剂

过氧化氢

【别名】 双氧水。

【性状】 无色澄清液体；无臭或有类似臭氧的臭气；遇氧化物或还原物即迅速分解并产生泡沫，遇光易变质。

【药理作用】 具有较强的氧化作用，与组织或血液中的过氧化氢酶接触时迅速分解，释放出新生态氧，对病原微生物产生氧化作用，干扰其酶系统的功能而发挥抗病原微生物作用。由于作用时间短，且有机物能大大减弱其作用，因此，杀灭病原微生物能力很弱。在接触创面时，由于分解迅速，会产生大量气泡，机械地松动脓块、血块、坏死组织及与组织粘连的敷料，故常用于清洁创面。

【临床应用】 用于清洗化脓性创口等。

【用法用量】 喷洒、冲洗、浸泡、擦拭。

【剂型规格】 过氧化氢溶液：3%。

【不良反应】 对皮肤、黏膜有强刺激性。

【特别提示】

① 禁与有机物、碱、生物碱、碘化物、高锰酸钾或其他强氧化剂合用。

② 不能注入胸腔、腹腔等密闭体腔或腔道、气体不易逸散的深部脓疡，以免产气过速，导致栓塞或扩大感染。

【休药期】 无。

高锰酸钾

【性状】 黑紫色、细长的棱形结晶或颗粒，带蓝色的金属光泽；无臭；与某些有机物或易氧化物接触，易发生爆炸。

【药理作用】 强氧化剂，遇有机物、加热、加酸或碱等均可释放出新生态氧而呈现杀菌、除臭、氧化等作用。抗菌作用较过氧化氢强。在发生氧化反应时，其本身还原为棕色的二氧化锰，后者可与蛋白质结合成蛋白盐类复合物，因此，在低浓度时对组织有收敛作用。在酸性环境中杀菌作用增强，2%～5%溶液能在24h内杀死芽孢；1%溶液中加1.1%盐酸，则能在30s内杀死炭疽芽孢。有机物极易使高锰酸钾分解而使其作用减弱。

【临床应用】 用于皮肤创伤及腔道炎症的创面消毒、止血和收敛，也用于有机物中毒时解毒。

【用法用量】 腔道冲洗及洗胃，配成0.05%～0.1%溶液；创伤冲洗，配成0.1%～0.2%溶液。

【相互作用】 可使吗啡与士的宁等生物碱、苯酚、水合氯醛、氯丙嗪等药物以及磷化物、氰化物等氧化而失去毒性。

【不良反应】

① 高浓度高锰酸钾有刺激和腐蚀作用。

② 内服可引起胃肠道刺激症状，严重时出现呼吸和吞咽困难。

【特别提示】

① 严格掌握不同用途使用不同浓度的溶液。

② 水溶液易失效，需现用现配，避光保存，久置变棕色而失效。

③ 对胃肠道有刺激作用，在误服有机物中毒时，不应反复用高锰酸钾溶液洗胃。

④ 内服中毒时，应用温水或3%过氧化氢溶液洗胃，并内服牛奶、豆浆或氢氧化铝凝胶，以延缓吸收。

【休药期】 无。

过硫酸氢钾复合物

【性状】 浅红色颗粒状粉末，有柠檬气味。

【临床应用】 用于圈舍、空气和饮用水等的消毒。

【用法用量】 浸泡、喷雾。圈舍环境消毒、饮水设备消毒、空气消毒、终末消毒、设备消毒、脚踏盆消毒，1∶200 倍稀释；饮水消毒，1∶1000 倍稀释。对于特定病原体稀释比例为：大肠杆菌，1∶400；金黄色葡萄球菌，1∶400；链球菌，1∶800；口蹄疫病毒，1∶1000；猪水疱病病毒，1∶400。

【特别提示】

① 现配现用。

② 不得与碱类物质混存或联用。

【休药期】 无。

第七节　酸类

醋酸

【性状】 无色澄明液体；有刺激性特臭和辛辣的酸味。

【药理作用】 对细菌、真菌、芽孢和病毒均有较强杀灭作用，但作用的强弱不同。对细菌繁殖体的作用最强，其次为真菌、病毒、结核杆菌及细菌芽孢。1%醋酸 10min 能杀灭抵抗力最强的病原体，如真菌、芽孢等。但芽孢被有机物保护时，作用时间则延长至 30min。

【临床应用】 用于口腔及感染创面的冲洗，内服用于治疗消化不良等。

【用法用量】 外用：口腔冲洗，配成 2%～3%溶液。

【剂型规格】 36%～37%。

【不良反应】 有刺激性，高浓度对皮肤、黏膜有腐蚀性。

【特别提示】

① 避免与眼睛接触，若与高浓度醋酸接触，立即用清水冲洗。

② 避免接触金属器械，以免产生腐蚀作用。

③ 禁与碱性药物配伍。

【休药期】 无。

硼酸

【性状】 无色微带珍珠光泽的结晶或白色疏松粉末，有滑腻感；无臭；水溶液呈弱酸性反应。

【药理作用】 通过释放氢离子而发挥对细菌和真菌微弱的抑制作用。

【临床应用】 用于洗眼或冲洗黏膜。

【用法用量】 外用：配成2%～4%溶液。

【不良反应】 外用一般毒性不大，但不适用于大面积创伤和新生肉芽组织的冲洗，以避免吸收后蓄积中毒。

【休药期】 无。

枸橼酸粉

【性状】 白色结晶性颗粒。

【药理作用】 有机酸类消毒剂，杀菌谱广。枸橼酸溶于水产生H^+和自由基，由于其有3个H^+可以电离，可通过改变细胞内的pH值影响微生物生存环境；同时由于枸橼酸溶于水后产生自由基，可破坏微生物的DNA、RNA和蛋白质的结构，造成微生物新陈代谢活动紊乱，进而导致微生物死亡。

【临床应用】 用于环境或器具的消毒。

【用法用量】 喷雾、喷洒或浸泡消毒：杀灭口蹄疫病毒以1∶1000倍稀释；杀灭猪瘟病毒以1∶500倍稀释；杀灭猪水疱病病毒以1∶200倍稀释。

【不良反应】 按规定用法用量使用尚未见不良反应。

【特别提示】

① 现用现配。

② 勿与其他药物混合或交替使用，以免影响消毒效果。

③ 吸潮易结块，但不影响消毒效力。

【休药期】 无。

过氧乙酸

【性状】 无色至淡黄色液体；有强烈刺激性臭气；具挥发性；遇热易分解；有腐蚀性；遇有机物或金属即迅速分解。

【药理作用】 强氧化剂，遇有机物释放出新生态氧产生氧化作用而杀灭病原微生物。

【临床应用】 用于圈舍、用具、衣物等，杀灭细菌、芽孢、真菌和病毒。

【用法用量】 喷雾消毒，圈舍 1∶(200～400) 倍稀释；熏蒸消毒，每立方米用 5～15mL；浸泡消毒，器具 1∶500 倍稀释。

【剂型规格】 过氧乙酸溶液：16%～23%。

【不良反应】 对黏膜有刺激性。

【特别提示】

① 腐蚀性强，操作时应戴上防护手套，避免药液灼伤皮肤。

② 稀释时避免使用金属器具。

③ 配好的溶液应置玻璃瓶内或硬质塑料内，于低温、避光处密闭保存。

【休药期】 无。

第八节 碱类

氢氧化钠

【别名】 烧碱、火碱、苛性钠。

【性状】 本品为熔制的白色干燥颗粒、块、棒或薄片，质坚脆，折断面显结晶性；引湿性强，在空气中易吸收二氧化碳。

【药理作用】 属细胞原浆毒，对病毒和细菌均有较强的杀灭作用。高浓度溶液可杀灭芽孢，OH^- 能水解菌体蛋白质和核酸，使酶系和细胞结构受损，并能抑制其代谢，分解菌体内的糖类，使细菌死亡。遇有机物可使其杀菌力降低。

【临床应用】 用于圈舍、车辆等的消毒。

【用法用量】 喷雾，1%～2%热溶液。

【不良反应】 按规定用法用量使用尚未见不良反应。

【特别提示】

① 对组织有强腐蚀性，可损坏织物和金属制品。

② 消毒人员应注意防护。

【休药期】 无。

氧化钙

【别名】 生石灰。

【性状】 白色或灰白色块或粉末，无臭。属强碱，吸湿性强，吸收空气中二氧化碳后变成坚硬的碳酸钙而失去消毒作用。

【药理作用】 对大多数细菌繁殖体有效，但对细菌芽孢和抵抗力较强的细菌（如结核杆菌）无效。

【临床应用】 用于地面、墙壁、粪池和粪堆及人行通道或污水沟的消毒。

【用法用量】 加水配成10%～20%石灰乳，涂刷猪舍墙壁、猪栏和地面。生石灰1kg加水350mL，生成熟石灰粉末，可撒布在阴湿地面、粪池周围及污水沟等处。

【不良反应】 对皮肤和黏膜有刺激性。

【特别提示】

① 干燥保存，以免潮解失效。

② 现用现配，配好后最好当天用完。

【休药期】 无。

第九节　染料类

甲紫

【别名】 龙胆紫、结晶紫、紫药水。

【性状】 紫色液体。

【药理作用】 对革兰氏阳性菌有强大的杀灭作用，亦有抗真菌作用。对组织无刺激性，有收敛作用。

【临床应用】 用于黏膜和皮肤的创伤、烧伤和溃疡的消毒。

【用法用量】 外用：涂于患处。

【不良反应】

① 外用可产生黏膜刺激和溃疡。

② 长期或反复用于治疗口腔念珠菌病，可因摄入本品而导致食管炎、喉炎、喉头阻塞和气管炎，还可引起恶心、呕吐、腹泻和腹痛等症。

【特别提示】

① 有致癌性，禁用于食品动物。

② 对皮肤、黏膜有着色作用。

【休药期】 无。

乳酸依沙吖啶

【别名】 黄药水。

【性状】 黄色澄清液体。

【药理作用】 吖啶类碱性染料，是染料类中最有效的防腐药。对革兰氏阳性菌有极强的抑制作用，对各种化脓菌作用也较强，产气荚膜梭菌和酿脓链球菌对其最敏感。本品作用持久，且不受有机物的影响，穿透力强，对组织无刺激且毒性低，但抗菌作用产生较慢，药物可牢固地吸附在黏膜和创面上达1d。

【临床应用】 用于创面、黏膜消毒。

【用法用量】 外用：涂于患处。

【剂型规格】 乳酸依沙吖啶溶液：0.1%。

【不良反应】 按规定的用法用量使用尚未见不良反应。

【特别提示】

① 溶液在光照下可分解生成剧毒产物，若肉眼观察变为褐绿色，表明已分解，不可再用。

② 当溶液中氯化钠浓度高于0.5%时，乳酸依沙吖啶可从溶液

中析出；遇碱和碘液易析出沉淀。

③ 长期使用可能延缓伤口愈合。

【休药期】 无。

第十节　其他

氧化锌软膏

【性状】 类白色至淡黄色软膏。

【药理作用】 具有收敛和抗菌作用。

【临床应用】 常用于皮炎、湿疹和溃疡等的治疗。

【用法用量】 外用：涂于患处。

【剂型规格】 20g∶3g、500g∶75g。

【不良反应】 按规定的用法用量使用尚未见不良反应。

【休药期】 无。

鱼石脂软膏

【性状】 棕黑色软膏；有特臭。

【药理作用】 主要成分为植物油（豆油、桐油、玉米油等）经硫化、磺化，再与氨水反应后制得的混合物。有较弱的抑菌作用和温和的刺激作用。外用具有局部消炎和刺激肉芽生长作用。

【临床应用】 外用消炎。

【用法用量】 涂于患处。

【剂型规格】 10%。

【不良反应】 按规定的用法用量使用尚未见不良反应。

【休药期】 无。

第五章

抗微生物药

第一节　抗生素

一、β-内酰胺类

（一）青霉素类

青霉素

【别名】 苄青霉素、青霉素 G。

【性状】 粉针：白色结晶性粉末。

【药理作用】 窄谱、杀菌性抗生素，抗菌活性强，对多种革兰氏阳性菌和少数革兰氏阴性菌均有杀灭作用，如葡萄球菌、链球菌、猪丹毒杆菌、棒状杆菌、破伤风梭菌、放线菌、炭疽杆菌、螺旋体等对其均较敏感。分枝杆菌、支原体、衣原体、立克次氏体、真菌和病毒对其均不敏感。抗菌机理主要是抑制细菌细胞壁黏肽的合成。生长期细菌分裂旺盛，细胞壁处于生物合成期，在青霉素作用下，黏肽合成受阻导致细菌无法形成细胞壁，最终因细胞膜破裂而死。非生长繁殖期的细菌，此时不需合成细胞壁，青霉素则不起杀菌作用，因此，青霉素类“繁殖期杀菌剂”不宜与抑制细菌生长繁殖的“快效抑菌剂”（如氟苯尼考、四环素类、红霉素等）合用。因为后者使细菌处于生长抑制状态，导致青霉素不能发挥作用。

药动学：青霉素钾（钠）盐肌内注射后被迅速吸收，15～30min 达血药峰浓度，血药浓度维持在 0.5μg/mL 以上的时间为

6～7h。广泛分布于全身各组织，并可进入胎儿循环，以肾、肝、肺、肌肉、小肠和脾的浓度较高；骨骼、唾液和乳汁含量较低。很难进入脑脊液，在正常脑脊液中的浓度仅为血药浓度的1%～3%，炎症时脑脊液中浓度可达血药浓度的5%～30%。乳汁中青霉素的浓度为血药浓度的5%～20%。乳室注入青霉素，最初几小时可大量吸收，乳中可维持抗菌浓度相当长的时间。据报道，在乳室内注入10万单位青霉素水溶液，其在乳中可保留4.26U/mL至24h。青霉素小部分在肝脏内代谢，大部分以原形排泄。在肾功能正常情况下，50%～75%自肾脏排出，其中90%通过肾小管分泌，因排出迅速，故体内消除较快。青霉素的血浆蛋白结合率约50%。半衰期较短，种属间的差异较小，所有家畜的半衰期为0.5～1.2h。表观分布容积也较小，一般为0.2～0.3L/kg，血浆浓度较高，组织浓度较低。

【临床应用】 主要用于革兰氏阳性菌感染，也用于放线菌及钩端螺旋体等的感染，如葡萄球菌病、链球菌病、猪丹毒、破伤风、钩端螺旋体病等。

【用法用量】 以青霉素钾（钠）计。肌内注射，一次量，每千克体重3万～5万单位，2～3次/d，连用2～3d。

【剂型规格】 注射用青霉素钾：0.25g（40万单位）、0.5g（80万单位）、0.625g（100万单位）、1g（160万单位）、2.5g（400万单位）；注射用青霉素钠：0.24g（40万单位）、0.48g（80万单位）、0.6g（100万单位）、0.96g（160万单位）、2.4g（400万单位）。

【相互作用】 青霉素联用与配伍禁忌分别见表5-1、表5-2。

表5-1 青霉素联用

药物类别	联用增效
头孢菌素	对抑杀金黄色葡萄球菌有协同作用，分开使用
克拉维酸钾、舒巴坦	对产酶耐药菌效果增强

续表

药物类别	联用增效
氨基糖苷类	协同杀菌效应,分开使用
环丙沙星	治疗铜绿假单胞菌病呈协同作用
非甾体抗炎药(吲哚美辛、保泰松)、丙磺酸、水杨酸	青霉素血药浓度升高,抗菌力增强
胺类	形成不溶性盐,延缓青霉素的吸收,如普鲁卡因青霉素
麻杏石甘散	增强青霉素疗效,减少其用量及不良反应

表 5-2 青霉素配伍禁忌

药物类别	禁忌原因
大环内酯类、四环素类、酰胺醇类、磺胺类、氨苄西林、两性霉素 B	干扰青霉素杀菌活性,不宜合用
重金属离子(铜、锌、汞)、醇类、酸、碘、氧化剂、还原剂、羟基化合物、葡萄糖注射液	破坏青霉素活性
氯丙嗪、林可霉素、酒石酸去甲肾上腺素、B族维生素、维生素 C、氨茶碱、碳酸氢钠、盐酸土霉素、盐酸四环素	产生浑浊、沉淀,分解或灭活
呋塞米	青霉素排泄减少,应减少其用量
复方氨基比林、氨基酸营养液	造成过敏性休克及大脑弥漫性损害

【不良反应】

① 主要是过敏反应，大多数家畜均可发生，但发生率较低。局部反应为注射部位水肿、疼痛，全身反应为荨麻疹、皮疹，严重者可引起休克或死亡。

② 对某些动物，青霉素可诱导胃肠道的二重感染。

【特别提示】

① 青霉素钾（钠）易溶于水，水溶液不稳定，很易水解，水解速率随温度升高而加快，因此，注射液应在临用前配制。必须保存时，应置于 2～8℃冰箱中，可保存 7d，室温下只能保存 24h。

② 注意与其他药物的相互作用和配伍禁忌，以免影响青霉素药效。

③ 大剂量注射可能出现高钾血症；肾功能减退或心功能不全患畜会产生不良后果，钾离子对心脏的不良作用更严重。

④ 治疗破伤风时宜与破伤风抗毒素合用。

【休药期】 0d。

普鲁卡因青霉素

【别名】 长效苄星青霉素、苄青霉素普鲁卡因。

【性状】 注射液：细微颗粒的混悬油溶液，静置后，细微颗粒下沉，振摇后成均匀的淡黄色混悬液。粉针：白色粉末。

【药理作用】 抗菌谱、作用机理与青霉素相似。限用于对青霉素高度敏感的病原菌，不宜用于治疗严重感染。

药动学：肌内注射后，在局部水解释放出青霉素后被缓慢吸收。达峰时间较长，血中浓度低，但作用较青霉素持久。大量注射可引起普鲁卡因中毒。

【临床应用】 参见青霉素。

【用法用量】 肌内注射：一次量，每千克体重 2 万～3 万单位，1 次/d，连用 2～3d。

【剂型规格】 普鲁卡因青霉素注射液：5mL:75 万单位，10mL：300 万单位、450 万单位；注射用普鲁卡因青霉素：40 万单位、80 万单位、160 万单位、400 万单位。

【相互作用】 与复方磺胺甲基异噁唑联用可降低疗效，不宜合用。其他参见青霉素。

【不良反应】【特别提示】 参见青霉素。

【休药期】 注射液 7d；粉针 5d。

苄星青霉素

【别名】 长效西林、比西林。

【性状】 粉针：白色结晶性粉末。

【药理作用】 抗菌谱、作用机理与青霉素相似。急性重度感染不宜单独使用，必须注射青霉素钠（钾）显效后，再用其维持药效。

药动学：苄星青霉素，吸收和排泄缓慢，血中浓度较低。

【临床应用】 用于革兰氏阳性菌感染，如葡萄球菌病、链球菌病、猪丹毒、破伤风等。

【用法用量】 肌内注射：一次量，每千克体重3万～4万单位，必要时3～4d重复一次。

【剂型规格】 注射用苄星青霉素：30万单位、60万单位、120万单位。

【相互作用】【不良反应】 参见青霉素。

【特别提示】

① 本品血药浓度较低，急性感染时应与青霉素合用。

② 注射液应现用现配。

③ 注意与其他药物的相互作用和配伍禁忌，以免影响其药效。

【休药期】 5d。

氨苄西林

【别名】 氨苄青霉素、安比西林。

【性状】 粉针：白色或类白色粉末或结晶性粉末；可溶性粉：白色或类白色粉末。

【药理作用】 抗菌谱广，对青霉素酶敏感，故对耐青霉素的金黄色葡萄球菌无效。对革兰氏阴性菌（如大肠杆菌、变形杆菌、沙门氏菌、嗜血杆菌、布鲁氏菌和巴氏杆菌等）有较强的作用，但易产生耐药性；铜绿假单胞菌对其不敏感。

药动学：注射后被迅速吸收，血药浓度高，但下降也快。肌内或皮下注射的起始浓度较低，每千克体重10mg肌内注射后，5min血药浓度可达14.54g/mL，14min达血药峰浓度18.46g/mL。体内消除半衰期为0.5～1.5h。

【临床应用】 用于敏感菌引起的败血症及消化道、呼吸道、泌尿道感染，如大肠杆菌病（仔猪黄痢、仔猪白痢）、传染性胸膜肺炎、仔猪副伤寒、猪肺疫等。

【用法用量】 以氨苄西林计，内服、肌内注射、静脉注射：一次量，每千克体重 10～20mg，2～3 次/d，连用 2～3d。

【剂型规格】 注射用氨苄西林钠：0.5g、1g、2g；氨苄西林可溶性粉：5%、10%；氨苄西林钠可溶性粉：10%；复方氨苄西林粉：100g:氨苄西林 80g+海他西林 20g。

【相互作用】 氨苄西林联用与配伍禁忌分别见表 5-3、表 5-4。其他参见青霉素。

表 5-3 氨苄西林联用

药物类别	联用增效
半合成青霉素(苯唑西林、阿莫西林等)、头孢菌素类	增强抗菌效力
氨基糖苷类	提高氨基糖苷类在菌体内的浓度，呈协同作用，分开使用
氨溴索	增加氨苄西林在支气管和肺中浓度
丙磺舒	延缓排泄，提高血药浓度，延长半衰期

表 5-4 氨苄西林配伍禁忌

药物类别	禁忌原因
大环内酯类、四环素类、酰胺醇类等	干扰氨苄西林的杀菌活性，不宜合用
琥乙红霉素、乳糖酸红霉素、盐酸土霉素、盐酸四环素、盐酸金霉素、硫酸卡那霉素、硫酸庆大霉素、硫酸链霉素、盐酸林可霉素、硫酸多黏菌素 B、氯化钙、葡萄糖酸钙、B 族维生素、维生素 C 等	沉淀、降效或呈拮抗作用
雌激素、辅酶 A	使氨苄西林疗效降低
青霉素	两者竞争同一位点，产生拮抗作用

【不良反应】 可出现与剂量无关的过敏反应，如皮疹、发烧、嗜酸性细胞增多、白细胞和血小板减少、贫血、淋巴结病或全身性过敏反应。

【特别提示】 对青霉素酶敏感，不宜用于耐青霉素的金黄色葡萄球菌感染。

【休药期】 15d。

氨苄西林钠氯唑西林钠

【性状】 粉针：白色或类白色粉末或结晶性粉末。

【药理作用】 氨苄西林钠为广谱半合成青霉素，对革兰氏阳性菌（如链球菌、葡萄球菌、梭菌、丹毒杆菌、放线菌、李斯特菌等）的作用与青霉素近似。能被青霉素酶破坏，对耐青霉素的金黄色葡萄球菌无效。对多种革兰氏阴性菌（如布鲁氏菌、变形杆菌、巴氏杆菌、沙门氏菌、大肠杆菌、嗜血杆菌等）有抑杀作用，但易产生耐药性。氯唑西林钠为耐酸、耐酶半合成青霉素，对产酶金黄色葡萄球菌有效。两药合用可达到增强药效、扩大抗菌谱的效果。

【临床应用】 用于敏感菌所致的呼吸道、胃肠道、泌尿道和软组织感染，也可用于化脓性链球菌、肺炎球菌与耐酶金黄色葡萄球菌引起的混合感染。

【用法用量】 以本品计。临用前加适量灭菌注射用水或氯化钠注射液溶解。肌内或静脉注射：一次量，每千克体重20mg，2～3次/d，连用3d。

【剂型规格】 注射用氨苄西林钠氯唑西林钠：0.5g、1g、2g。

【不良反应】 偶见过敏反应，如皮疹、水肿等。

【特别提示】 对青霉素过敏的动物禁用，溶解后应立即使用。

【休药期】 28d。

阿莫西林

【别名】 羟氨苄青霉素。

【性状】 粉针：白色或类白色结晶或粉末；可溶性粉：白色或类白色粉末；片剂：白色或类白色片。

【药理作用】 半合成广谱青霉素，抗菌谱、抗菌活性与氨苄西林相似，对大多数革兰氏阳性菌的抗菌活性稍弱于青霉素，对青霉素酶敏感，故对耐青霉素的金黄色葡萄球菌无效。对大肠杆菌、变形杆菌、沙门氏菌、嗜血杆菌、布鲁氏菌和巴氏杆菌等有较强的作用，但易产生耐药性。铜绿假单胞菌对其不敏感。在体内吸收比氨苄西林好，血药浓度较高，故对全身性感染疗效较好。

药动学：对胃酸相当稳定，单胃动物内服后74%～92%被吸收。胃肠道内容物影响其吸收速率，但不影响吸收程度，故可混饲给药。同等剂量内服后，阿莫西林血清浓度比氨苄西林高1.5～3倍。

【临床应用】 用于敏感菌所致的呼吸系统、泌尿系统、皮肤及软组织等全身感染，对肺部感染有较好疗效，亦可用于治疗乳房炎及子宫内膜炎，如大肠杆菌病、仔猪副伤寒、副猪嗜血杆菌病、传染性胸膜肺炎、猪肺疫等。

【用法用量】 以阿莫西林计，皮下或肌内注射：一次量，每千克体重15～20mg，2次/d，连用3～5d；内服：一次量，每千克体重10mg，2次/d，连用3～5d；混饲：每1000kg饲料100～300g，连用3～5d；混饮：每升水0.1～0.15g，2次/d，连用5d。

以复方阿莫西林计，混饲：每1000kg饲料200g，连用3～5d；混饮：每升水0.1～0.2g，连用3～5d。

【剂型规格】 注射用阿莫西林钠：0.5g、1g、2g、4g；阿莫西林注射液：100mL∶15g、250mL∶37.5g、500mL∶75g；阿莫西林可溶性粉：5%、10%、50%、80%；复方阿莫西林粉：阿莫西林5g+克拉维酸1.25g；阿莫西林片：10mg。

【相互作用】 阿莫西林与氨基糖苷类、β-内酰胺酶抑制剂、苯唑西林合用，可提高后者在菌体内的浓度，呈现协同作用；大环内酯类、四环素类和酰胺醇类等，可干扰其抗菌活性。其他参见青霉素和氨苄西林。

【不良反应】

① 偶见过敏反应，对注射部位有刺激性。

② 对胃肠道正常菌群有较强的干扰作用。

【特别提示】

① 对青霉素耐药的细菌感染不宜应用。

② 对青霉素过敏的动物禁用。

【休药期】 粉针：14d；注射液：28d。

阿莫西林克拉维酸钾

【性状】 注射液：类白色至浅黄色混悬液体。

【药理作用】 阿莫西林属于广谱抗生素，克拉维酸是一种β-内酰胺酶抑制剂。本品除对阿莫西林敏感的革兰氏阳性菌和革兰氏阴性菌有杀灭作用外，对因产生β-内酰胺酶导致的阿莫西林耐药菌亦有很强的杀菌活性。对以下常见的重要病原菌具有抗菌活性：金黄色葡萄球菌、链球菌、棒状杆菌、梭状芽孢杆菌、炭疽杆菌等革兰氏阳性菌；大肠杆菌、沙门氏菌、弯曲杆菌、克雷伯氏菌、变形杆菌、巴氏杆菌、坏死性梭杆菌、嗜血杆菌、李氏放线杆菌和胸膜肺炎放线杆菌等革兰氏阴性菌。

【临床应用】 用于家畜青霉素敏感菌引起的感染。

【用法用量】 肌内或皮下注射：一次量，每 20kg 体重 1mL，1 次/d，连用 3～5d。

【剂型规格】 阿莫西林克拉维酸钾注射液：10mL∶阿莫西林 1.4g＋克拉维酸 0.35g；50mL∶阿莫西林 7g＋克拉维酸 1.75g；100mL∶阿莫西林 14g＋克拉维酸 3.5g。

【不良反应】 注射后可能会引起少数动物的疼痛和局部组织反应。

【特别提示】

① 使用前充分摇匀，注射后轻轻按摩注射部位。

② 对青霉素过敏者禁止接触。

③ 使用完全干燥的针头和注射器，避免水滴污染瓶中剩余的药品。

④ 首次使用后，剩余的药物应在 28d 内用完。

【休药期】 31d。

阿莫西林硫酸黏菌素

【性状】 注射液：类白色至淡黄色混悬液体；久置可分层，上层为无色液体，下层为类白色至淡黄色沉淀。可溶性粉：白色或类白色粉末。

【药理作用】 阿莫西林对大多数革兰氏阳性菌和阴性菌均有较强的抗菌作用。硫酸黏菌素为多肽类抗生素，对革兰氏阴性菌（如大肠杆菌、沙门氏菌、志贺氏菌、巴氏杆菌等）有强大的抗菌作用。两药联用对胸膜肺炎放线杆菌、大肠杆菌等主要病原菌呈现协同或相加作用。

【临床应用】 用于治疗胸膜肺炎放线杆菌、大肠杆菌、沙门氏菌等引起的呼吸道和消化道混合感染。

【用法用量】 肌内注射：一次量，每千克体重 0.1～0.2mL，1 次/d，连用 3～5d；混饲：每 1000kg 饲料 500～1000g，连用 3～5d；混饮：每升水 40～100mg，连用 3～5d。

【剂型规格】 阿莫西林硫酸黏菌素注射液：20mL:阿莫西林 2g 与黏菌素 0.17g（500 万单位）；100mL:阿莫西林 10g 与黏菌素 0.85g（2500 万单位）。阿莫西林硫酸黏菌素可溶性粉：100g:阿莫西林 10g＋黏菌素 2g（6000 万单位）。

【特别提示】

① 使用前充分摇匀，不宜冷冻保存。

② 对青霉素过敏的动物禁用。

③ 对青霉素耐药的细菌感染不宜使用。

④ 有青霉素和头孢菌素类药物过敏史的工作人员禁止接触。

⑤ 避免超剂量使用，当剂量大于推荐剂量的 3 倍量（每千克体重 0.6mL）时，应慎重使用。

⑥ 一次注射超过 6mL，宜分点注射。

【休药期】 29d。

苯唑西林

【别名】 苯唑青霉素、新青霉素Ⅱ、苯甲异唑青霉素钠。

【性状】 粉针：白色粉末或结晶性粉末。

【药理作用】 抗菌谱较青霉素窄，但不易被青霉素酶水解，对耐青霉素的产酶金黄色葡萄球菌有效，对不产酶菌株和其他对青霉素敏感的革兰氏阳性菌的杀菌作用不如青霉素。肠球菌对本品耐药。

药动学：耐酸，肌内注射被迅速吸收，30min 内达血药峰浓度。体内广泛分布，可进入肺、肾、骨、胆汁、胸水、关节液和腹水。可部分代谢为活性和无活性的代谢物，主要经肾随尿液迅速排泄。体内半衰期为 0.5～1.5h。

【临床应用】 主要用于败血症、肺炎、乳腺炎、烧伤创面感染等。

【用法用量】 以苯唑西林计，肌内注射：一次量，每千克体重 10～15mg，2～3 次/d，连用 2～3d。

【剂型规格】 注射用苯唑西林钠：0.5g、1g、2g。

【相互作用】【不良反应】 参见青霉素。

【特别提示】 大剂量注射可能出现高钠血症，其他参见青霉素。

【休药期】 5d。

（二）头孢菌素类

头孢氨苄

【别名】 先锋霉素Ⅳ。

【性状】 注射液：微细颗粒的混悬油溶液，静置后，微细颗粒下沉，振摇后成均匀的乳白色至淡黄色的混悬液。

【药理作用】 第一代头孢菌素。抗菌谱广，对革兰氏阳性菌抗菌活性较强，但肠球菌除外。对部分革兰氏阴性菌（如大肠杆菌、奇异变形杆菌、克雷伯氏杆菌、沙门氏菌和志贺氏菌等）有抗菌作用。

【临床应用】 用于耐药金黄色葡萄球菌及敏感菌引起的呼吸道、消化道、泌尿生殖道、皮肤及软组织感染。

【用法用量】 以头孢氨苄计，肌内注射：一次量，每千克体重 0.1mL（10mg），1 次/d，连用 2～3d。

【剂型规格】 头孢氨苄注射液：10mL∶1g。

【相互作用】 头孢氨苄联用与配伍禁忌分别见表5-5、表5-6。

表5-5 头孢氨苄联用

药物类别	联用增效
氨基糖苷类	协同作用，但肾毒性增强，分开使用
香豆素类	增强抗凝作用
丙磺舒	延缓排泄，血药浓度提高，半衰期延长
氨溴索	增加头孢氨苄在支气管和肺中的浓度
双黄连	协同作用

表5-6 头孢氨苄配伍禁忌

药物类别	禁忌原因
四环素类、大环内酯类、酰胺醇类、硫酸黏菌素、磺胺异噁唑、氯化钙、林可霉素等	干扰抗菌活性，不宜合用
利尿药、磺胺类药	增强肾毒性
维生素K	影响吸收，引起出血
阿司匹林或其他水杨酸制剂	增加出血倾向
维生素 B_1、维生素 B_2、维生素C	降低疗效，不宜合用

【不良反应】 有潜在肾毒性；有胃肠道反应，如厌食、呕吐和腹泻。

【特别提示】 摇匀后再使用；对头孢菌素、青霉素过敏动物慎用。

【休药期】 28d。

头孢噻呋

【性状】 粉针：白色至淡黄色疏松块状物（头孢噻呋）或白色至灰黄色粉末或疏松块状物（头孢噻呋钠）；注射液：微细颗粒的混悬液，静置后微细颗粒下沉，振摇后成均匀的乳白色混悬液。

【药理作用】 动物专用第三代头孢菌素，抗菌活性较氨苄西林强，对链球菌的活性比喹诺酮类强。抗菌谱广，作用机理为抑制细菌细胞壁的合成而导致细菌死亡。对革兰氏阳性菌、革兰氏阴性菌（包括产β-内酰胺酶菌）均有效，如多杀性巴氏杆菌、溶血性巴氏杆菌、胸膜肺炎放线杆菌、沙门氏菌、大肠杆菌、链球菌、葡萄球菌等。某些铜绿假单胞菌、肠球菌耐药。

药动学：肌内和皮下注射被迅速吸收且分布广泛，但不能透过血脑屏障。血液和组织中药物浓度高，有效血药浓度维持时间较长。在体内能生成具有活性的代谢物脱氧呋喃甲酰头孢噻呋，并进一步代谢为无活性的产物从尿和粪中排泄。

【临床应用】 用于猪细菌性呼吸道感染，如猪肺疫、传染性胸膜肺炎、大肠杆菌病、仔猪副伤寒、链球菌病、葡萄球菌病等。

【用法用量】 以头孢噻呋计，肌内注射：一次量，每千克体重3～5mg，1次/d，连用3d。

【剂型规格】 注射用头孢噻呋：0.1g、0.2g、0.5g、1g；注射用头孢噻呋钠：0.1g、0.2g、0.5g、1g、4g；盐酸头孢噻呋注射液：10mL:1g，20mL:0.5g、2g，50mL:1.25g、2.5g、5g，100mL:5g、10g，250mL:12.5g；头孢噻呋晶体注射液：50mL:5g、100mL:10g。

【相互作用】 与青霉素、丙磺舒、氨基糖苷类药合用有协同作用。其他参见头孢氨苄。

【不良反应】 可能引起胃肠道菌群紊乱或二重感染，有一定的肾毒性；少数有过敏反应。

【特别提示】

① 肾功能不全的动物应调整剂量。

② 使用前充分摇匀，不宜冷冻。

③ 发生过敏反应时，及时注射肾上腺素进行解救。

④ 有青霉素和头孢菌素类药物过敏史的工作人员禁止接触本品。

⑤ 置于儿童无法触及处。

【休药期】 注射用头孢噻呋1d；注射用头孢噻呋钠4d；盐酸

头孢噻呋注射液 7d。

头孢喹肟

【别名】 头孢喹诺。

【性状】 粉针：类白色至淡黄色结晶性粉末。注射液：细微颗粒的混悬油溶液，静置后，细微颗粒下沉，摇匀后成均匀的类白色至浅褐色的混悬液。

【药理作用】 动物专用第四代头孢菌素，通过抑制细胞壁的合成达到杀菌效果，抗菌谱广，对 β-内酰胺酶稳定。对常见的革兰氏阳性菌和革兰氏阴性菌均敏感，如大肠杆菌、克雷伯氏菌、多杀性巴氏杆菌、变形杆菌、沙门氏菌、化脓放线菌、芽孢杆菌、棒状杆菌、金黄色葡萄球菌、链球菌、类杆菌、梭状芽孢杆菌、胸膜肺炎放线杆菌及猪丹毒杆菌等。

药动学：每千克体重肌内注射头孢喹肟 2mg，0.4h 后血药浓度达到峰值，峰浓度为 5.93g/mL，消除半衰期约为 1.4h，药时曲线下面积为 12.34(g·h)/mL。

【临床应用】 用于治疗多杀性巴氏杆菌或胸膜肺炎放线杆菌引起的猪呼吸系统疾病。

【用法用量】 肌内注射：一次量，每千克体重 2～3mg，1 次/d，连用 3～5d。

【剂型规格】 注射用硫酸头孢喹肟：50mg、0.1g、0.2g、0.5g；硫酸头孢喹肟注射液：5mL:0.125g，10mL:0.1g、0.25g，20mL:0.5g，30mL:0.75g，50mL:1.25g，100mL:2.5g。

【相互作用】 参见头孢氨苄。

【不良反应】 按规定的用法用量使用尚未见不良反应。

【特别提示】

① 对 β-内酰胺类抗生素过敏的动物禁用。

② 对青霉素和头孢类抗生素过敏者勿接触本品。

③ 现用现配，溶解时会产生气泡，操作时应注意。

【休药期】 3d。

二、氨基糖苷类

链霉素

【性状】 粉针：白色或类白色粉末；注射液：无色或微带黄色澄明液体。

【药理作用】 通过干扰细菌蛋白质合成过程，致使合成异常的蛋白质，阻碍已合成的蛋白质释放及细菌细胞膜通透性增加，最终引起细菌死亡。对结核杆菌和多种革兰氏阴性菌（如大肠杆菌、沙门氏菌、布鲁氏菌、巴氏杆菌、志贺氏菌、鼻疽杆菌等）有抗菌作用。对金黄色葡萄球菌等革兰氏阳性球菌作用差。链球菌、铜绿假单胞菌和厌氧菌对其耐药。

药动学：肌内注射被吸收良好，0.5～2h 达血药峰浓度，血液中有效浓度一般可维持 6～12h。主要分布于细胞外液，存在于体内各个脏器，以肾中浓度最高，肺及肌肉含量较少，脑组织中几乎测不出。胆汁、腹水及结核病灶中均有分布。可以透过胎盘屏障。绝大多数以原形经肾小球滤过排出，尿中浓度高，少量从胆汁排出。体内半衰期为 3.8h。

【临床应用】 用于革兰氏阴性菌和结核杆菌引起的感染，如大肠杆菌病、沙门氏菌病、巴氏杆菌病、结核病等，以及乳腺炎、子宫内膜炎、败血症、膀胱炎、皮肤及伤口感染等。

【用法用量】 以双氢链霉素计，内服：一次量，每千克体重，仔猪 0.25～0.5g，2 次/d，连用 3～5d；肌内注射：一次量，每千克体重 10～15mg 或每 10kg 体重 0.4mL，2 次/d，连用 3～5d。临用前用灭菌注射用水适量使其溶解，现用现配。

【剂型规格】 硫酸双氢链霉素注射液：2mL:0.5g（50 万单位）、5mL:1.25g（125 万单位）、10mL:2.5g（250 万单位）；注射用硫酸双氢链霉素：0.75g（75 万单位）、1g（100 万单位）、2g（200 万单位）；注射用硫酸链霉素：0.75g、1g、2g、4g。

【相互作用】 链霉素联用与配伍禁忌分别见表 5-7、表 5-8。

表 5-7 链霉素联用

药物类别	联用增效
青霉素类、头孢菌素类	协同作用，减缓耐药性产生，分开注射
磺胺类、四环素类、红霉素、碱性药物（碳酸氢钠、氨茶碱）、亚胺培南	协同作用，毒性增强
吉他霉素、DVD、TMP	协同作用
吲哚美辛	提高链霉素血药浓度
利福平、异烟肼	减缓耐药菌产生

表 5-8 链霉素配伍禁忌

药物类别	禁忌原因
同类药物、阿司匹林、甘露醇、两性霉素 B、多黏菌素 E、利尿药（呋塞米等）	增强肾毒性、耳毒性
Ca^{2+}、Mg^{2+}、Na^{+}、NH_4^{+}、K^{+}等阳离子及氯化物、磷酸盐、乳酸盐、枸橼酸盐等	抑制抗菌活性
头孢菌素、右旋糖酐、红霉素	增强耳毒性
酰胺醇类	增强神经系统毒性
骨骼肌松弛药（如氯化琥珀胆碱）、全身麻醉药、多黏菌素 E	增强神经肌肉阻断作用
磺胺嘧啶钠、青霉素钠	产生浑浊或沉淀
维生素 C	酸化尿液，减弱抗菌力
葡萄糖、葡萄糖酸钙、维生素 B_1、维生素 B_2	疗效降低，不宜合用
硫酸镁	加重链霉素引起的呼吸麻痹
维生素 K_3	降低凝血效果，不宜合用

【不良反应】

① 耳毒性较强，常引起前庭损害，随连续给药的药物累积而加重，呈剂量依赖性。

② 对神经肌肉有阻断作用。

③ 长期应用可引起肾脏损害。

【特别提示】

① 与其他氨基糖苷类药有交叉过敏现象，对氨基糖苷类药过敏的患畜禁用。

② 脱水或肾功能损害时慎用。

③ 治疗泌尿道感染时，同时内服碳酸氢钠可使尿液呈碱性，从而增强药效。

【休药期】 粉针、注射液：18d。

庆大霉素

【别名】 艮他霉素。

【性状】 可溶性粉：白色或类白色粉末；注射液：无色至微黄色或微黄绿色澄明液体。

【药理作用】 对多种革兰氏阴性菌（如大肠杆菌、克雷伯氏菌、变形杆菌、铜绿假单胞菌、巴氏杆菌、沙门氏菌等）和金黄色葡萄球菌（包括产 β-内酰胺酶菌株）均有抗菌作用。多数球菌（化脓性链球菌、肺炎球菌、粪链球菌等）、厌氧菌（类杆菌属或梭状芽孢杆菌属）、结核杆菌、立克次氏体和真菌对其耐药。

药动学：肌内注射后吸收迅速而完全，0.5～1h 内达血药峰浓度。皮下或肌内注射生物利用度超过 90%。主要通过肾小球滤过排泄，排泄量占给药量 40%～80%。肌内注射后的消除半衰期为 1h。

【临床应用】 用于革兰氏阴性菌和阳性菌引起的感染（如大肠杆菌病、沙门氏菌病、巴氏杆菌病、链球菌病等），以及细菌引起的败血症、呼吸道感染、胃肠道（包括腹膜炎）和泌尿生殖系统感染、乳腺炎、子宫炎及皮肤、软组织等严重感染。

【用法用量】 以庆大霉素计，肌内注射：一次量，每千克体重 2～4mg（2000～4000U），2 次/d；或每千克体重 4～8mg，1 次/d，连用 2～3d。内服：一次量，每千克体重 5mg，2～3 次/d，连用 3～5d。

【剂型规格】 硫酸庆大霉素注射液：2mL∶0.08g（8 万单位），5mL∶0.2g（20 万单位），10mL∶0.2g（20 万单位）、0.4g（40 万

单位)；硫酸庆大霉素可溶性粉：100g:5g (500 万单位)。

【相互作用】 庆大霉素联用与配伍禁忌分别见表 5-9、表 5-10。其他参见链霉素。

表 5-9 庆大霉素联用

药物类别	联用增效
头孢噻肟	协同作用,分开注射
喹诺酮类、林可霉素、碱性药物(碳酸氢钠)	协同作用,毒性增强
维生素 E	拮抗庆大霉素肾毒性
冰片、枳实	分别提高庆大霉素的血药浓度和胆汁中的浓度

表 5-10 庆大霉素配伍禁忌

药物类别	禁忌原因
青霉素	干扰庆大霉素抗菌活性,不宜合用
四环素、红霉素	呈拮抗作用
同类药物、两性霉素 B、多黏菌素 E、利尿药(呋塞米等)	增强肾毒性、耳毒性
酰胺醇类、西咪替丁	引起呼吸衰竭、抑制
骨骼肌松弛药(如氯化琥珀胆碱)、全身麻醉药	增强神经肌肉阻断作用
磺胺嘧啶钠、辅酶 A、氢化可的松、氯唑西林、肝素、甲硝唑	混合静注产生浑浊或沉淀,降效
维生素 C	酸化尿液,减弱抗菌活性
复方氨基比林、柴胡注射液	引起严重毒副作用和过敏反应
穿心莲	降低穿心莲疗效,不宜合用
镁盐(硫酸镁)	提高血镁浓度,严重时使呼吸停止

【不良反应】 参见链霉素。

【特别提示】

① 有呼吸抑制作用，不宜静脉注射。

② 与头孢菌素合用可能使肾毒性增强。

【休药期】 注射液：40d。

卡那霉素

【性状】 粉针：白色或类白色粉末；注射液：无色至淡黄色或淡黄绿色澄明液体。

【药理作用】 抗菌谱与链霉素相似，但作用稍强。对大多数革兰氏阴性菌（如大肠杆菌、变形杆菌、沙门氏菌和巴氏杆菌等）有强大抗菌作用。金黄色葡萄球菌和结核杆菌对其也较敏感。铜绿假单胞菌、革兰氏阳性菌（金黄色葡萄球菌除外）、立克次氏体、厌氧菌和真菌等对其耐药。

药动学：肌内注射吸收迅速，0.5～1.5h 达血药峰浓度，胸水、腹水和实质器官中分布广泛，但很少渗入唾液、支气管分泌物和正常脑脊液中。脑膜炎时脑脊液中的药物浓度可提高约 1 倍。胆汁和粪便中浓度很低。主要通过肾小球滤过排泄，注射剂量40%～80%以原形从尿中排出，乳汁中可排出少量。体内消除半衰期为2.1～2.8h。

【临床应用】 用于治疗败血症及泌尿道、呼吸道感染，亦用于猪气喘病。

【用法用量】 以卡那霉素计，肌内注射：一次量，每千克体重10～15mg，2 次/d；或每千克体重 20～30mg，1 次/d，连用 3～5d。内服：一次量，每千克体重 3～6mg，3 次/d，连用 3～5d。

【剂型规格】 硫酸卡那霉素注射液：2mL:0.5g（50 万单位），5mL:0.5g（50 万单位），10mL:0.5g（50 万单位）、1g（100 万单位）、10g（1000 万单位）；注射用硫酸卡那霉素：0.5g（50 万单位）、1g（100 万单位）、2g（200 万单位）；单硫酸卡那霉素可溶性粉：100g:12g（1200 万单位）。

【相互作用】 与青霉素类、头孢菌素类、喹诺酮类、四环素、吉他霉素、利福平等合用有协同作用；碱性药物可增强卡那霉素在泌尿系统的抗菌活性，但毒性增加，不宜合用。卡那霉素配伍禁忌见表 5-11。其他参见链霉素。

表 5-11　卡那霉素配伍禁忌

药物类别	禁忌原因
土霉素、泰乐菌素、金霉素、黄霉素、恩拉霉素、杆菌肽、维吉尼霉素、维生素 B_1、维生素 B_2	呈拮抗作用，不宜联用
同类药物、多肽类、两性霉素 B、利尿药（呋塞米等）	增强肾毒性、耳毒性
骨骼肌松弛药（如氯化琥珀胆碱）、全身麻醉药	增强神经肌肉阻断作用
磺胺嘧啶钠、辅酶 A、氢化可的松、氯丙嗪	混合静注产生浑浊或沉淀，降效
维生素 B_{12}	阻碍维生素 B_{12} 的胃肠道吸收

【不良反应】

① 能引起肾毒性和不可逆的耳毒性，且耳毒性较链霉素、庆大霉素更强。

② 剂量过大可导致神经肌肉阻断作用。

【特别提示】 细菌对其易产生耐药性，与新霉素存在交叉耐药性，与链霉素存在单向交叉耐药性；大肠杆菌及其他革兰氏阴性菌常出现获得性耐药。其他参见链霉素。

【休药期】 粉针、注射液：28d。

新霉素

【性状】 可溶性粉：类白色至淡黄色粉末；溶液：无色至淡黄色的澄清液体；软膏：淡黄色或黄色的软膏。

【药理作用】 抗菌谱与卡那霉素相似，大肠杆菌、变形杆菌、沙门氏菌、多杀性巴氏杆菌、金黄色葡萄球菌对其均较敏感，铜绿假单胞菌、革兰氏阳性菌（金黄色葡萄球菌除外）、立克次氏体、厌氧菌和真菌等对其耐药。

药动学：内服与局部应用很少被吸收，内服后只有总量的 3% 从尿液排出，大部分不经变化从粪便排出。肠黏膜炎症或有溃疡时吸收增加。注射给药很快被吸收，其体内过程与卡那霉素相似。

【临床应用】 用于革兰氏阴性菌所致的胃肠道感染，如大肠杆菌病、沙门氏菌病及葡萄球菌病等。

【用法用量】 以新霉素计，内服：一次量，每千克体重7～12mg，2次/d，连用3～5d；混饲：每1000kg饲料77～154g，连用5～7d；混饮：每升水0.05～0.24g，2次/d，连用3～5d。

硫酸新霉素、甲溴东莨菪碱溶液：硫酸新霉素可溶性粉(32.5％)80g、东莨菪碱片125mg（5mg/片）、口服补液盐13.75g、凉开水500mL。内服：一次量，仔猪体重5kg以下用1mL，体重5～10kg用2mL，2次/d，连用2～3d。

【剂型规格】 硫酸新霉素可溶性粉：3.25％、5％、6.5％、20％、32.5％；硫酸新霉素软膏：0.5％；硫酸新霉素溶液：20％；硫酸新霉素片：0.1g、0.25g。

【相互作用】 与β-内酰胺类、多黏菌素类、喹诺酮类、四环素类、大环内酯类、TMP、碱性药物（碳酸氢钠、氨茶碱）、杆菌肽等有协同作用。影响洋地黄、维生素A、维生素D、维生素E、维生素C、维生素B_{12}、铁剂（相互影响）吸收，维生素C可抑制新霉素的抗菌活性，维生素B_1、维生素B_2对新霉素有灭活作用，不宜合用。其他参见链霉素。

【不良反应】 氨基糖苷类药中，本品毒性最大，但内服给药或局部给药很少出现毒性反应。

【特别提示】

① 毒性较大，不宜作注射给药，不宜用于全身感染。

② 疗程不宜过长，一般不应超过10d。

【休药期】 0d。

大观霉素

【别名】 壮观霉素。

【性状】 可溶性粉：白色或类白色粉末。

【药理作用】 对革兰氏阴性菌、革兰氏阳性菌及支原体均有抑制和杀灭作用，如大肠杆菌、沙门氏菌、志贺氏菌、变形杆菌、链球菌、肺炎球菌、表皮葡萄球菌和支原体（如猪鼻支原体、猪滑膜支原体等）对本品敏感。草绿色链球菌和金黄色葡萄球菌对本品不敏感，铜绿假单胞菌和密螺旋体耐药。

药动学：内服后仅被吸收7%，但在胃肠道内保持较高浓度。皮下或肌内注射吸收良好，约1h后血药浓度达高峰。药物的组织浓度低于血清浓度。不易进入脑脊液或眼内，与血浆蛋白结合率不高。大多以原形经肾小球滤过排出。

【临床应用】 用于革兰氏阴性菌、革兰氏阳性菌及支原体感染，如大肠杆菌病、沙门氏菌病、支原体肺炎、猪痢疾、肺炎、猪丹毒等。

【用法用量】 以大观霉素计，内服：一次量，每千克体重10～40mg，2次/d，连用3～5d；肌内注射：一次量，每千克体重20～25mg，1次/d，连用3～5d。

以大观霉素、林可霉素计，肌内注射：一次量，每千克体重15mg，1次/d，连用3～5d；混饮：每千克体重15～30mg（150～300mg/L），连用3～5d。

【剂型规格】 盐酸大观霉素可溶性粉：5g∶2.5g（250万单位）、50g∶25g（2500万单位）、100g∶50g（5000万单位）。

盐酸大观霉素盐酸林可霉素可溶性粉（利高霉素）：5g∶大观霉素2g（200万单位）与林可霉素1g；50g∶大观霉素20g（2000万单位）与林可霉素10g；100g∶大观霉素40g（4000万单位）与林可霉素20g。

【相互作用】 与林可霉素合用，可显著增强对支原体的抗菌活性并扩大抗菌谱。与四环素类、红霉素、氟苯尼考等合用有拮抗作用；与阿片类镇痛药合用，可导致呼吸抑制延长或呼吸麻痹。其他参见链霉素。

【不良反应】 毒性相对较小，很少引起肾毒性与耳毒性，但可引起神经肌肉阻断作用。

【特别提示】

① 肠道菌对大观霉素耐药较广泛，但与链霉素不表现交叉耐药性。

② 耳毒性和肾毒性低于其他常用的氨基糖苷类抗生素，但能

引起神经肌肉阻滞作用，注射钙制剂可解救。

③ 利高霉素（全称盐酸大观霉素-林可霉素可溶性粉）禁止静脉注射，肌内注射应缓慢推注。

【休药期】 可溶性粉：5d。注射剂：8d。

硫酸庆大-小诺霉素

【性状】 注射液：无色或微黄色澄明液体。

【药理作用】 对多种革兰氏阴性菌（如大肠杆菌、克雷伯氏杆菌、变形杆菌、铜绿假单胞菌、巴氏杆菌、沙门氏菌等）和金黄色葡萄球菌（包括产β-内酰胺酶菌株）均有抗菌作用。多数链球菌（化脓性链球菌、肺炎球菌、粪链球菌等）、厌氧菌（类杆菌属或梭状芽孢杆菌属）、结核杆菌、立克次氏体和真菌耐药。

药动学：肌内注射吸收良好，0.5～2h达血药峰浓度，血中有效浓度一般可维持6～12h。主要分布于细胞外液，存在于体内各个脏器，以肾中浓度最高，肺及肌肉含量较少，脑组织中几乎测不出。可到达胆汁、胸水、腹水及结核性脓腔和干酪样组织中，也能透过胎盘屏障。蛋白结合率20%～30%。在体内绝大部分以原形经肾小球滤过排出，尿中浓度高，少量从胆汁排出。

【临床应用】 用于某些革兰氏阴性菌和阳性菌感染，如大肠杆菌病、沙门氏菌病、铜绿假单胞菌病等。

【用法用量】 肌内注射：一次量，每10kg体重0.25～0.5mL，或每千克体重1～2mg，2次/d，连用2～3d。

【剂型规格】 硫酸庆大-小诺霉素注射液：2mL:80mg（8万单位），5mL:0.1g（10万单位）、0.2g（20万单位），10mL:0.1g（10万单位）、0.2g（20万单位）、0.4g（40万单位）。

【相互作用】 与β-内酰胺类、甲氧苄啶-磺胺有协同作用。与四环素类、红霉素、右旋糖酐等合用有拮抗作用，与头孢菌素合用可使肾毒性增强。其他参见庆大霉素。

【不良反应】

① 多见前庭功能损害。

② 可逆性肾毒性，与其在肾皮质部蓄积有关。

③ 偶见过敏反应。

【特别提示】 与β-内酰胺类抗生素联合可治疗严重感染，但在体外混合存在配伍禁忌。其他参见庆大霉素。

【休药期】 40d。

安普霉素

【性状】 注射液：淡黄色至黄色澄明液体；可溶性粉：微黄色至黄褐色粉末。

【药理作用】 对多种革兰氏阴性菌（如大肠杆菌、假单胞菌、沙门氏菌、克雷伯氏菌、变形杆菌、巴氏杆菌、猪痢疾密螺旋体等）、葡萄球菌和支原体均有抗菌活性。其独特的化学结构可抗由多种质粒编码钝化酶的灭活作用，因而革兰氏阴性菌对其较少耐药，许多分离自动物的致病性大肠杆菌及沙门氏菌对其敏感。与其他氨基糖苷类不存在染色体突变引起的交叉耐药性。

药动学：内服可部分被吸收（尤其新生仔猪），吸收量同剂量有关，并随动物年龄增长而减少。药物以原形通过肾脏排泄。

【临床应用】 用于革兰氏阴性菌引起的肠道感染，如大肠杆菌病、沙门氏菌病、猪痢疾、支原体感染等。

【用法用量】 以安普霉素计，肌内注射：一次量，每千克体重20mg（0.2mL），1次/d，连用3～5d；混饮：每千克体重12.5mg，连用7d；内服：一次量，每千克体重25～40mg，1次/d，连用5d；混饲：每1000kg饲料80～100g，连用7d。

【剂型规格】 硫酸安普霉素注射液：5mL∶0.5g（50万单位）、10mL∶1g（100万单位）、20mL∶2g（200万单位）；硫酸安普霉素可溶性粉：10%、40%、50%；硫酸安普霉素预混剂：3%、16.5%。

【相互作用】 与青霉素类、头孢菌素类、盐酸吡哆醛合用有协同作用；微量元素能使其失效，不宜合用。其他参见链霉素。

【不良反应】 内服可能损害肠绒毛而影响肠道对脂肪、蛋白质、糖、铁等的吸收，亦可引起肠道菌群失调，导致厌氧菌或真菌等二重感染。

【特别提示】

① 长期或大量应用可引起肾毒性。

② 遇铁锈易失效，混饲机械要注意防锈；也不宜与微量元素制剂混合使用。

③ 饮水给药必须当天配制。

【休药期】 注射液：28d。可溶性粉、预混剂：21d。

三、四环素类

土霉素

【别名】 氧四环素。

【性状】 注射液：黄色至浅棕黄色澄明液体；预混剂：黄褐色粉末（土霉素钙）或类白色至淡黄色粉末（土霉素）；可溶性粉：淡黄色粉末；片剂：淡黄色片；粉针：黄色结晶性粉末。

【药理作用】 广谱抗生素，对葡萄球菌、溶血性链球菌、炭疽杆菌、破伤风梭菌和梭状芽孢杆菌等革兰氏阳性菌作用较强，但不如 β-内酰胺类。大肠杆菌、沙门氏菌、布鲁氏菌和巴氏杆菌等革兰氏阴性菌对其较敏感，但不如对氨基糖苷类和酰胺醇类抗生素。对立克次氏体、衣原体、支原体、螺旋体、放线菌和某些原虫也有抑制作用。

药动学：内服吸收不规则且不完全，空腹内服易吸收，生物利用度为 60%～80%，主要在小肠上段被吸收。胃肠道内的镁、铝、铁、锌、锰等多价金属离子与本品形成难溶的螯合物而使药物吸收减少。内服后 2～4h 血药浓度达峰值。被吸收后在体内分布广泛，易渗入胸水、腹水和乳汁，也能通过胎盘屏障进入胎儿循环，但在脑脊液的浓度低。主要以原形由肾小球滤过排泄。

【临床应用】 用于革兰氏阳性菌、阴性菌和支原体等引起的感染，还可促进仔猪生长发育，提高饲料利用率。

【用法用量】 以土霉素计。肌内注射，一次量，每千克体重 10～20mg（0.1～0.2mL），2 次/d，连用 3～5d；静脉注射：一次量，每千克体重5～10mg，2次/d，连用2～3d；内服，一次量，每千克体重0.1～0.25g，2～3次/d，连用3～5d；混饲：每1000kg饲料，仔猪200～300g，育肥猪300～400g。

以盐酸土霉素可溶性粉计，混饮：每升水1.33～2.67g，连用3～5d。

以土霉素钙计，混饲：每千克饲料，仔猪0.2～0.3g，育肥猪0.3～0.4g。

【剂型规格】 土霉素片：50mg、0.125g、0.25g；土霉素注射液：1mL:0.1g（10万单位）、0.2g（20万单位），5mL:0.5g（50万单位），10mL:0.5g（50万单位）、1g（100万单位）、2g（200万单位）、3g（300万单位），20mL:1g（100万单位），50mL:2.5g（250万单位）、10g（1000万单位）、15g（1500万单位），100mL:20g（2000万单位）、30g（3000万单位），250mL:50g（5000万单位），500mL:100g（10000万单位）；盐酸土霉素注射液：100mL:10g（1000万单位）、200mL:20g（2000万单位）；盐酸土霉素可溶性粉：7.5%、10%、20%、50%；土霉素预混剂：0.5%、3%、7.5%、50%；土霉素钙预混剂：5%、10%、20%；注射用盐酸土霉素：0.2g、1g、2g、3g；长效土霉素注射液：20mL:4g（400万单位）、100mL:20g（2000万单位）、250mL:50g（5000万单位）。

【相互作用】 与大环内酯类（泰乐菌素）、多黏菌素具有协同作用。土霉素配伍禁忌见表5-12。

表5-12 土霉素配伍禁忌

药物类别	禁忌原因
β-内酰胺类(青霉素类、头孢菌素类)、葡萄糖溶液	呈拮抗作用
氨基糖苷类、喹诺酮类、西咪替丁、两性霉素B、肝素、辅酶A	发生沉淀、浑浊或疗效降低
含钙、镁、铝、铋、铁等药物(中药)或牛奶	形成不溶性络合物,影响药物吸收
碳酸氢钠	胃液pH值升高,溶解度降低,吸收率下降

续表

药物类别	禁忌原因
强利尿药(呋塞米)、黏菌素、杆菌肽	肾功能损害加重
红霉素、利福平、异烟肼、磺胺类	增强肝、肾毒性,降低疗效,不宜联用
骨骼肌松弛药(琥珀酰胆碱)	加重呼吸抑制反应
抗惊厥药(硫酸镁、巴比妥)	血药浓度降低
氨茶碱	升高氨茶碱血药浓度,增加不良反应
复合维生素 B、维生素 C	对土霉素有灭活作用
维生素 K	阻碍维生素 K 在肠道内生物合成

【不良反应】

① 内服有局部刺激作用,可引起呕吐。

② 能引起肠道菌群紊乱。

③ 影响骨骼和牙齿发育,对肝肾有损害作用。

④ 可引起氮血症,引起代谢性酸中毒及电解质失衡。

⑤ 水溶液有较强的刺激性,肌内注射可引起注射部位疼痛、炎症和坏死。

【特别提示】

① 易透过胎盘且易进入乳汁,怀孕母猪、哺乳母猪禁用。

② 肝、肾功能严重不良者慎用。

③ 避免与乳制品和含钙量较高的饲料同服。

④ 注射液应避光密闭,于凉暗干燥处保存,忌日光照射,不能用金属容器盛药。

⑤ 土霉素钙为饲料添加剂,不能做治疗用;在猪丹毒疫苗接种前 2d 和接种后 10d 不能使用;在低钙(0.4%~0.55%)饲料中连用不得超过 5d。

⑥ 注射用盐酸土霉素静脉注射宜缓注,不宜肌内注射。

【休药期】 片剂、可溶性粉、预混剂:7d。粉针:8d。注射液:28d。

四环素

【性状】 粉针：黄色混有白色的结晶性粉末；片剂：淡黄色片。

【药理作用】 广谱抗生素，抗菌谱、抗菌作用与土霉素相似。但对大肠杆菌和变形杆菌的作用较土霉素强，内服吸收亦强于土霉素。

药动学：组织渗透性较高，易透入胸腹腔、胎盘及乳汁中，消除半衰期为3.6h，表观分布容积0.52L/kg。

【临床应用】 用于革兰氏阳性菌、阴性菌、立克次氏体和支原体等引起的感染。

【用法用量】 以四环素计。静脉注射：一次量，每千克体重5～10mg，2次/d，连用2～3d；内服，一次量，每千克体重10～20mg，2～3次/d，连用3～5d。

【剂型规格】 四环素片：50mg（5万单位）、0.125g（12.5万单位）、0.25g（25万单位）；注射用盐酸四环素：0.25g、0.5g、1g、2g、3g。

【相互作用】 与泰乐菌素等大环内酯类药、甲氧苄啶、氯化铵、黏菌素、链霉素、利福平等合用呈协同作用。硫酸锌可使四环素吸收率降低50%；与皮质类固醇联用，易诱发严重二重感染。其他参见土霉素。

【不良反应】 水溶液有较强的刺激性，静脉注射可引起静脉炎和血栓。其他参见土霉素。

【特别提示】 参见土霉素。

【休药期】 片剂：10d。针剂：8d。

金霉素

【性状】 预混剂：棕色或棕褐色粉末或颗粒，无结块发霉，无臭；可溶性粉：黄色粉末。

【药理作用】 广谱抗生素，抗菌谱、抗菌作用与四环素相似。但对革兰氏阳性菌特别是葡萄球菌效果较好。常作为饲料添加剂，用于预防疾病、促进生长和提高饲料利用率。

药动学：与土霉素相似，但在消化道内的吸收较土霉素少。

【临床应用】 用于仔猪促生长，治疗断奶仔猪腹泻、猪气喘病、猪增生性肠炎等。

【用法用量】 以金霉素计，混饲：每1000kg饲料，促生长，仔猪25～75g；治疗400～600g，连用7d。

【剂型规格】 金霉素预混剂：10%、15%、20%、25%；金霉素可溶性粉：20%。

【相互作用】 与氨丙啉联用，可拓宽抗病原体范围；与泰妙菌素合用有协同作用。不宜与青霉素类、碳酸氢钠、强利尿药等合用，若合用可使肾功能损害加重；不宜与含氯量多的自来水或碱性溶液混合。其他参见土霉素。

【不良反应】 按规定的用法和用量使用尚未见不良反应。

【特别提示】 低钙日粮（0.4%～0.55%）中添加100～200mg/kg剂量的金霉素时，连用不超过5d。其他参见土霉素。

【休药期】 预混剂：7d。

多西环素

【别名】 强力霉素、脱氧土霉素。

【性状】 可溶性粉：淡黄色或黄色结晶性粉末；片剂：淡黄色片；注射液：黄色至棕黄色澄明液体；颗粒剂：淡黄色至黄色颗粒。

【药理作用】 广谱抗生素，抗菌谱与四环素、土霉素相似，但抗菌作用较四环素强数倍，具有长效、高效、速效的优点。肺炎球菌、链球菌、葡萄球菌、炭疽杆菌、破伤风梭菌、棒状杆菌等革兰氏阳性菌及大肠杆菌、巴氏杆菌、沙门氏菌、布鲁氏菌、嗜血杆菌、克雷伯氏菌和鼻疽杆菌等革兰氏阴性菌对本药敏感。对立克次氏体、支原体、螺旋体等也有一定抑制作用。

药动学：内服吸收迅速，受食物影响较小，生物利用度高。有效血药浓度维持时间长，组织渗透力强，分布广泛，易进入细胞内。体内蛋白结合率为 93%。肾排泄仅约 25%，胆汁排泄少于 5%。

【临床应用】 用于革兰氏阳性菌、阴性菌和支原体等引起的感染，如大肠杆菌病、沙门氏菌病、巴氏杆菌病、支原体肺炎、传染性胸膜肺炎、附红细胞体病等。

【用法用量】 以盐酸多西环素计，内服：一次量，每千克体重 3～5mg，1 次/d，连用 3～5d；混饮：每升水 25～50mg，连用3～5d；肌内注射：一次量，每千克体重 5～10mg，1 次/d，连用 2～3d；混饲：每 1000kg 饲料 150～200g，连用 5～7d。

【剂型规格】 盐酸多西环素片剂：10mg、25mg、50mg、0.1g；盐酸多西环素可溶性粉：5%、10%、20%、50%；盐酸多西环素注射液：2mL:50mg，5mL:0.125g，10mL:0.25g、0.5g、1g；盐酸多西环素颗粒：50%。

【相互作用】 与同类药物、大环内酯类（泰乐菌素、替米考星等）、氟苯尼考、多黏菌素、泰妙菌素、磺胺间甲氧嘧啶、TMP 等有协同作用。盐酸多西环素配伍禁忌见表 5-13。其他参见土霉素。

表 5-13　盐酸多西环素配伍禁忌

药物类别	禁忌原因
β-内酰胺类(青霉素类、头孢菌素类)	呈拮抗作用
含钙、镁、铝、铁等药物	影响吸收，血药浓度降低
维生素 C	失效
碳酸氢钠	胃液 pH 值升高，溶解度降低，吸收率下降
利尿药(呋塞米)	血尿素氮升高
利福平、对氨基水杨酸钠、氯丙嗪	降低疗效，增加肝肾毒性
氢化可的松、氧化钙、葡萄糖酸钙等	沉淀或减效
红霉素、卡那霉素、磺胺嘧啶钠	减效或干扰

【不良反应】

① 内服后可引起呕吐，过量应用会导致胃肠功能紊乱，如厌食、呕吐或腹泻等。

② 肠道菌群紊乱，长期应用可出现肝、肾损害和二重感染。

③ 肌内注射可引起注射部位疼痛、炎症和坏死。

【特别提示】

① 避免与含钙量较高的饲料同时使用。

② 肝、肾功能严重不良的患猪禁用。

③ 药物易透过胎盘、易进入乳汁，妊娠和哺乳母猪禁用。

【休药期】 片剂、可溶性粉、注射液：28d。颗粒剂：12d。

四、大环内酯类

红霉素

【性状】 可溶性粉：白色或类白色粉末；粉针：白色或类白色结晶或粉末或疏松块状物。

【药理作用】 抗革兰氏阳性菌作用与青霉素相似，抗菌谱较青霉素广，金黄色葡萄球菌（包括耐青霉素金黄色葡萄球菌）、肺炎球菌、链球菌、炭疽杆菌、猪丹毒杆菌、李斯特菌、腐败梭菌、气肿疽梭菌等革兰氏阳性菌对本药敏感。革兰氏阴性菌（如流感嗜血杆菌、脑膜炎双球菌、布鲁氏菌、巴氏杆菌等）对本药亦敏感。此外，对弯曲杆菌、支原体、衣原体、立克次氏体及钩端螺旋体也有良好作用。常作为青霉素过敏动物的替代药物。

药动学：内服易被胃酸破坏，只有肠溶制剂才能被较好吸收。吸收后广泛分布于全身各组织和体液，但很少进入脑脊液。主要以原形从胆汁排泄，只有2%～5%剂量以原形从尿排出。

【临床应用】 用于治疗耐青霉素葡萄球菌引起的感染性疾病，也用于治疗其他革兰氏阳性菌及支原体感染，如渗出性皮炎、脓肿、链球菌病、猪丹毒、猪气喘病等。

【用法用量】 以红霉素计，静脉注射：一次量，每千克体重3～5mg，2次/d，连用2～3d；内服：一次量，每千克体重2.2mg，3～4次/d。临用前，先用灭菌注射用水溶解（不可用氯化钠注射液），然后用5%葡萄糖注射液稀释，浓度不超过0.1%。

【剂型规格】 硫氰酸红霉素可溶性粉：2.5%、5%；注射用乳糖酸红霉素：0.25g（25万单位）、0.3g（30万单位）。

【相互作用】 与碱性药物（如碳酸氢钠）、氨基糖苷类药、酰胺醇类药等合用有增效作用，但应与酰胺醇类分开使用；与山莨菪碱混合静注，可防止不良反应；与氨溴索合用，能增加支气管及肺组织中红霉素浓度，增强抗菌效力。红霉素配伍禁忌见表5-14。

表5-14 红霉素配伍禁忌

药物类别	禁忌原因
大环内酯类、林可胺类、氯霉素、泰妙菌素	靶点相同，不宜同时使用
β-内酰胺类、四环素类、辅酶A、细胞色素c	溶液浑浊、沉淀或变色
多黏菌素E、阿司匹林、莫能菌素、盐霉素、维生素B_6	呈拮抗作用，疗效降低
糖皮质激素（地塞米松、可的松等）	增加免疫抑制作用
氨茶碱	降低消除率，易发生中毒
丙磺舒	降低红霉素血药浓度
胃复安	升高胃复安血药浓度，毒性增加
生理盐水、氯化钾及其他有机盐溶液	沉淀
酸性药（维生素C）、恩诺沙星、复合维生素B、葡萄糖溶液	疗效降低或失效
保泰松、苯巴比妥	加重肝脏毒性

【不良反应】 内服后常出现剂量依赖性胃肠道紊乱，如腹泻等。

【特别提示】

① 局部刺激性较强，不宜作肌内注射。

② 静脉注射浓度过高或速度过快时，易引起局部疼痛和血栓性静脉炎。

③ 在pH值过低的溶液中很快失效，注射溶液的pH值应维持在5.5以上。

④ 易产生耐药性，且与其他大环内酯类及林可霉素有交叉耐药性。

【休药期】 粉针：7d。

泰乐菌素

【性状】 可溶性粉：白色至浅黄色粉末；粉针：淡黄色粉末。

【药理作用】 动物专用抗生素，属生长期快效抑菌剂，通过与细菌核糖体的50S亚单位可逆性结合，阻断转肽作用和mRNA位移而抑制细菌蛋白质合成。对支原体作用强，是大环内酯类中对支原体作用最强的药物之一。抗菌谱与红霉素相似，金黄色葡萄球菌(包括耐青霉素金黄色葡萄球菌)、肺炎球菌、链球菌、炭疽杆菌、猪丹毒杆菌、李斯特菌、腐败梭菌、气肿疽梭菌等革兰氏阳性菌，以及嗜血杆菌、脑膜炎双球菌、巴氏杆菌等革兰氏阴性菌对本药敏感。

药动学：肌内注射被迅速吸收，在体内广泛分布，注射给药的脏器浓度比内服高2～3倍，但不易透入脑脊液。内服后经胃肠道吸收，1h即达血药峰浓度，磷酸泰乐菌素则较少被吸收。泰乐菌素进入乳汁中的浓度约为同期血清浓度的20%。以原形经尿和胆汁排出。

【临床应用】 用于猪革兰氏阳性菌及支原体感染，如支原体肺炎、鼻支原体病、葡萄球菌病、链球菌病、化脓棒状杆菌感染、猪肺疫、猪痢疾等。

【用法用量】 以泰乐菌素计，内服：一次量，每千克体重10mg，2次/d，连用3～5d；皮下或肌内注射，5～13mg，2次/d，连用3～5d；混饲：每1000kg饲料10～100g。

酒石酸泰乐菌素磺胺二甲嘧啶，混饲，每1000kg饲料200g，连用5～7d。

【剂型规格】 酒石酸泰乐菌素可溶性粉：10%、20%、50%；磷酸泰乐菌素预混剂：2.2%、8.8%、10%、22%；注射用酒石酸泰乐菌素：1g(100万单位)、2g(200万单位)、3g(300万单位)、

6.25g(625 万单位)；泰乐菌素注射液：50mL:2.5g(250 万单位)。

酒石酸泰乐菌素磺胺二甲嘧啶可溶性粉：100g 泰乐菌素 10g (1000 万单位)＋磺胺二甲嘧啶 10g。

【相互作用】 与四环素类（盐酸多西环素）、磺胺二甲嘧啶、洋地黄类、磺胺间甲氧嘧啶、氨基糖苷类（庆大霉素、新霉素）等具有协同作用。与聚醚类抗生素联用，可使聚醚类抗生素毒性增加。泰乐菌素配伍禁忌见表 5-15。其他参见红霉素。

表 5-15 泰乐菌素配伍禁忌

药物类别	禁忌原因
β-内酰胺类	降低 β-内酰胺类药疗效
酰胺醇类、泰妙菌素	竞争作用部位，呈拮抗作用
喹诺酮类	药效降低，副作用增加
杆菌肽锌、恩拉霉素、吉他霉素、维吉尼霉素、黄霉素、卡那霉素	呈拮抗作用
聚醚类抗生素(莫能菌素、盐霉素、海南霉素、拉沙里菌素等)	可使聚醚类抗生素毒性增加

【不良反应】

① 可能具有肝毒性（胆汁淤积），高剂量给药时可引起呕吐和腹泻。

② 具有刺激性，肌内注射可引起剧烈疼痛，静脉注射浓度过高或速度过快时，可引起血栓性静脉炎及静脉周围炎。

【特别提示】 其他参见红霉素。

① 易产生耐药性，金黄色葡萄球菌对泰乐菌素和红霉素有部分交叉耐药性。

② 能引起人接触性皮炎，避免直接接触皮肤，被沾染的皮肤应用清水洗净。

③ 对泰乐菌素或其他大环内酯类药（如红霉素）过敏的患畜禁用。

④ 仔猪过量服用泰乐菌素可出现休克和死亡。

⑤ 局部刺激性较强，不宜作浅部肌内注射。

【休药期】 21d。

吉他霉素

【别名】 北里霉素、柱晶白霉素。

【性状】 可溶性粉：白色或类白色粉末；片剂：白色或类白色片。

【药理作用】 作用机理与红霉素相同，抗菌谱与红霉素相似。对革兰氏阳性菌和部分革兰氏阴性球菌有较强的抗菌作用。对大多数革兰氏阳性菌的抗菌作用略逊于红霉素，对支原体的抗菌作用近似于泰乐菌素，对某些革兰氏阴性菌、立克次氏体、螺旋体也有效，对耐药金黄色葡萄球菌的作用优于红霉素和四环素。此外，可以抑制单核巨噬细胞的干细胞增殖，有缓解应激和提高免疫力等作用。

药动学：内服吸收良好，2h 后达血药峰浓度。广泛分布于主要脏器，其中以肝、肺、肾、肌肉中浓度较高，常超过血药浓度。主要经肝胆系统排泄，胆汁和粪中浓度高，少量经肾排泄。

【临床应用】 用于革兰氏阳性菌、支原体及钩端螺旋体等引起的感染，如支原体肺炎、猪痢疾、钩端螺旋体病等。亦可用作饲料添加剂，促进生长；还可作为免疫系统调节剂，提高猪群免疫力。

【用法用量】 以吉他霉素计，内服：一次量，每千克体重 20～30mg，2 次/d，连用 3～5d；混饲：每 1000kg 饲料，预防肺炎、促生长 10～100g，治疗 100～300g。

【剂型规格】 吉他霉素片：5mg、50mg、100mg；吉他霉素预混剂：10%、30%、50%；酒石酸吉他霉素可溶性粉：10%、50%。

【相互作用】 与恩诺沙星、新霉素、硫酸黏菌素、卡那霉素、碱性药物（如碳酸氢钠）、氨溴索等合用有增效作用。其他参见红霉素。

【不良反应】 内服后可出现剂量依赖性胃肠道功能紊乱，如呕吐、腹泻、肠痛等，但发生率较红霉素低。

【特别提示】

① 吉他霉素为淡黄色粉末，难溶于水，呈弱碱性，对胃酸不稳定，内服生物利用率低，胃肠道反应多，不宜直接添加饲喂，故临床上多用其盐。

② 具有强苦味，直接影响适口性，且对胃部有刺激作用，添加过量会引起不良反应，如反胃、呕吐和拒食。

【休药期】 7d。

泰万菌素

【性状】 可溶性粉：类白色或浅黄色粉末；预混剂：淡黄褐色或黄褐色粉末。

【药理作用】 动物专用抗生素，抑制细菌蛋白质的合成，从而抑制细菌的繁殖。抗菌谱与泰乐菌素相似，对金黄色葡萄球菌（包括耐青霉素菌株）、肺炎球菌、链球菌、炭疽杆菌、猪丹毒杆菌、李斯特菌、腐败梭菌、气肿疽梭菌等均有较强的抗菌作用。本品对支原体具有较强的抗菌活性，是目前支原体最敏感的药物。对革兰氏阴性菌几乎无作用。细菌对其不易产生耐药性。耐泰乐菌素和其他大环内酯类药物的支原体菌株，仍对泰万菌素敏感。

泰万菌素能够进入肺泡巨噬细胞，通过改变肺泡巨噬细胞内部酸性环境来抑制蓝耳病病毒的复制和增殖，减少猪群蓝耳病病毒的感染。还能够在吞噬细胞内富集，提高靶组织中的药物浓度，提高非特异性免疫力，消除免疫抑制。

药动学：体内被迅速吸收，能够快速达到有效药物浓度。药物在体内达到高峰的时间和浓度分别为 0.045d 和 0.7872μg/mL，半衰期为 0.1138d。与其他大环内酯类药物相比，泰万菌素更易被吸收，血药浓度更高，其代谢产物仍具抗菌活性。体内排泄较快，主要通过粪便排出，给药后 72h，体内含量已低于 10%。

【临床应用】 用于猪支原体感染、猪痢疾、增生性肠炎、链球菌病、猪蓝耳病等，以及敏感菌引起的肠炎、乳腺炎和子宫内膜炎等。

【用法用量】 以泰万菌素计，混饲：每1000kg饲料50～75g，连用7d；混饮：每升水50～85mg，连用3～5d；内服：一次量，每千克体重20mg，2次/d，连用3～5d。

【剂型规格】 酒石酸泰万菌素预混剂：1%、5%、20%、50%；酒石酸泰万菌素可溶性粉：5%、25%、85%。

【相互作用】 参见红霉素。

【不良反应】 按规定的用法与用量使用尚未见不良反应。

【特别提示】

① 非治疗动物避免接触，避免眼睛和皮肤直接接触；操作人员应佩戴防护用品（如面罩、眼镜和手套）；严禁儿童接触。

② 小鼠毒性实验表明，无生殖毒性，无致癌、致畸、致突变作用。幼龄动物和妊娠阶段均可使用。

【休药期】 3d。

替米考星

【性状】 可溶性粉：类白色粉末。

【药理作用】 动物专用半合成大环内酯类抗生素，对支原体作用较强，抗菌作用与泰乐菌素相似。金黄色葡萄球菌（包括耐青霉素菌株）、肺炎球菌、链球菌、炭疽杆菌、猪丹毒杆菌、李斯特菌、腐败梭菌、气肿疽梭菌等革兰氏阳性菌，以及嗜血杆菌、脑膜炎双球菌、巴氏杆菌等革兰氏阴性菌对其敏感。对胸膜肺炎放线杆菌、巴氏杆菌及支原体的活性比泰乐菌素强。95%溶血性巴氏杆菌菌株对其敏感。

药动学：内服后吸收迅速，组织穿透力强，分布容积大（大于2L/kg），肺中浓度高，消除半衰期可达1～2d，有效血药浓度维持时间长。

【临床应用】 用于治疗猪传染性胸膜肺炎、猪肺疫、气喘病、副猪嗜血杆菌病、链球菌病等。

【用法用量】 以替米考星计，混饲：每1000kg饲料200～

400g，连用7～15d；内服：每千克体重15mg，1次/d，连用3～5d。

以磷酸替米考星计，混饮：每升水200mg，2次/d，连用3～5d。

【剂型规格】 替米考星预混剂：10%、20%；替米考星可溶性粉：10%、37.5%；磷酸替米考星可溶性粉：10%；替米考星注射液：10mL:3g；替米考星溶液：10%、25%；替米考星颗粒：20%、40%。

【相互作用】 与肾上腺素联用可促进猪死亡；与含镁离子、铝离子药物及含钙较高的成分（蒙脱石、膨润土）合用，能降低其生物利用度和血药浓度；与β-内酰胺类有拮抗作用，不宜联用。其他参见其他大环内酯类药物。

【不良反应】

① 对心血管系统具有毒性作用，可引起心动过速和收缩力减弱。

② 内服后常出现剂量依赖性胃肠道紊乱，如呕吐、腹泻、腹痛等。

【特别提示】

① 对眼睛有刺激性，可引起过敏反应，应避免直接接触。

② 苦味较重，影响猪的摄食，最好加甜味剂或气味掩盖剂或包被处理。

③ 若胃排空慢，药物在胃中停留时间久，与胃黏膜接触的机会和面积就会增大，造成对胃黏膜刺激增加，从而诱发胃溃疡。

④ 猪每千克体重肌内注射10mg可引起呼吸增数、呕吐和惊厥，20mg可使大部分试验猪死亡。因此，替米考星注射液除牛以外，其他动物注射给药慎用。

【休药期】 14d。

泰拉霉素

【性状】 注射液：无色至微黄色澄明液体。

【药理作用】 动物专用抗生素，通过与细菌核糖体RNA选择性地结合来抑制必需蛋白质的生物合成。与其他大环内酯类抗生素相比，其作用持续时间较长。体外试验表明能有效抑制猪胸膜肺炎放线杆菌、多杀性巴氏杆菌、肺炎支原体、支气管败血波氏杆菌、副猪嗜血杆菌等。

药动学：内服生物利用度低，静脉注射毒性较大。肌内注射给药后被迅速吸收，血浆中的最大浓度约为 0.6μg/mL，给药后约 30min 血药浓度达到高峰。肺脏中的浓度较血浆高且持久，在嗜中性粒细胞和肺泡巨噬细胞中有大量蓄积。血浆中的表观消除半衰期为 91h。血浆蛋白结合率较低，约为 40%。生物利用度约为 88%。

【临床应用】 用于治疗猪肺部细菌感染，如猪传染性胸膜肺炎、猪肺疫、气喘病、萎缩性鼻炎、副猪嗜血杆菌病等。此外，还可显著减轻由猪蓝耳病病毒（PRRSV）感染引起的间质性肺炎，降低肺脏病变程度，缓解呼吸道症状，控制 PRRSV 感染引起的继发感染。

【用法用量】 以泰拉霉素计，颈部肌内注射：一次量，每千克体重 2.5mg（相当于 1mL/40kg 体重），每个注射部位给药剂量不超过 2mL。

【剂型规格】 泰拉霉素注射液：20mL∶2g、50mL∶5g、100mL∶10g、250mL∶25g、500mL∶50g。

【相互作用】 不能与其他大环内酯类或林可霉素同时使用。其他参见其他大环内酯类药物。

【不良反应】

① 注射部位会出现肿胀及皮下组织变色等反应。有暂时性多涎现象，但很快消失。加大剂量给药时，有明显的疼痛反应。

② 以每千克体重 7.5mg、12.5mg 剂量分别给猪腿部肌内注射给药后，猪出现呻吟、短暂颤抖及跛行现象。

【特别提示】

① 对大环内酯类过敏者禁用。

② 首次开启或抽取药液后应在 28d 内使用。多次取药时，应使用专用吸取针头或多剂量注射器，避免瓶塞上扎孔过多。

③ 疾病早期治疗效果较好，若 48h 内呼吸道症状仍存在或增

加或复发，应改变治疗方案。

④ 对眼睛有刺激性，若眼睛意外接触到本品，应立即用清水冲洗；皮肤接触到本品时，可引起过敏反应，应立即用肥皂和水冲洗。用后请洗手，应放在远离儿童的地方。

⑤ 无遗传毒性、致癌作用和致畸性，可用于怀孕母猪。

【休药期】 33d。

加米霉素

【性状】 注射液：无色至微黄色澄明液体。

【药理作用】 第二代大环内酯类半合成抗生素，对溶血性曼氏杆菌、多杀性巴氏杆菌、睡眠嗜组织菌、胸膜肺炎放线杆菌和副猪嗜血杆菌等具有较好抑菌和杀菌作用。

药动学：给药后体内吸收迅速，能快速分布至靶组织——肺，可长时间内维持较高的浓度，生物利用度较高，呈现与剂量相关的药时曲线下面积，消除半衰期相当长，为74～94h，绝对生物利用度较高，为118%。

【临床应用】 用于治疗猪传染性胸膜肺炎、猪肺疫、副猪嗜血杆菌病等呼吸道疾病。

【用法用量】 以加米霉素计，肌内注射：一次量，每千克体重6mg（相当于1mL/25kg体重），每个注射部位给药剂量不超过5mL。

【剂型规格】 加米霉素注射液：50mL∶7.5g、100mL∶15g。

【相互作用】 不能与其他大环内酯类或林可胺类抗生素同时使用。

【不良反应】 肌内注射后可能引起注射部位轻度至中度肿胀，局部肿胀明显，一般在2d内消失。

【特别提示】

① 禁用于对大环内酯类过敏的动物。

② 对皮肤和眼睛有刺激性，应避免接触，若不慎接触，应立即用水清洗。用后应洗手。

③ 置于儿童不可触及处。

【休药期】 16d。

五、酰胺醇类

氟苯尼考

【别名】 氟甲砜霉素。

【性状】 可溶性粉：白色或类白色粉末；注射液：无色至微黄色澄明液体。

【药理作用】 广谱抗生素，属抑菌剂，通过与核糖体50S亚基结合抑制细菌蛋白质的合成而发挥作用。对多种革兰氏阳性菌、革兰氏阴性菌（如溶血性巴氏杆菌、多杀性巴氏杆菌和胸膜肺炎放线杆菌等）有较强的抗菌活性。其体外抗菌活性与氯霉素、甲砜霉素相似，但对耐氯霉素和甲砜霉素的细菌（如沙门氏菌、大肠杆菌、志贺氏菌、金黄色葡萄球菌、变形杆菌、嗜血杆菌等）仍有作用，且抗菌活性优于氯霉素和甲砜霉素。

药动学：内服被迅速吸收，约1h后血液中可达治疗浓度，1～3h可达血药峰浓度。生物利用度达80%以上。体内广泛分布，能透过血脑屏障。主要以原形从尿排出，少量随粪便排出。

【临床应用】 用于猪肺疫、传染性胸膜肺炎、副猪嗜血杆菌病、副伤寒、大肠杆菌病、猪链球菌病、葡萄球菌病、渗出性皮炎等。

【用法用量】 以氟苯尼考计，混饲：每1000kg饲料50～100g，连用7d；内服：一次量，每千克体重20～30mg，2次/d，连用3～5d；肌内注射：一次量，每千克体重20～30mg，每隔48h一次，连用2次，严重时，2次/d，连用3～5d。

【剂型规格】 氟苯尼考可溶性粉：5%、10%、20%、30%；氟苯尼考溶液：5%、10%；氟苯尼考注射液：2mL∶0.6g，5mL∶0.25g、0.5g、0.75g、1g、1.5g，10mL∶0.5g、1g、1.5g、2g，50mL∶2.5g、15g，100mL∶5g、10g、30g，250mL∶75g；氟苯尼考预混剂：2%、50%。

【相互作用】 与四环素类（如盐酸多西环素、金霉素等）、硫酸黏菌素、新霉素等有协同作用。氟苯尼考配伍禁忌见表5-16。

表5-16 氟苯尼考配伍禁忌

药物类别	禁忌原因
大环内酯类、林可胺类	作用靶点相同，呈拮抗作用
氨基糖苷类	增加耳毒性、肾毒性，呈拮抗作用
β-内酰胺类（青霉素类、头孢菌素类）	呈拮抗作用
磺胺类药（磺胺嘧啶钠）	引起低血糖
喹诺酮类	作用位点相同，药效降低且副作用增加
抗贫血药（铁剂、叶酸、维生素B_{12}）	严重骨髓抑制，拮抗抗贫血作用
碱性药物（碳酸氢钠、大黄苏打片）	易导致水解反应，使分解失效
聚醚类（莫能菌素、盐霉素等）	药效降低或失效
盐酸四环素、卡那霉素、庆大霉素、三磷酸腺苷、辅酶A等	沉淀、降效
茶碱	易茶碱中毒

【不良反应】

① 使用量超过推荐剂量时有一定的免疫抑制作用。

② 有胚胎毒性，妊娠期及哺乳期母猪慎用。

【特别提示】

① 疫苗接种期（免疫前后1周）或免疫功能严重缺损的动物禁用。

② 肾功能不全者需适当减量或延长给药间隔时间。

③ 据报道，猪每千克体重60～100mg，连用2次，间隔2～3d，使用后会出现腹泻现象。

④ 禁止静脉注射，肌内注射后可能引起肌肉变性、坏死。

【休药期】 注射液14d；可溶性粉20d；预混剂14d。

甲砜霉素

【别名】 甲砜氯霉素。

【性状】 可溶性粉：白色粉末。

【药理作用】 抗菌谱广，对革兰氏阴性菌的作用较革兰氏阳性菌强。多数肠杆菌科细菌（如伤寒杆菌、副伤寒杆菌、大肠杆菌、沙门氏菌），以及巴氏杆菌、布鲁氏菌等对其高度敏感。敏感的革兰氏阳性菌有炭疽杆菌、链球菌、棒状杆菌、肺炎球菌、葡萄球菌等。衣原体、钩端螺旋体、立克次氏体亦对其敏感。对厌氧菌（如破伤风梭菌、放线菌等）也有一定作用。但结核杆菌、铜绿假单胞菌、真菌对其不敏感。

药动学：内服吸收迅速而完全，吸收后在体内广泛分布于各种组织。主要以原形从尿中排泄。猪的消除半衰期为 4.2h。

【临床应用】 用于治疗猪消化道、呼吸道等敏感菌所致的感染，如仔猪副伤寒、大肠杆菌病、肺炎等。

【用法用量】 以甲砜霉素计，肌内注射：一次量，每千克体重 10mg，1～2 次/d，连用 2～3d；内服：一次量，每千克体重 5～10mg，2 次/d，连用 2～3d。

【剂型规格】 甲砜霉素注射液：5mL:0.25g、10mL:0.5g、10mL:1.0g；甲砜霉素可溶性粉：5%、15%；甲砜霉素片：25mg、100mg。

【相互作用】 与抗凝血药（双香豆素、华法林）联用，可增强抗凝血药的抗凝作用。其他参见氟苯尼考。

【不良反应】

① 有血液系统毒性，能可逆性抑制红细胞生成，但未见再生障碍性贫血的报道。

② 有较强的免疫抑制作用。

【特别提示】 疫苗接种期或免疫功能严重缺损的动物禁用。

【休药期】 注射液 28d。

六、林可胺类

林可霉素

【别名】 洁霉素、林肯霉素。

【性状】 可溶性粉：白色或类白色粉末；注射液：无色至微黄色或微黄绿色澄明液体。

【药理作用】 抑菌剂，主要作用于细菌核糖体的50S亚基，通过抑制肽链的延长影响蛋白质的合成而发挥抗菌作用。金黄色葡萄球菌（包括耐青霉素菌株）、链球菌、肺炎球菌、炭疽杆菌、猪丹毒杆菌、支原体（肺炎支原体、鼻支原体、滑液囊支原体）、钩端螺旋体和厌氧菌（如梭杆菌、破伤风梭菌、产气荚膜梭菌）及大多数放线菌等对其敏感。

药动学：内服被迅速吸收，但不完全，生物利用度为20%～50%。肌内注射被迅速吸收，血浆蛋白结合率为57%～72%。体内表观分布容积为2.8L/kg。广泛分布于各种体液、组织（包括骨骼），其中以肝、肾浓度最高，组织药物浓度比同期血清浓度高数倍。可进入胎盘，但不易透过血脑屏障，炎症时药物在脑脊液中也难以达到有效浓度。可分布到乳，乳中浓度与血浆相同。部分药物在肝脏代谢，药物原形及其代谢物经胆汁、尿液和乳汁排出。粪中排出可延迟数日，故对肠道敏感微生物有抑制作用。

【临床应用】 用于革兰氏阳性菌感染，亦可用于猪密螺旋体病和支原体等感染，如猪葡萄球菌病、链球菌病、猪丹毒、支原体肺炎、猪痢疾、破伤风、仔猪红痢等，以及敏感菌引起的乳房炎、子宫内膜炎、泌尿道感染等。

【用法用量】 以林可霉素计，肌内注射：一次量，每千克体重10mg（0.17mL），1次/d，连用3～5d；内服：一次量，每千克体重10～15mg，2次/d，连用3～5d；混饮：每升水40～70mg，连用7d；混饲：每1000kg饲料，40～70g，连用1～3周或直至症状消失。

【剂型规格】 盐酸林可霉素注射液：2mL:0.12g、0.2g、0.3g、

0.6g，5mL：0.3g、0.5g，10mL：0.3g、0.6g、1g、1.5g、3g，100mL:30g；盐酸林可霉素可溶性粉：5%、10%；盐酸林可霉素片：0.25g、0.5g。

【相互作用】 与庆大霉素、大观霉素、甲氧苄啶（TMP）、喹诺酮类、双黄连等合用对葡萄球菌、链球菌、支原体、大肠杆菌等有协同作用。林可霉素配伍禁忌见表 5-17。

表 5-17　林可霉素配伍禁忌

药物类别	禁忌原因
大环内酯类、泰妙菌素、酰胺醇类	竞争作用位点而产生拮抗作用，不宜合用
磺胺类(磺胺嘧啶)、青霉素、维生素 C	产生沉淀，失效
氨基糖苷类、多肽类	增强对神经肌肉接头的阻滞作用
红霉素	作用部位相同，产生拮抗作用
含白陶土止泻药	干扰抗菌效力，不宜同用
卡那霉素、新生霉素	干扰抗菌效力
神经肌肉阻滞剂	增强神经肌肉阻滞作用
抗蠕动止泻药(地芬诺酯)	肠内毒素排出延缓，腹泻延长和加剧
葡萄糖酸钙、复合维生素 B、头孢菌素类	呈拮抗作用，不宜合用
氨茶碱	增强氨茶碱的作用，联用应减少其用量

【不良反应】 具有神经肌肉阻断作用。

【特别提示】 肌内注射给药可能会引起一过性腹泻或排软便。虽然极少见，若出现应采取必要措施以防脱水。

【休药期】 注射液 2d；可溶性粉 5d；片剂 6d。

七、多肽类

黏菌素

【别名】 多黏菌素 E、抗敌素。

【性状】 可溶性粉：白色或类白色粉末；注射液：微黄色或淡

黄色的澄明液体。

【药理作用】 碱性阳离子表面活性剂，通过与细菌细胞膜内的磷脂相互作用，渗入细胞膜内破坏其结构，引起膜通透性发生变化，导致细菌死亡。对需氧菌、大肠杆菌、嗜血杆菌、克雷伯氏菌、巴氏杆菌、铜绿假单胞菌、沙门氏菌、志贺氏菌等革兰氏阴性菌有较强的抗菌作用。对黏菌素敏感的细菌很少产生耐药性。变形杆菌和大多数沙雷氏菌不受黏菌素影响。革兰氏阳性菌通常对其不敏感。与多黏菌素 B 之间有完全交叉耐药性，但与其他抗菌药物之间无交叉耐药性。

药动学：内服给药几乎不被吸收，但非胃肠道给药被迅速吸收。进入体内的药物可迅速分布进入心、肺、肝、肾和骨骼肌，但不易进入脑脊髓、胸腔、关节腔和感染病灶。主要经肾排泄。

【临床应用】 用于治疗敏感革兰氏阴性菌引起的肠道感染，如仔猪黄痢、仔猪白痢、仔猪副伤寒等。

【用法用量】 以黏菌素计，混饲：每 1000kg 饲料 75～100g（哺乳仔猪 10～40g，仔猪 2～20g），连用 3～5d；肌内注射：一次量，哺乳仔猪每千克体重 2～4mg，2 次/d，连用 3～5d；混饮：每升水 40～200mg，连用 5～7d。

【剂型规格】 硫酸黏菌素预混剂：2%、4%、5%、10%、20%；硫酸黏菌素注射液：2mL∶50mg、5mL∶0.1g、10mL∶0.2g；硫酸黏菌素可溶性粉：2%、5%、10%。

【相互作用】 与杆菌肽锌 1∶5 配合有协同作用；与螯合剂（EDTA）和阳离子清洁剂合用对铜绿假单胞菌有协同作用，常联合用于局部感染的治疗。硫酸黏菌素联用与配伍禁忌分别见表 5-18、表 5-19。

表 5-18　硫酸黏菌素联用

药物类别	联用增效
青霉素、氨苄西林、氯唑西林钠	协同作用，分开注射
四环素类（金霉素、土霉素、四环素）	增强穿透力，协同作用

续表

药物类别	联用增效
磺胺类药、利福平、甲氧苄啶、两性霉素 B	协同作用，不宜混用
恩诺沙星、环丙沙星、杆菌肽锌(1∶5)、螯合剂(EDTA)、TMP	协同作用

表 5-19　硫酸黏菌素配伍禁忌

药物类别	禁忌原因
头孢菌素类、庆大霉素、新霉素、杆菌肽锌	增强肾毒性
肌松药、神经肌肉阻滞剂、链霉素、卡那霉素	引起肌无力和呼吸暂停
同类药物、聚醚类药物、红霉素	增强毒性
维生素 B_{12}	抑制维生素 B_{12} 吸收
维生素 C、B 族维生素注射液	对本药有灭活作用，不宜配伍
肝素、氢化可的松、氨茶碱、碳酸氢钠、能量合剂、细胞色素 C	产生毒性、沉淀或失效
铁、镁、钴、锌等金属离子	使黏菌素失活

【不良反应】

① 全身应用可引起肾毒性、神经毒性和神经肌肉阻断效应。

② 与能引起肾功能损伤的药物合用，可增强其毒性。

【特别提示】

① 不能与碱性药物同用。

② 毒性大，安全范围窄，应严格按照推荐剂量使用。

【休药期】 预混剂 7d；注射液 28d；可溶性粉 7d。

杆菌肽锌

【药理作用】 抗菌作用机理与青霉素相似，主要抑制细菌细胞壁合成，作用机理具有特殊性，不与其他抗菌药物产生交叉耐药性。细菌产生耐药性缓慢，但金黄色葡萄球菌较其他菌易产生耐药性。主要作为药物饲料添加剂用于促生长。

药动学：内服后在消化道不易被吸收，排泄迅速，毒性小，无毒副作用。内服后，90%杆菌肽锌由粪便排出，少量由尿中排出。

【临床应用】 用于促进猪生长。

【用法用量】 以杆菌肽计，混饲：每1000kg饲料，猪4月龄以下4～40g。

【剂型规格】 杆菌肽锌预混剂：10%、15%。

【相互作用】 与青霉素、链霉素、新霉素、黏菌素等合用有协同作用。与土霉素、金霉素、吉他霉素、恩拉霉素、维吉尼霉素、喹乙醇等有拮抗作用，不宜合用。

【不良反应】 按规定的用法用量使用尚未见不良反应。

【休药期】 0d。

恩拉霉素

【性状】 预混剂：灰色或灰褐色粉末；有特臭。

【药理作用】 通过抑制革兰氏阳性菌细胞壁的合成，从而达到杀菌作用。对肠道内的梭状芽孢杆菌、链球菌、葡萄球菌等具有强大的抗菌活性。对革兰氏阴性菌抗菌活性很弱或几无抗菌活性。

药动学：内服不被吸收或者被吸收很少，体内消化道中的酶不能分解，以原形通过粪便排出。

【临床应用】 用于预防猪革兰氏阳性菌感染，促进猪生长。

【用法用量】 以恩拉霉素计，混饲：每1000kg饲料2.5～20g。

【剂型规格】 恩拉霉素预混剂：4%、8%。

【相互作用】 禁止与维吉尼霉素、杆菌肽、吉他霉素、四环素类配伍。

【休药期】 7d。

那西肽

【性状】 预混剂：类白色至浅黄褐色粉末。

【药理作用】 畜禽专用抗生素，作用机理是抑制细菌蛋白质合成，低浓度抑菌，高浓度有杀菌作用。对革兰氏阳性菌活性较强，如葡萄球菌、梭状杆菌对其敏感。对猪有促进生长、提高饲料转化率的作用。

药动学：混饲给药在动物消化道中很少被吸收，动物性产品中残留少。

【临床应用】 用于促进猪生长，提高饲料转化率。

【用法用量】 以那西肽计，混饲：每1000kg饲料2.5～20g。

【剂型规格】 那西肽预混剂：1000g∶2.5g、5g、10g、20g、40g、80g。

【不良反应】 按规定的用法与用量使用尚未见不良反应。

【特别提示】 仅用于70kg以下的猪（育成种猪除外）。

【休药期】 7d。

维吉尼霉素

【性状】 预混剂：浅褐色或褐色粉末。

【药理作用】 抗生素类药，通过抑制革兰氏阳性菌蛋白质合成而达到抗菌目的，小剂量能提高饲料转化率，促进猪生长。

药动学：内服不被吸收，主要由粪便排出体外。

【临床应用】 用于促进猪生长。

【用法用量】 以维吉尼霉素计，混饲：每1000kg饲料10～25g。用于治疗猪痢疾时，先以100g连用2周，以后改用50g，直至症状消失。

【剂型规格】 维吉尼霉素预混剂：50%。

【相互作用】 与杆菌肽有拮抗作用，不宜合用。

【不良反应】 按推荐的用法与用量使用，无不良反应。

【特别提示】 未经稀释混合不得使用。

【休药期】 1d。

八、多糖类

阿维拉霉素

【性状】 预混剂：棕色粉末。

【药理作用】 寡糖类抗生素，主要对革兰氏阳性菌有抗菌作用。能提高猪肠道对葡萄糖的吸收，增加挥发性脂肪酸产量并减少乳酸的产生，从而促进猪生长。能有效地辅助控制由大肠杆菌引起的断奶仔猪腹泻，降低大肠杆菌表面黏附菌毛的产生，减轻肠道的损伤，从而控制腹泻的发生和改善生长性能。

药动学：内服后几乎不被肠道吸收，因而在动物组织中残留极微。

【临床应用】 用于提高猪的平均日增重和饲料报酬率；辅助控制由大肠杆菌引起的断奶仔猪腹泻。

【用法用量】 以阿维拉霉素计，混饲：用于提高平均日增重和饲料报酬率，每1000kg饲料，0～4月龄20～40g，4～6月龄10～20g；辅助控制断奶仔猪腹泻，每1000kg饲料，40～80g，连用28d。

【剂型规格】 阿维拉霉素预混剂：10%、20%。

【不良反应】 按照推荐剂量使用，未见不良反应。

【特别提示】 勿让儿童接触；混饲时防止与人的皮肤、眼睛接触。

【休药期】 0d。

黄霉素

【性状】 预混剂：浅褐色至褐色粉末；有特臭。

【药理作用】 磷酸化多糖类抗生素，通过干扰细胞壁的结构物质肽聚糖的生物合成从而抑制细菌的繁殖。能提高饲料中能量和蛋白质的消化，能使肠壁变薄从而提高营养物质的吸收，能有效维持肠道菌群的平衡。黄霉素不易产生耐药性，也不易与其他抗生素产生交叉耐药性，抗菌谱较窄，主要对革兰氏阳性菌有效，且对因其他抗生素而产生耐药性的革兰氏阳性菌也有效，但对革兰氏阴性菌作用很弱。

药动学：内服后几乎不被消化道吸收，24h后几乎全部由粪便排出。以推荐剂量的16倍混饲，屠宰后在血、肌肉、肝脏、肾脏、皮肤、脂肪中均未检出黄霉素残留。

【临床应用】 用于促进猪生长。

【用法用量】 以黄霉素计，混饲：每 1000kg 饲料，育肥猪 5g，仔猪 20～25g。

【剂型规格】 黄霉素预混剂：4%、8%、10%。

【不良反应】 按照推荐剂量使用，未见不良反应。

【休药期】 0d。

九、截短侧耳素类

泰妙菌素

【别名】 支原净。

【性状】 可溶性粉：白色或类白色粉末。

【药理作用】 通过与核糖体 50S 亚基结合抑制细菌蛋白质的合成，高浓度下对敏感菌有杀菌作用。对支原体和猪痢疾密螺旋体具有良好的抗菌活性，对葡萄球菌、链球菌（D 群链球菌除外）等大多数革兰氏阳性菌亦有较好的抗菌活性。对胸膜肺炎放线杆菌有一定作用，对多数革兰氏阴性菌的抗菌活性较弱。

药动学：内服给药吸收良好。单剂量给药后生物利用度约为 85%，2～4h 达血药浓度峰值。在体内广泛分布，以肺组织中浓度最高。在体内被广泛代谢，生成 20 多种代谢物，一些代谢物具有抗菌活性，主要经胆汁从粪中排泄，约 30%从尿排泄。

【临床应用】 用于防治猪支原体肺炎、猪传染性胸膜肺炎，也用于密螺旋体引起的猪痢疾（赤痢）和猪增生性肠炎（回肠炎）。

【用法用量】 以泰妙菌素计，混饮：防治猪痢疾，每升水45～60mg，连用 5d；预防猪支原体肺炎，每升水 40mg，连用 3d；治疗每升水 80mg，连用 10d；混饲：每 1000kg 饲料 40～100g，连用 5～10d。

【剂型规格】 延胡索酸泰妙菌素可溶性粉：5%、10%、45%；延胡索酸泰妙菌素预混剂：10%、80%。

【相互作用】 与金霉素以 1∶4 配伍，可治疗猪细菌性肠炎、细菌性肺炎、密螺旋体性猪痢疾，对支原体性肺炎、支气管败血波氏杆菌和多杀性巴氏杆菌混合感染所引起的肺炎疗效显著。与莫能菌素、盐霉素、甲基盐霉素等聚醚类抗生素同用，影响聚醚类抗生素的代谢，导致猪生长缓慢、运动失调、麻痹瘫痪甚至死亡；与大环内酯类、林可霉素合用，由于竞争相同作用位点，可能导致药效降低。

【不良反应】 正常剂量有时会使皮肤出现红斑。应用过量可引起猪短暂流涎、呕吐和中枢神经抑制。

【特别提示】

① 禁止与莫能菌素、盐霉素等聚醚类抗生素合用。

② 避免药物与眼及皮肤接触。

③ 环境温度高于 40℃，含药饲料贮存期不得超过 7d。

【休药期】 7d。

沃尼妙林

【性状】 预混剂：棕色粉末或颗粒。

【药理作用】 抗菌活性强，抗菌谱广，通过与病原微生物核糖体上的 50S 亚基结合，抑制病原微生物蛋白质的合成，从而导致病原微生物死亡。

【临床应用】 用于防治猪由肺炎支原体引起的支原体肺炎及猪痢疾。

【用法用量】 以沃尼妙林计，混饲：每 1000kg 饲料，治疗猪痢疾 75g，至少连用 10d 至症状消失；防治猪支原体肺炎 200g，连用 21d。

【剂型规格】 沃尼妙林预混剂：10％、50％。

【相互作用】 参见泰妙菌素。

【不良反应】 超量使用会影响猪体重的增长，降低饲料报酬率。

【特别提示】

① 使用期间或用药前后 5d 内，禁与盐霉素、莫能菌素和甲基盐霉素等聚醚类药物合用。

② 避免直接接触皮肤和黏膜。

③ 产品开封后密封保存。

【休药期】 2d。

第二节　合成抗菌药

一、喹诺酮类

恩诺沙星

【别名】 乙基环丙沙星、乙基环丙氟哌酸。

【性状】 注射液：无色至淡黄色澄明液体；可溶性粉：白色或淡黄色粉末。

【药理作用】 动物专用广谱杀菌药，通过抑制细菌 DNA 旋转酶，干扰细菌 DNA 的复制、转录和修复重组，从而使细菌不能正常生长繁殖而死亡。对大肠杆菌、沙门氏菌、克雷伯氏菌、布鲁氏菌、巴氏杆菌、胸膜肺炎放线杆菌、丹毒杆菌、变形杆菌、化脓棒状杆菌、金黄色葡萄球菌、支原体、衣原体等均有良好作用，对铜绿假单胞菌和链球菌的作用较弱，对厌氧菌作用微弱。

药动学：肌内注射吸收迅速而完全，生物利用度为 91.9%。在体内广泛分布，除脑脊液外，几乎所有组织的药物浓度均高于血浆。主要通过肾脏（以肾小管分泌和肾小球滤过）排出，15%～50%以原形从尿中排出。肌内注射后的消除半衰期为 4.6h。

【临床应用】 用于猪细菌性疾病和支原体感染，如支原体肺炎、大肠杆菌病、沙门氏菌病、猪丹毒、葡萄球菌病、链球菌病、副猪嗜血杆菌病、传染性胸膜肺炎、猪萎缩性鼻炎、乳腺炎、子宫炎、无乳综合征、尿道炎、膀胱炎等。

【用法用量】 以恩诺沙星计，肌内注射：一次量，每千克体重 2.5mg，2 次/d，连用 2～3d；内服：一次量，每千克体重 5～10mg，2 次/d，连用 3～5d；混饲，每 1000kg 饲料 100g，连用 5～7d。

【剂型规格】 恩诺沙星注射液：2mL:50mg，5mL:50mg、

0.125g、0.25g、0.5g，10mL:50mg、0.25g、0.5g、1g，100mL:2.5g、5g、10g；恩诺沙星可溶性粉：2.5%、5%、10%、30%；恩诺沙星溶液：2.5%、5%、10%；恩诺沙星混悬液：100mL:5g。

【相互作用】 与广谱青霉素（氨苄西林、阿莫西林）等有协同作用；有抑制肝药酶作用，可使主要在肝脏中代谢的药物的清除率降低，血药浓度升高。恩诺沙星联用与配伍禁忌分别见表5-20、表5-21。

表5-20 恩诺沙星联用

药物类别	联用增效
青霉素类、头孢菌素类、氨基糖苷类、林可胺类、抗菌增效剂(TMP)、甲硝唑、磺胺间甲氧嘧啶	协同作用，减少耐药菌产生
丙磺舒	血药浓度升高，半衰期延长
甲氧氯普胺	吸收率增加，分开注射

表5-21 恩诺沙星配伍禁忌

药物类别	禁忌原因
两性霉素B	呈拮抗作用
咖啡因、华法林	抑制代谢
酰胺醇类、大环内酯类、四环素类、利福平、林可霉素	降低疗效，增加副作用
非甾体抗炎药(布洛芬、吲哚美辛)	神经毒性、痉挛、惊厥
抗酸药(H_2受体阻断剂、碳酸氢钠)、抗胆碱药(阿托品)	影响吸收
金属阳离子(Fe^{2+}、Mg^{2+}、Ca^{2+}、Al^{3+}等)	形成螯合物，血药浓度降低
食母生、乳酶生等活菌制剂	活菌制剂被灭活
磺胺类药	增强肾毒性
茶碱	使茶碱清除率降低，血药浓度升高
氨基糖苷类	产生沉淀，不宜混饮或注射

【不良反应】

① 使幼龄动物软骨发生变性，影响骨骼发育并引起跛行及疼痛。

② 可引起呕吐、食欲不振、腹泻等。

③ 可引起皮肤红斑、瘙痒、荨麻疹及光敏反应等。

【特别提示】

① 对中枢系统有潜在兴奋作用，能诱导癫痫发作。

② 肉食动物及肾功能不良患畜慎用，可偶发结晶尿。

③ 耐药菌株呈增多趋势，不应在亚治疗剂量下长期使用。

④ 肌内注射有一过性刺激，猪每个注射部位不得超过2.5mL。

【休药期】 注射液10d。

环丙沙星

【别名】 环丙氟哌酸。

【性状】 注射液：微黄绿色澄明液体（盐酸环丙沙星）或几乎无色至黄色澄明液体（乳酸环丙沙星）；可溶性粉：白色或微黄色粉末。

【药理作用】 动物专用广谱杀菌药，抗菌谱、作用机制与恩诺沙星相似，对革兰氏阴性菌的作用明显优于该类其他品种，尤其对铜绿假单胞菌的体外抗菌活性最强。

药动学：肌内注射吸收迅速而完全，内服吸收迅速但不完全。在体内分布广泛，能很好进入组织和体液。主要以原形从尿液排泄。静脉注射盐酸环丙沙星的半衰期为3.1h，内服半衰期为2.5h。血浆蛋白结合率为23%。

【临床应用】 用于猪细菌性疾病和支原体感染，如支原体肺炎、大肠杆菌病、沙门氏菌病、猪丹毒、葡萄球菌病、链球菌病、副猪嗜血杆菌病、传染性胸膜肺炎、猪萎缩性鼻炎、乳腺炎、子宫炎、无乳综合征、尿道炎、膀胱炎等。

【用法用量】 以环丙沙星计，静脉、肌内注射：一次量，每千克体重2.5～5mg，2次/d，连用3～5d；内服：一次量，每千克体重5～10mg，2次/d，连用3～5d；混饲，每1000kg饲料100～200g，连用5～7d。

【剂型规格】 盐酸环丙沙星注射液：10mL∶环丙沙星0.2g＋葡萄糖0.5g，10mL∶环丙沙星0.5g＋葡萄糖0.5g；盐酸环丙沙星可溶性粉：2%、5%、10%；乳酸环丙沙星注射液：5mL∶0.25g、0.5g，10mL∶0.5g、1g；乳酸环丙沙星可溶性粉：2%、5%、10%。

【相互作用】 与β-内酰胺类（青霉素类、头孢菌素类）、氨基糖苷类（卡那霉素等）联用对革兰氏阳性菌、肠杆菌及部分铜绿假单胞菌有协同作用。与地塞米松、呋塞米、肝素、硫酸镁等合用产生沉淀。其他参见恩诺沙星。

【不良反应】 参见恩诺沙星。

【特别提示】 孕畜及泌乳母畜禁用。

【休药期】 盐酸环丙沙星28d；乳酸环丙沙星10d。

沙拉沙星

【性状】 注射液：淡黄色或黄色澄明液体；可溶性粉：白色至淡黄色粉末。

【药理作用】 动物专用广谱杀菌药，对大多数革兰氏阴性菌和阳性杆菌、球菌（如克雷伯氏菌、葡萄球菌、大肠杆菌、弯曲杆菌、志贺氏菌、变形杆菌及巴氏杆菌等）有较强的抗菌活性，对支原体的效果略差于二氟沙星。

药动学：肌内注射吸收迅速，1～3h达血药峰浓度。肌内注射生物利用度为87%。在体内分布广泛。经肾排泄，尿中浓度高。静脉注射和肌内注射给药的半衰期分别为3.1h、3.5h。

【临床应用】 用于猪细菌性疾病和支原体感染，如支原体肺炎、大肠杆菌病、沙门氏菌病、猪气喘病、猪肺疫、渗出性皮炎等。

【用法用量】 以沙拉沙星计，静脉、肌内注射：一次量，每千克体重2.5～5mg（大肠杆菌病）或5～10mg（猪链球菌病），2次/d，连用3～5d；内服：一次量，每千克体重5～10mg，

2次/d，连用3～5d。

【剂型规格】 盐酸沙拉沙星注射液：10mL∶0.1g，100mL∶1g、2.5g；盐酸沙拉沙星可溶性粉：2.5%、5%、10%；盐酸沙拉沙星溶液：1%、2.5%、5%。

【相互作用】【不良反应】【特别提示】 参见恩诺沙星。

【休药期】 0d。

达氟沙星

【别名】 达诺沙星、单诺沙星。

【性状】 注射液：淡黄绿色或黄绿色澄明液体；可溶性粉：白色或类白色粉末。

【药理作用】 动物专用广谱杀菌药，通过作用于细菌的DNA旋转酶亚单位，抑制细菌DNA复制和转录而产生杀菌作用。对大肠杆菌、沙门氏菌、志贺氏菌等革兰氏阴性菌具有极好的抗菌活性；对葡萄球菌、支原体等具有良好至中等程度的抗菌活性；对链球菌（尤其是D群）、肠球菌、厌氧菌几乎无或无抗菌活性。

药动学：肌内注射和皮下注射吸收迅速而完全。肌内注射生物利用度为78%～101%，静脉注射和肌内注射半衰期分别为8h、6.8h。主要通过肾排泄，肌内注射后43%～51%的原药经尿排出。

【临床应用】 用于猪细菌性疾病和支原体感染，如支原体肺炎、大肠杆菌病、沙门氏菌病、传染性胸膜肺炎等。

【用法用量】 以达氟沙星计，肌内注射：一次量，每千克体重1.25～2.5mg，1次/d，连用3～5d。

【剂型规格】 甲磺酸达氟沙星注射液：5mL∶50mg、0.1g、0.125g，10mL∶0.1g、0.25g；甲磺酸达氟沙星粉：2%、2.5%、10%；甲磺酸达氟沙星溶液：2%。

【相互作用】【不良反应】 参见恩诺沙星。

【特别提示】

① 孕畜及泌乳母畜禁用。

② 勿与铁制剂在同一日使用。

【休药期】 25d。

二氟沙星

【别名】 双氟哌酸。

【性状】 注射液：淡绿色或黄色澄明液体；可溶性粉：白色或类白色粉末。

【药理作用】 动物专用广谱杀菌药，抗菌谱、作用机制与达氟沙星相似。对大多数革兰氏阴性菌和阳性的杆菌、球菌（如克雷伯氏菌、葡萄球菌、大肠杆菌、志贺氏菌、变形杆菌及巴氏杆菌等）有较强的抗菌活性，对大多数厌氧菌作用很弱。

药动学：肌内注射吸收良好，生物利用度为95.3%。表观分布容积为4.9L/kg，体内分布广泛。肌内注射半衰期为25.8h。主要通过肾排泄，尿中浓度高。

【临床应用】 用于猪细菌及支原体感染，如支原体肺炎、大肠杆菌病、沙门氏菌病等。

【用法用量】 以二氟沙星计，肌内注射：一次量，每千克体重5mg，2次/d，连用3～5d；内服：一次量，每千克体重5～10mg，2次/d，连用3～5d。

【剂型规格】 盐酸二氟沙星注射液：10mL:0.2g、50mL:1g、100mL:2.5g；盐酸二氟沙星粉：2%、2.5%；盐酸二氟沙星溶液：2.5%、5%。

【相互作用】【不良反应】 参见恩诺沙星。

【特别提示】

① 肌内注射有一过性疼痛。

② 肝、肾功能不全和脱水者慎用。

【休药期】 注射液45d。

马波沙星

【别名】 麻波沙星。

【性状】 注射液：黄色澄明液体。

【药理作用】 动物专用新型广谱杀菌药，通过抑制回旋酶而使细菌 DNA、RNA 的复制及蛋白质的合成受干扰，使细菌细胞不能再进行分裂，进而起到杀菌的作用。抗菌谱广，对革兰氏阳性菌(如葡萄球菌)、革兰氏阴性菌（大肠杆菌、巴氏杆菌、沙门氏菌、弯曲杆菌、变形杆菌、志贺氏菌、猪胸膜肺炎放线杆菌、克雷伯氏菌、嗜血杆菌等）及支原体有效。

药动学：肌内注射吸收迅速而完全，血浆蛋白结合率低，生物利用度接近 100%。肌内注射每千克体重 2mg，约 1h 血药浓度即可达峰值。广泛分布于肝、肾、皮肤、肺、膀胱等组织，大部分组织内的药物浓度高于血药浓度。体内消除半衰期为 8.7h，主要以原形经尿和粪便排泄。

【临床应用】 用于治疗由敏感菌引起的母猪子宫炎-乳腺炎-无乳综合征。

【用法用量】 以马波沙星计，肌内注射：一次量，每千克体重 2～4mg（或每 50kg 体重 1～2mL），1 次/d，连用 3d。

【剂型规格】 马波沙星注射液：50mL∶5g、100mL∶10g、250mL∶25g；注射用马波沙星：0.1g。

【相互作用】 参见恩诺沙星。

【不良反应】 可能会引起注射部位短暂的刺激反应。

【特别提示】

① 推荐颈部肌内注射。

② 对马波沙星或其他喹诺酮类药物过敏的动物禁用。

③ 已知对喹诺酮类药物耐药的菌株或疑似耐药菌株感染的动物禁用。

④ 对喹诺酮类药物过敏的人员避免接触。

⑤ 如果不慎与皮肤或眼睛接触，立即用大量水进行冲洗。

【休药期】 4d。

二、磺胺类

磺胺嘧啶

【别名】 大安、磺胺哒嗪。英文简称：SD。

【性状】 注射液：无色至微黄色澄明液体，遇光易变质；片剂：白色至微黄色片，遇光色渐变深。

【药理作用】 广谱抗菌药，通过与对氨基苯甲酸竞争二氢叶酸合成酶，从而阻碍敏感菌叶酸的合成而发挥抑菌作用。细菌对磺胺嘧啶产生耐药性后，对其他磺胺类药也可产生不同程度的交叉耐药性。对大多数革兰氏阳性菌和部分革兰氏阴性菌有效，链球菌、肺炎球菌、沙门氏菌、化脓棒状杆菌、大肠杆菌等对其较敏感；葡萄球菌、变形杆菌、巴氏杆菌、产气荚膜杆菌、炭疽杆菌、铜绿假单胞菌等对其一般敏感。对球虫、弓形虫等也有效，但对螺旋体、立克次氏体、结核杆菌等无效。细菌易对磺胺嘧啶产生耐药性，尤以葡萄球菌最易产生，大肠杆菌、链球菌等次之。

药动学：内服被迅速吸收，有效血药浓度维持时间较长，血清蛋白结合率低。可通过血脑屏障进入脑脊液，是治疗脑部细菌感染的有效药物。主要在肝脏进行代谢。体内半衰期为 1.82～2.57h。主要以原形、乙酰化物和葡萄糖苷酸结合物的形式经肾脏排泄，当肾功能损害时，其消除半衰期延长。也有少量磺胺嘧啶经乳汁、消化液及其他分泌液排泄。

【临床应用】 用于敏感菌引起的脑部、呼吸道及消化道感染，也可用于弓形虫感染。

【用法用量】 以磺胺嘧啶计，静脉注射：一次量，每千克体重 50～100mg，1～2 次/d，连用 2～3d；内服：一次量，每千克体重首次量 0.14～0.2g，维持量 0.07～0.1g，2 次/d，连用 3～5d。

以复方磺胺嘧啶钠计，肌内注射：一次量，每千克体重 20～30mg（0.2～0.3mL），1～2 次/d，连用 2～3d。

【剂型规格】 磺胺嘧啶钠注射液：2mL∶0.4g，5mL∶1g，10mL∶1g、2g、3g，50mL∶5g；磺胺嘧啶片：0.5g；复方磺胺嘧啶钠注射液：1mL∶磺胺嘧啶钠 0.1g＋甲氧苄啶 0.02g，5mL∶磺胺嘧啶钠 0.5g＋甲氧苄啶 0.1g，10mL∶磺胺嘧啶钠 1g＋甲氧苄啶 0.2g。

【相互作用】 与抗菌增效剂（TMP、DVD）、链霉素、制霉菌素、黄连素等合用有协同作用。磺胺嘧啶配伍禁忌见表 5-22。

表 5-22　磺胺嘧啶配伍禁忌

药物类别	禁忌原因
四环素、卡那霉素、林可霉素、氯唑西林、红霉素、对氨基水杨酸钠、山梨醇、甘露醇、葡萄糖溶液、氯化钙、葡萄糖酸钙、止血敏、尼可刹米、异丙嗪	呈拮抗作用，降低疗效
磺胺类、头孢菌素类、喹诺酮类	增强肝、肾毒性
普鲁卡因、丁卡因、酵母片等	产生对氨基苯甲酸，降低疗效
噻嗪类或速尿等利尿剂、β-内酰胺类、两性霉素 B	加重肾毒性，血小板减少
氨基糖苷类、林可霉素、5%葡萄糖	产生浑浊或沉淀
莫能霉素、盐霉素	引起中毒
酸性药物（维生素 C、氯丙嗪、氯化铵、乌洛托品）	酸碱中和，降低疗效，尿结晶发生率增加
药用炭、次硝酸铋、食母生、白陶土	吸收减少，降低疗效
氨茶碱	血药浓度升高
硫酸镁、硫代硫酸钠	引起硫化血红蛋白症
保泰松、阿司匹林	副作用增强
抗酸药、矿物油	阻碍磺胺类药吸收，降低疗效
维生素 K	影响维生素 K 吸收

【不良反应】

① 在尿液中产生沉淀，高剂量给药或低剂量长期给药更易产生结晶，引起结晶尿、血尿或肾小管堵塞。

② 静脉注射速度过快或剂量过大可引起中毒，如神经兴奋、共济失调、肌无力、呕吐、昏迷、厌食和腹泻等。

【特别提示】

① 遇酸类可析出结晶，不宜用 5%葡萄糖溶液稀释。

② 长期或大剂量应用易引起结晶尿，大剂量、长期应用时宜同时给予等量的碳酸氢钠。

③ 发生过敏反应或其他严重不良反应（如粒细胞减少、血小板减少、肝脏损害、肾脏损害及中枢神经毒性反应）时，立即停药并给予对症治疗。

④ 肾功能受损时排泄缓慢，应慎用。

⑤ 可引起肠道菌群失调，长期用药可引起 B 族维生素和维生素 K 的合成和吸收减少。

【休药期】 磺胺嘧啶钠注射液：10d；复方磺胺嘧啶钠注射液：20d；磺胺嘧啶片：5d。

磺胺噻唑

【性状】 注射液：无色至淡黄色澄明液体，遇光色渐变深；片剂：白色片。

【药理作用】 广谱抗菌药，抗菌作用机理、抗菌谱与磺胺嘧啶相同。细菌对磺胺噻唑产生耐药性后，对其他磺胺类药也可产生不同程度的交叉耐药性，但与其他抗菌药之间无交叉耐药性。

药动学：肌内注射后吸收迅速，吸收后排泄迅速。消除半衰期短，不易维持有效血药浓度。在体内乙酰化程度均较高，故应用时应与适量碳酸氢钠合用。

【临床应用】 用于敏感菌引起的呼吸道、消化道感染。

【用法用量】 以磺胺噻唑计，静脉注射：一次量，每千克体重 50～100mg，2 次/d，连用 2～3d；内服：一次量，每千克体重首次量 0.14～0.2g，维持量 0.07～0.1g，2 次/d，连用 3～5d。

【剂型规格】 磺胺噻唑钠注射液：5mL:0.5g、10mL:1g、20mL:2g；磺胺噻唑钠片：0.5g、1g。

【相互作用】 与苄氨嘧啶类（如 TMP）合用，可产生协同作用。

【不良反应】

① 急性中毒：静脉注射速度过快或剂量过大时可引起中毒，如神经兴奋、共济失调、肌无力、呕吐、昏迷、厌食和腹泻等。

② 慢性中毒：剂量偏大、用药时间过长可引起泌尿系统损伤，出现结晶尿、血尿和蛋白尿等；抑制胃肠道菌群，导致消化系统障碍等；造血机能被破坏，出现溶血性贫血、凝血时间延长和毛细血管渗血；幼畜免疫系统被抑制，免疫器官出血及萎缩。

【特别提示】 参考磺胺嘧啶。

【休药期】 28d。

磺胺二甲嘧啶

【别名】 英文简称：SM_2。

【性状】 注射液：无色至微黄色澄明液体，遇光易变质。

【药理作用】 对革兰氏阳性菌和阴性菌（如化脓性链球菌、沙门氏菌和肺炎杆菌等）均有良好的抗菌作用。抗菌作用较磺胺嘧啶稍弱，但对球虫和弓形虫有良好的抑制作用。

药动学：与磺胺嘧啶基本相似，但血浆蛋白结合率高，故排泄较磺胺嘧啶慢。内服后吸收迅速而完全，但排泄较慢，维持有效血药浓度的时间较长。其乙酰化物溶解度高，在肾小管内析出结晶的发生率较低，不易引起结晶尿或血尿。消除半衰期为15.3h。

【临床应用】 用于敏感菌感染，也可用于球虫和弓形虫感染。

【用法用量】 以磺胺二甲嘧啶计，静脉注射：一次量，每千克体重50～100mg，2次/d，连用2～3d；内服：一次量，每千克体重首次量0.14～0.2g，维持量0.07～0.1g，2次/d，连用3～5d。

以复方磺胺二甲嘧啶计，肌内注射：一次量，每千克体重0.15mL，1次/2d；内服：一次量，仔猪每千克体重30～60mg，2次/d，连用3d。

【剂型规格】 磺胺二甲嘧啶钠注射液：5mL∶0.5g、10mL∶1g、100mL∶10g；磺胺二甲嘧啶片：0.5g。

复方磺胺二甲嘧啶钠注射液：10mL∶磺胺二甲嘧啶钠2g＋甲氧苄啶0.4g；复方磺胺二甲嘧啶钠可溶性粉：100g∶磺胺二甲嘧啶钠10g＋甲氧苄啶2g；复方磺胺二甲嘧啶片：60mg∶磺胺二甲嘧啶50mg＋甲氧苄啶10mg。

【相互作用】 与抗菌增效剂（TMP、DVD、巴喹普林）、泰乐菌素等合用有协同作用。其他参见磺胺嘧啶。

【不良反应】 注射液为强碱性溶液，对组织有强刺激性。其他参见磺胺嘧啶。

【特别提示】 参见磺胺嘧啶。

① 应用期间应给患畜大量饮水，以防产生结晶尿，必要时亦可加服碳酸氢钠等碱性药物。

② 注意交叉过敏反应。若出现过敏反应或其他严重不良反应时，立即停药，并给予对症治疗。

【休药期】 28d。

磺胺甲噁唑

【别名】 新诺明、磺胺甲基异噁唑。英文简称：SMZ。

【性状】 可溶性粉：类白色粉末；片剂：白色片。

【药理作用】 对革兰氏阳性菌和阴性菌（如化脓性链球菌、沙门氏菌和肺炎杆菌等）均有良好的抗菌作用。抗菌作用较磺胺嘧啶稍弱，但对球虫和弓形虫有良好的抑制作用。

药动学：内服易被吸收，但吸收较慢，在胃肠道和尿中排泄较慢，故血中有效浓度维持时间较长。血浆蛋白结合率较低，乙酰化率高，且溶解度低，较易出现结晶尿和血尿等不良反应。

【临床应用】 用于敏感菌引起的呼吸道、消化道、泌尿道等感染。

【用法用量】 以磺胺甲噁唑计，内服：一次量，每千克体重首次量0.05～0.1g，维持量0.025～0.05g，2次/d，连用3～5d。

以复方磺胺甲噁唑（复方新诺明）计，内服：一次量，每千克体重24～30mg，2次/d，连用3～5d；肌内注射：一次量，每千克体重0.2～0.25mL，2次/d，连用2～3d。

【剂型规格】 磺胺甲噁唑片：0.5g；磺胺甲噁唑可溶性粉：20％。

复方磺胺甲噁唑可溶性粉：磺胺甲噁唑1g＋甲氧嘧啶1g，磺胺甲噁唑8.33g＋甲氧嘧啶1.67g，磺胺甲噁唑10g＋甲氧嘧啶2g，磺胺甲噁唑20g＋甲氧嘧啶4g，磺胺甲噁唑40g＋甲氧嘧啶8g；复方磺胺甲噁唑注射液：5mL:磺胺甲噁唑0.5g＋甲氧嘧啶0.1g，10mL:磺胺甲噁唑1.0g＋甲氧嘧啶0.2g；复方磺胺甲噁唑片：磺胺甲噁唑 0.4g＋甲氧嘧啶 0.08g。

【相互作用】 与抗菌增效剂（TMP）、咪康唑（增强抗白色念珠菌效力）、左旋咪唑（可破坏弓形虫虫体，减少抗原应激，改善症状）、对乙酰氨基酚（升高血药浓度，增强药效）等合用，具有协同作用。其他参见磺胺嘧啶。

【不良反应】 长期或大量使用可损害肾脏和神经系统，影响增重，并可能发生磺胺药中毒。

【特别提示】 连续用药不宜超过 1 周，建议与等量碳酸氢钠同服，以减轻对肾脏毒性。

【休药期】 28d。

磺胺间甲氧嘧啶

【别名】 磺胺-6-甲氧嘧啶、泰灭净。英文简称：SMM。

【性状】 注射液：无色至淡黄色澄明液体；片剂：白色或微黄色片；可溶性粉：白色或类白色粉末；预混剂：白色或类白色粉末。

【药理作用】 广谱抗菌药物，为体内外抗菌活性最强的磺胺药，对大多数革兰氏阳性菌和阴性菌（如化脓性链球菌、沙门氏菌和肺炎杆菌等）都有较强抑制作用，细菌对其产生耐药性较慢。

药动学：内服后吸收良好，血中浓度高，乙酰化率低，不易发生结晶尿。有效血药浓度维持时间为 5.8～7h。

【临床应用】 用于大肠杆菌病、巴氏杆菌病、链球菌病、渗出性皮炎、传染性胸膜肺炎、沙门氏菌病及猪弓形虫病等。

【用法用量】 以磺胺间甲氧嘧啶计，静脉注射：一次量，每千克体重 50mg（0.5mL），1～2 次/d，连用 2～3d；内服：一次量，每千克体重首次量 0.05～0.1g，维持量 0.025～0.05g，2 次/d，连用 3～5d。

以磺胺间甲氧嘧啶钠、甲氧嘧啶计，肌内注射：一次量，每千克体重 24～36mg（0.2～0.3mL），1～2 次/d，连用 2～3d；混饲：每 1000kg 饲料 240～300g（商品制剂：2～2.5kg）。

【剂型规格】 磺胺间甲氧嘧啶钠注射液：5mL:0.5g、0.75g，10mL:0.5g、1g、1.5g、3g，20mL:2g，50mL:5g，100mL:10g；磺胺间甲氧嘧啶片：25mg、0.5g；磺胺间甲氧嘧啶可溶性粉：5%、10%、25%、30%；磺胺间甲氧嘧啶预混剂：20%。

复方磺胺间甲氧嘧啶钠注射液：5mL:磺胺间甲氧嘧啶钠 0.5g+甲氧嘧啶 0.1g，10mL:磺胺间甲氧嘧啶钠 1g+甲氧嘧啶 0.2g，50mL:磺胺间甲氧嘧啶钠 5g+甲氧嘧啶 1g，100mL:磺胺间甲氧嘧啶钠 10g+甲氧嘧啶 2g；复方磺胺间甲氧嘧啶钠预混剂：100g:磺胺间甲氧嘧啶钠 10g+甲氧嘧啶 2g；复方磺胺间甲氧嘧啶钠粉：100g:磺胺间甲氧嘧啶钠 10g+甲氧嘧啶 2g。

【相互作用】【不良反应】 参见磺胺嘧啶。

【特别提示】 复方磺胺间甲氧嘧啶钠不宜与乌洛托品合用；肝肾功能不全者慎用；肌内注射有局部刺激性；妊娠及泌乳家畜慎用。

【休药期】 28d。

磺胺对甲氧嘧啶

【别名】 磺胺-5-甲氧嘧啶、消炎磺。英文简称：SMD。

【性状】 注射液：淡黄色澄明液体；片剂：白色或微黄色片；可溶性粉：白色或类白色粉末。

【药理作用】 广谱抗菌药物，细菌对其产生耐药性较慢。对革兰氏阳性菌和阴性菌（如化脓性链球菌、沙门氏菌和肺炎杆菌等）均有良好的抗菌作用，抗菌作用较磺胺嘧啶稍弱，但对球虫和弓形虫有良好的抑制作用。

药动学：内服后吸收迅速，血中浓度高，乙酰化率低，不易发生结晶尿。有效血药浓度维持时间为 8.6h。

【临床应用】 用于敏感菌引起的尿道、生殖系统、呼吸系统及皮肤感染等，也可用于球虫病。

【用法用量】 以磺胺对甲氧嘧啶计，内服：一次量，每千克体重首次量 0.05～0.1g，维持量 0.025～0.05g，2 次/d，连用 3～5d。

以磺胺对甲氧嘧啶钠、甲氧嘧啶计，肌内注射：一次量，每千克体重 24～36mg（0.2～0.3mL），1 次/2d；或每千克体重 18～24mg（0.1～0.15mL），2 次/d，连用 2～3d。内服：一次量，30～60mg（商品制剂：125～250mg），2 次/d，连用 3～5d。

以磺胺对甲氧嘧啶二甲氧苄啶计，混饲：每 1000kg 饲料 240g（商品制剂：1000g）。

【剂型规格】 磺胺对甲氧嘧啶片：0.5g。

磺胺对甲氧嘧啶二甲氧苄啶片：30mg:磺胺对甲氧嘧啶 25mg＋二甲氧苄啶 5mg，0.3g:磺胺对甲氧嘧啶 0.25g＋二甲氧苄啶 50mg；磺胺对甲氧嘧啶二甲氧苄啶预混剂：100g:磺胺对甲氧嘧啶 20g＋二甲氧苄啶 4g。

复方磺胺对甲氧嘧啶注射液：5mL:磺胺对甲氧嘧啶 0.5g＋甲氧嘧啶 0.1g；10mL:磺胺对甲氧嘧啶 1g＋甲氧嘧啶 0.2g，磺胺对甲氧嘧啶 1.5g＋甲氧嘧啶 0.3g，磺胺对甲氧嘧啶 2g＋甲氧嘧啶 0.4g。复方磺胺对甲氧嘧啶粉：100g:磺胺对甲氧嘧啶 20g＋甲氧嘧啶 4g。

【相互作用】 与抗菌增效剂（TMP、DVD）合用，具有协同作用。其他参见磺胺嘧啶。

【不良反应】【特别提示】 参见磺胺嘧啶。

【休药期】 28d。

联磺甲氧苄啶

【性状】 注射液：黄色至黄棕色澄明液体；预混剂：白色或类白色粉末。

【药理作用】 主要成分为磺胺间甲氧嘧啶、磺胺甲噁唑和甲氧苄啶（注射液）或磺胺甲噁唑、磺胺嘧啶和甲氧苄啶（预混剂）。磺胺间甲氧嘧啶、磺胺甲噁唑和磺胺嘧啶均为磺胺类药物，通过抑制细菌体内叶酸代谢而发挥抑菌作用；甲氧苄啶为抗菌增效剂，与磺胺类药联合使用，可使细菌的叶酸代谢受到双重阻断，从而增强磺胺类药的抗菌效果。抗菌谱广，对革兰氏阳性菌和阴性菌均有效，对球虫、弓形虫也有一定作用。

【临床应用】 用于敏感菌引起的尿道、生殖系统、呼吸系统及皮肤感染等，也可用于球虫病。

【用法用量】 肌内注射：一次量，每千克体重 0.3mL，1 次/d，连用 4d；混饲：每 1000kg 饲料 240g，连用 3～5d（商品制剂：24%含量 1kg，48%含量 0.5kg）。

【剂型规格】 联磺甲氧苄啶注射液：5mL:磺胺间甲氧嘧啶 0.5g＋磺胺甲噁唑 0.5g＋甲氧苄啶 0.2g，10mL:磺胺间甲氧嘧啶 1g＋磺胺甲噁唑 1g＋甲氧苄啶 0.4g；联磺甲氧苄啶预混剂：100g:磺胺甲噁唑 10g＋磺胺嘧啶 10g＋甲氧苄啶 4g，100g:磺胺甲噁唑 20g＋磺胺嘧啶 20g＋甲氧苄啶 8g。

【不良反应】 按规定的用法与用量使用尚未见不良反应。

【特别提示】

① 遇水可析出结晶。

② 长期或大剂量应用易引起结晶尿，应同时应用碳酸氢钠，并给患畜大量饮水。

③ 若出现过敏反应或其他严重不良反应时，立即停药，并给予对症治疗。

【休药期】 28d。

磺胺氯达嗪

【性状】 可溶性粉：淡黄色粉末。

【药理作用】 对大多数革兰氏阳性菌和阴性菌均有较强抑制作用。

【临床应用】 用于猪大肠杆菌和巴氏杆菌感染。

【用法用量】 以磺胺氯达嗪钠、甲氧苄啶计，内服：一日量，每千克体重 24mg（商品制剂：0.2g），连用 5～10d。

【剂型规格】 复方磺胺氯达嗪钠粉：1000g:磺胺氯达嗪钠 100g＋甲氧苄啶 20g，磺胺氯达嗪钠 625g＋甲氧苄啶 125g。

【相互作用】【不良反应】 参见磺胺嘧啶。

【特别提示】 不得作为饲料添加剂长期应用；对磺胺类药物有过敏史的病患禁用。其他参见磺胺嘧啶。

【休药期】 4d。

磺胺脒

【别名】 磺胺胍。英文简称：SG。

【性状】 片剂：白色片。

【药理作用】 对大多数革兰氏阳性菌和阴性菌（如化脓性链球菌、沙门氏菌和肺炎球菌等）均有良好的抗菌作用。内服吸收很少。

【临床应用】 用于肠道细菌性感染。

【用法用量】 内服：一次量，每千克体重 0.1～0.2g，2 次/d，连用 3～5d。

【剂型规格】 磺胺脒片：0.25g、0.5g。

【相互作用】 与抗菌增效剂（TMP、DVD）合用有协同作用。其他参见磺胺嘧啶。

【不良反应】 长期服用可能影响胃肠道菌群，引起消化道功能紊乱。

【特别提示】

① 1～2 日龄新生仔猪肠内吸收率高于幼畜。

② 不宜长期服用，注意观察胃肠道功能。

【休药期】 28d。

酞磺胺噻唑

【性状】 片剂：白色片。

【药理作用】 对大多数革兰氏阳性菌和阴性菌（如化脓性链球菌、沙门氏菌和肺炎球菌等）均有良好的抗菌作用。内服吸收很少。

【临床应用】 用于肠道细菌性感染。

【用法用量】 内服：一次量，每千克体重 0.1～0.15g，2 次/d，连用 3～5d。

【剂型规格】 酞磺胺噻唑片：0.5g、1g。

【不良反应】【特别提示】 参见磺胺脒。

【休药期】 28d。

磺胺嘧啶银

【别名】 烧伤宁。英文简称：SD-AG。

【性状】 白色或类白色结晶性粉末，遇光或遇热易变质。

【药理作用】 广谱抑菌剂，对大多数革兰氏阳性菌和部分革兰氏阴性菌有效。对铜绿假单胞菌抗菌活性强，对真菌等也有抑菌效果。具有收敛作用，局部应用可使创面干燥、结痂，促进创面愈合。

【临床应用】 局部用于烧伤创面。

【用法用量】 外用：撒布于创面或配成2%混悬液湿敷。

【不良反应】 局部应用有一过性疼痛，无其他不良反应。

【特别提示】 由于脓液和坏死组织中含有大量的对氨基苯甲酸，可减弱磺胺嘧啶的作用，故局部应用前要清创排脓。

【休药期】 无。

三、其他合成抗菌药

乙酰甲喹

【性状】 注射液：黄色澄明液体；片剂：黄色片。

【药理作用】 通过抑制菌体的DNA合成而达到抗菌作用，具有广谱抗菌作用，对多数细菌具有较强的抑制作用，对革兰氏阴性菌的作用强于革兰氏阳性菌，对猪痢疾密螺旋体的作用尤其突出。

药动学：肌内注射易被吸收，10min即可分布于全身各组织，体内消除快，半衰期约2h。内服易被吸收，体内破坏少，内服给药后约75%以原形从尿排出，尿中浓度高。

【临床应用】 用于密螺旋体所致的猪痢疾，也用于细菌性肠炎。

【用法用量】 肌内注射：一次量，每千克体重2～5mg，2次/d，连用2～3d；内服：一次量，每千克体重5～10mg，2次/d，连用3～5d。

【剂型规格】 乙酰甲喹注射液：2mL:0.1g，5mL:0.1g、0.25g，10mL:50mg、0.2g、0.5g；乙酰甲喹片：0.1g、0.5g。

【相互作用】 不宜与其他抗生素联合应用。

【不良反应】 按规定的用法与用量使用尚未见不良反应。

【特别提示】

① 剂量高于临床治疗量3～5倍时，或长时间应用会引起中毒或死亡。

② 只作治疗用药，不能作促生长剂使用。

【休药期】 35d。

小檗碱

【性状】 注射液：黄色澄明液体；片剂：黄色片。

【药理作用】 抗菌谱广，对多种革兰氏阳性菌及革兰氏阴性菌均有抑菌作用。对溶血性链球菌、金黄色葡萄球菌、霍乱弧菌、脑膜炎球菌、志贺氏菌、伤寒杆菌和白喉杆菌等作用较强。对流感病毒、阿米巴原虫、钩端螺旋体及某些皮肤真菌也有一定抑制作用。志贺氏菌、溶血性链球菌、金黄色葡萄球菌等极易对其产生耐药性。

药动学：注射后吸收迅速，广泛分布于各器官与组织，其中以心、骨、肺、肝中为多，在体内组织中滞留时间短暂。肌内注射后血药浓度可达到有效抑菌浓度，适用于全身性感染的治疗。

【临床应用】 用于肠道细菌性感染。

【用法用量】 肌内注射：一次量，每千克体重50～100mg，2次/d，连用3～5d；内服：一次量，0.5～1g，2次/d，连用3～5d。

【剂型规格】 硫酸小檗碱注射液：5mL:50mg、0.1g，10mL:0.1g、0.2g；盐酸小檗碱片：0.1g、0.5g。

【相互作用】 与甲氧苄啶（TMP、DVD）、环丙沙星合用有协同作用。与灰黄霉素、滑石粉、含鞣质的中药等合用，影响小檗碱吸收，使疗效降低。

【不良反应】 按规定的用法与用量使用尚未见不良反应。

【特别提示】

① 禁止静脉注射，遇冷析出结晶，用前浸入热水中，用力振摇，溶解成澄明液体并晾至与体温相同时使用。

② 内服偶有呕吐，停药后即消失。

③ 妊娠早期动物禁用。

【休药期】 无。

乌洛托品

【性状】 注射液：无色澄明液体。

【药理作用】 在酸性溶液中可分解释放出甲醛和氨，呈杀菌作用。

药动学：内服被吸收后大部分以原形随尿排出。在酸性尿中缓慢分解释放出甲醛，并在尿道中呈现杀菌作用。

【临床应用】 用于尿路感染。

【用法用量】 静脉注射：一次量，12.5～25mL，1～2 次/d，连用 3～5d。

【剂型规格】 乌洛托品注射液：5mL∶2g、10mL∶4g、20mL∶8g、50mL∶20g。

【相互作用】 应用尿道碱化剂（如碳酸氢钠、噻嗪类利尿药、含有钙和镁的抗酸药）可降低乌洛托品的作用，酸化剂（氯化铵）可加速甲醛释放，增强杀菌效果。常与抗生素联用治疗脑部感染；与磺胺类药物联用，易产生沉淀，增加结晶尿风险；鞣酸、氧化剂可使乌洛托品分解失效。

【不良反应】 对胃肠道有刺激作用，长期应用可出现排尿困难。

【特别提示】 宜加服氯化铵，使尿呈酸性。

【休药期】 无。

喹烯酮

【性状】 预混剂：淡黄色至黄色粉末。

【药理作用】 喹噁啉类合成抗菌药，具有广谱抗菌活性，对革兰氏阴性菌（如大肠杆菌、沙门氏菌及变形杆菌等）、革兰氏阳性菌（如葡萄球菌、链球菌等）及密螺旋体均有效。此外，可以抑制肠道内有害菌，保护有益菌群，提高猪对饲料的消化率；还具有蛋白质同化作用，使更多的氯潴留，节约蛋白质，使细胞形成增加，从而促进生长，提高饲料转化率。细菌对其不易产生耐药性，对其他抗生素耐药的细菌对喹烯酮仍敏感。

【临床应用】 用于猪促生长。

【用法用量】 以喹烯酮计，混饲：每 1000kg 饲料 50g。

【剂型规格】 喹烯酮预混剂：5%、25%、50%。

【相互作用】 禁止与其他抗生素联用。

【不良反应】 按规定的用法与用量使用尚未见不良反应。

【特别提示】 体重超过 35kg 的猪禁用；预混剂与饲料分级混合，充分混匀。

【休药期】 14d。

甲硝唑

【别名】 灭滴灵。

【性状】 片剂：白色或类白色片。

【药理作用】 硝基咪唑类抗原虫药。内服吸收迅速，在组织中能很快达到峰浓度。半衰期约 8h，在肝脏以氧化和葡萄糖醛酸结合的形式代谢，主要经肾排泄，少量出现在唾液和乳汁中。

【临床应用】 甲硝唑对厌氧菌（如产气荚膜梭菌）的抑菌作用极强，广泛用于各种厌氧菌所致的感染症。还用于三毛滴虫病、肠道原虫病。

【用法用量】 内服：一次量，每千克体重 10mg，连用 3～5d。

【剂型规格】 甲硝唑片：0.2g。

【相互作用】 与抗生素联用增强抗感染范围和疗效；与甲氧氯

普胺、抗胆碱药联用，能减轻肠道副作用，增强疗效。不宜与庆大霉素、氨苄西林、土霉素、糖皮质激素、氢氧化铝等合用，以免药液浑浊、变黄，疗效降低。

【不良反应】 有神经功能紊乱、呆滞、体弱、厌食和腹泻等不良反应。

【特别提示】

① 毒性较小，代谢物常使尿液呈红棕色。剂量过大，易出现舌炎、胃炎、恶心、呕吐、白细胞减少甚至神经症状，但均能耐过。

② 能透过胎盘屏障及乳腺屏障，哺乳及妊娠早期动物不宜使用。

【休药期】 28d。

地美硝唑

【药理作用】 属于抗原虫药，具有广谱抗菌和抗原虫作用。不仅能抗厌氧菌、大肠杆菌、葡萄球菌、链球菌和密螺旋体，而且能抗组织滴虫、纤毛虫、阿米巴原虫等。

【临床应用】 用于猪痢疾、三毛滴虫病。

【用法用量】 以地美硝唑计，混饲：每1000kg饲料200～500g。

【剂型规格】 地美硝唑预混剂：20％。

【相互作用】 参见甲硝唑。

【特别提示】 不能与其他抗组织滴虫药联合应用。

【休药期】 28d。

第三节 抗病毒药

白细胞干扰素

【性状】 红色透明液体，无沉淀。

【临床应用】 疫苗含有鸡新城疫病毒诱导健康猪白细胞，每瓶干扰素应不低于10000U。用于防治猪流行性腹泻。

【用法用量】 肌内注射：每头每日注射 1 次，乳猪 10000U，仔猪 20000U；病重者每天注射 2 次，连用 3～5d。

【剂型规格】 2mL/瓶。

【特别提示】

① 在同群治疗已发病猪时，隔离未发病猪进行预防注射，剂量同发病猪的治疗量。

② 使用本品时，应配合进行消毒等综合性措施，以防再感染或复发。

③ 每瓶药液应一次用完。

④ 可与抗生素类药物同时使用。

转移因子

【性状】 注射液：灰白色或微黄色乳液，半透明，无沉淀，无絮状物，具轻度肉腥气味（羊胎盘转移因子）；或为微黄色或淡黄色透明液体（猪脾转移因子）。

【临床应用】 免疫调节剂，用于增强机体免疫力和抗病力，提高生产性能。

【用法用量】 羊胎盘转移因子，皮下注射：大剂量（＞20mL）时分点注射，每次 10mL，24～48h 后再次用药；仔猪每次 1mL，24h 后再用药 1 次。

猪脾转移因子，肌内注射：50kg 以内的猪，每头 2mL；50kg 以上的猪，每头 4mL。

【剂型规格】 羊胎盘转移因子注射液：10mL/瓶、30mL/瓶；猪脾转移因子注射液：5mL/瓶、10mL/瓶、20mL/瓶、50mL/瓶、100mL/瓶。

【不良反应】 无肉眼可见不良反应。

【特别提示】

① 使用前应使药液恢复至室温，浑浊或变色者勿用。

② 凡包装瓶破裂、瓶塞松动及脱落、内含异物者禁用。

③ 贮藏时避免冷冻。

破伤风抗毒素

【性状】 清亮液体。长期贮存后，可有微量能摇散的沉淀。

【临床应用】 用于预防和治疗家畜破伤风。

【用法用量】 皮下、肌内或静脉注射：预防 1200～3000IU，治疗 5000～20000IU。

【剂型规格】 1500IU/安瓿、10000IU/安瓿。

【特别提示】

① 防止冻结，若有沉淀，用前应摇匀。

② 注射时应作局部消毒处理。

③ 用过的疫苗瓶、器具和未用完的抗体等应进行无害化处理。

④ 注射后，个别家畜可能出现过敏反应，应注意观察，必要时，采取注射肾上腺素等脱敏措施抢救。

第六章

抗寄生虫药

第一节 抗蠕虫药

一、抗线虫药

（一）苯并咪唑类

阿苯达唑

【别名】 丙硫咪唑。

【性状】 粉剂：白色或类白色粉末；混悬液：细微颗粒的混悬溶液，静置后细微颗粒沉淀，振摇后成均匀的白色或类白色混悬液；颗粒：类白色颗粒。

【药理作用】 具有广谱驱虫作用，对线虫、绦虫、吸虫有较强的驱杀作用。本品通过与蠕虫体内的微管蛋白结合，从而影响蠕虫体内的有丝分裂、蛋白质装配及能量代谢。本品不但对成虫作用强，对未成熟虫体和幼虫也有较强作用，还可杀灭虫卵。对线虫微管蛋白的亲和力显著高于哺乳动物的微管蛋白，因此，对哺乳动物的毒性很小。

药动学：内服吸收较好，给药后20h代谢物阿苯达唑亚砜和阿苯达唑砜达到血浆药物峰浓度。亚砜代谢物在体内的半衰期为5.9h，砜代谢物的半衰期为9.2h。除亚砜和砜外，尚有羟化、水解和结合等产物，均经胆汁排出体外。

【临床应用】 用于猪线虫病、绦虫病和吸虫病。对血吸虫无效。

【用法用量】 以阿苯达唑计，内服：一次量，每千克体重5～10mg（0.05～0.1mL）。

【剂型规格】 阿苯达唑粉：2.5%、10%；阿苯达唑混悬液：100mL:10g；阿苯达唑颗粒：10%；阿苯达唑片：25mg、50mg、0.1g、0.2g、0.3g、0.5g。

【相互作用】 与吡喹酮、地塞米松、西咪替丁等合用可提高阿苯达唑血药浓度；与伊维菌素合用，可拓宽抗寄生虫范围。与辛硫磷联用毒性增强。

【不良反应】 妊娠早期使用可能伴有致畸和胚胎毒性等不良反应。

【特别提示】 泌乳期及妊娠前期45d内禁用。

【休药期】 7d。

阿苯达唑伊维菌素

【性状】 粉剂：白色或类白色粉末。

【药理作用】 阿苯达唑对线虫、绦虫、吸虫有较强的驱杀作用。伊维菌素对体内外寄生虫特别是节肢昆虫和体内线虫具有良好驱杀作用。

【临床应用】 用于驱除或杀灭猪线虫、吸虫、绦虫、螨等体内外寄生虫。

【用法用量】 以阿苯达唑伊维菌素计，混饲：每1000kg饲料62.5g（预混剂：1000g）；粉剂，内服：一次量，每10kg体重0.7～1g。

【剂型规格】 阿苯达唑伊维菌素预混剂：100g:阿苯达唑6g+伊维菌素0.25g；阿苯达唑伊维菌素粉:阿苯达唑10g+伊维菌素0.2g。

【不良反应】 阿苯达唑具有致畸作用。

【特别提示】 参见阿苯达唑。伊维菌素对虾、鱼及水生生物有剧毒，残留药物的包装及容器切勿污染水源。

【休药期】 28d。

芬苯达唑

【性状】 片剂：白色或类白色片；颗粒剂：类白色颗粒。

【药理作用】 通过与线虫的微管蛋白结合发挥驱虫作用，抗虫谱不如阿苯达唑广，但作用略强。对猪的红色猪圆线虫、蛔虫、食道口线虫成虫及幼虫有效。

药动学：内服给药后，只有少量被吸收。吸收后的芬苯达唑代谢成为亚砜（具有活性的奥芬达唑）和砜。44%～50%以原形从粪便中排泄，从尿中排泄的不到1%。

【临床应用】 用于猪线虫病和绦虫病。

【用法用量】 以芬苯达唑计，内服：一次量，每千克体重5～7.5mg。

【剂型规格】 芬苯达唑粉：5%；芬苯达唑片：25mg、50mg、0.1g；芬苯达唑颗粒：3%、10%。

【相互作用】 参见阿苯达唑。

【不良反应】 按规定的用法与用量使用，一般不会产生不良反应。由于死亡的寄生虫释放抗原，高剂量时可继发产生过敏性反应。

【特别提示】 妊娠前期禁用，可能伴有致畸胎和胚胎毒性等作用。

【休药期】 3d。

芬苯达唑伊维菌素

【性状】 片剂：白色或类白色片。

【药理作用】 芬苯达唑具有广谱驱虫活性，对线虫、绦虫和吸虫具有较强的驱杀作用。伊维菌素对体内外寄生虫特别是节肢昆虫和体内线虫具有良好驱杀作用。

【临床应用】 主要用于驱除猪的胃肠道线虫、肺线虫和体外寄生虫。

【用法用量】 内服：一次量，每10kg体重0.25～0.375片。

【剂型规格】 芬苯达唑伊维菌素片：0.210g:芬苯达唑0.2g+

伊维菌素 10mg。

【不良反应】 按规定的用法与用量使用尚未见不良反应。

【特别提示】 妊娠前 45d 慎用。

【休药期】 28d。

奥芬达唑

【性状】 颗粒：类白色颗粒；片剂：白色或类白色片。

【药理作用】 芬苯达唑体内代谢物芬苯达唑亚砜——奥芬达唑，通过与线虫的微管蛋白结合发挥驱虫作用，抗虫谱不如阿苯达唑广，但作用略强。

药动学：与其他大多数苯并咪唑类药物不同，奥芬达唑较易从胃肠道被吸收。被吸收后的奥芬达唑被代谢成芬苯达唑砜，仍具有抗虫活性。

【临床应用】 用于猪线虫病和绦虫病。

【用法用量】 以奥芬达唑计，内服：一次量，每千克体重 4mg。

【剂型规格】 奥芬达唑颗粒：10%；奥芬达唑片：50mg、0.1g。

【不良反应】 有胚胎毒性和致畸作用。

【特别提示】

① 妊娠早期动物慎用。

② 敏感虫体对其能产生耐药性。本品还可与其他苯并咪唑类药物产生交叉耐药性。

【休药期】 7d。

氟苯达唑

【性状】 预混剂：白色或淡黄色粉末。

【药理作用】 胃肠道吸收很少，大部分以原形药从粪便排出。被吸收部分很快被代谢，血和尿中的原形药浓度很低。在体内的代谢途径主要为氨基甲酸酯水解和酮基还原。

【临床应用】 用于猪胃肠道线虫、绦虫及鞭虫。

【用法用量】 以氟苯达唑计，混饲：每 1000kg 饲料 30g。

【剂型规格】 氟苯达唑预混剂：5%。

【不良反应】 超剂量服用时，会出现短时间的腹泻。

【特别提示】

① 治疗时猪场若能保持良好的卫生环境，治疗效果更佳。

② 避免皮肤直接接触或吸入。

【休药期】 14d。

（二）咪唑并噻唑类

左旋咪唑

【性状】 粉剂：白色或类白色粉末；片剂：白色片；注射液：无色澄明液体。

【药理作用】 广谱驱线虫药，通过兴奋敏感线虫的植物性神经节，引起虫体兴奋、麻痹，使虫体排出。高浓度能阻断延胡索酸还原和琥珀酸氧化作用，干扰线虫的糖代谢。对猪的大多数胃肠道线虫具有良好驱虫活性。对多数胃肠道线虫成虫具有良好的活性，但对尚未发育成熟虫体作用差，对类圆线虫、毛首线虫和鞭虫作用差或不确切。此外，还能明显提高免疫反应，恢复外周T淋巴细胞的细胞介导免疫功能，兴奋单核细胞的吞噬作用，对免疫功能受损的动物作用更明显。

药动学：内服可从胃肠道被吸收，被吸收后可分布全身，大部分在肝和肾中被代谢，代谢物主要在尿中排泄，小于6%以原形排泄，少量在粪便中排泄。血浆半衰期为3.5～6.8h。

【临床应用】 用于猪的胃肠道线虫、肺线虫及肾虫病，还可以提高疫苗免疫效果。

【用法用量】 以左旋咪唑计，内服：一次量，每千克体重7.5mg；皮下、肌内注射：一次量，每千克体重7.5mg（0.15mL）；免疫佐剂，混饲：每千克饲料8mg，连用3d，或每千克体重10mg，与疫苗同时肌内注射。

【剂型规格】 盐酸左旋咪唑片：25mg、50mg；盐酸左旋咪唑粉：5%、10%；盐酸左旋咪唑注射液：2mL：0.1g、5mL：0.25g、10mL：0.5g。

【相互作用】 具有烟碱作用的药物（如噻嘧啶、甲噻嘧啶、乙胺嗪）、胆碱酯酶抑制药（如有机磷、新斯的明）可增加左旋咪唑的毒性，不宜联用。与灰黄霉素、甲苯咪唑、伊维菌素、复方磺胺甲基异噁唑等合用，具有协同作用，能增强疗效，扩大抗寄生虫范围。左旋咪唑可增强猪瘟、支原体肺炎、布鲁氏菌病等疫苗的免疫效果。

【不良反应】 过量可引起副交感神经兴奋症状，如流涎、兴奋或颤抖；还可造成胃肠道功能紊乱，如呕吐、腹泻、呼吸困难等。

【特别提示】

① 禁用于静脉注射。

② 极度衰弱或严重肝肾损伤患畜应慎用。

③ 中毒时可用阿托品解毒，其他对症治疗。

【休药期】 片剂、粉剂 3d；注射液 28d。

（三）哌嗪类

哌嗪

【别名】 驱蛔灵。

【性状】 片剂：白色片。

【药理作用】 对敏感线虫产生箭毒样作用，通过使神经肌肉接头处的神经细胞膜超级化，阻断神经冲动传递，致使寄生虫的肌肉松弛麻痹、固定不动，继而使寄生虫从其寄生部位被驱除，致虫体死亡。此外，还可抑制虫体琥珀酸的合成，干扰虫体能量代谢。对寄生于猪体内的某些特定线虫有效，如蛔虫、结节虫等。成熟虫体对哌嗪较敏感，幼虫和腔驻留幼虫可被部分驱除，宿主组织中的幼虫对其不敏感。对于并发胃肠炎的动物及怀孕期的动物，可安全使用。

药动学：经胃肠道易被吸收，然后被广泛代谢（60%～70%）。未代谢的原形药物在给药后 24h 内经尿液排出，用药后 30min 即可在尿中检出哌嗪，1～8h 为排泄高峰期，24h 内几乎排完。

【临床应用】 用于猪蛔虫病、食道口线虫病和结节虫病。

【用法用量】 以枸橼酸哌嗪计，内服：一次量，每千克体重0.25～0.3g。

【剂型规格】 枸橼酸哌嗪片：25mg、50mg。

【相互作用】 与左旋咪唑联用有协同作用。与噻嘧啶或甲噻嘧啶、泻药（硫酸镁）等有拮抗作用，不能同时使用；与吩噻嗪类药（氯丙嗪）合用有可能会诱发癫痫发作。

【不良反应】 按推荐剂量使用罕见不良反应。

【特别提示】

① 对未成熟虫体作用不强，通常应间隔2个月后重复给药。

② 混饮或混饲给药时应在8～12h内用完，并且还应禁食12h。

③ 慢性肝、肾疾病及胃肠蠕动减弱的患畜慎用。

【休药期】 21d。

枸橼酸乙胺嗪

【性状】 片剂：白色片。

【药理作用】 作用机理尚不完全清楚，但可确定的是它以类烟碱的形式作用于寄生虫的神经系统使虫体麻痹瘫痪。对猪后圆线虫有一定的作用。

药动学：内服给药后易从消化道被吸收，并在给药后3h达血药峰浓度，之后血浆药物可检出时间约达48h。在体内组织中广泛分布，以原形或以*N*-氧化代谢物形式经尿排出。24h内排出给药量的70%，其中有10%～25%以原形排泄。

【临床应用】 用于猪肺线虫病。

【用法用量】 内服：一次量，每千克体重20mg。

【剂型规格】 枸橼酸乙胺嗪片：50mg、100mg。

【相互作用】 与具有烟碱样作用的药物（如噻嘧啶、甲噻嘧啶、左旋咪唑等）合用，可使彼此的毒性加强。与伊维菌素、阿维菌素联用可能产生严重或致死性脑病。

【不良反应】 按推荐剂量使用很少发生不良反应。

【休药期】 28d。

（四）抗生素类

伊维菌素

【性状】 注射液：无色或几乎无色澄明液体，略黏稠；片剂：白色片。

【药理作用】 对体内线虫和体表节肢动物具有良好驱杀作用。通过促进突触前神经元释放 γ-氨基丁酸（GABA），打开 GABA 介导的氯离子通道，干扰神经肌肉间的信号传递，使虫体松弛麻痹，导致虫体死亡或被排出体外。对猪蛔虫、红色猪圆线虫、兰氏类圆线虫、毛首线虫、食道口线虫、后圆线虫、有齿冠尾线虫成虫及未成熟虫体驱除率达 94%～100%，对肠道内旋毛虫也极有效（对肌肉内旋毛虫无效），对猪血虱和猪疥螨也有良好控制作用。对吸虫和绦虫无效。

药动学：因动物种属、剂型和给药途径的不同而有明显差异。皮下注射的生物利用度比内服高，但内服比皮下注射吸收迅速。吸收后能很好分布至大部分组织，但不易进入脑脊髓液。表观分布容积为 4L/kg，半衰期为 0.5d。在肝脏进行代谢，主要从粪便排出，少于 5%以原形或代谢产物从尿中排泄。在泌乳母畜有高达 5%的给药量从乳中排出。

【临床应用】 用于防治猪线虫病、螨病及其他寄生性昆虫病。

【用法用量】 以伊维菌素计，内服、皮下注射：一次量，每千克体重 0.3mg；混饲：每 1000kg 饲料 2g，连用 7d。

【剂型规格】 伊维菌素注射液：1mL∶10mg，2mL∶4mg、10mg、20mg，5mL∶10mg、50mg，10mL∶20mg，20mL∶40mg、100mg，50mL∶0.5g，100mL∶1g，200mL∶2g；伊维菌素片：2mg、5mg、7.5mg；伊维菌素溶液：0.1%、0.2%、0.3%；伊维菌素预混剂：0.6%。

【相互作用】 与苯并咪唑类（阿苯达唑、芬苯达唑）、硝氯酚联用，可扩大抗寄生虫范围。与乙胺嗪联用，可能产生严重或致死性脑病。

【不良反应】 注射部位有不适或造成暂时性水肿。

【特别提示】

① 肌内或静脉注射易引起中毒反应，仅限于皮下注射，每个注射点不宜超过10mL。

② 含甘油缩甲醛和丙二醇的伊维菌素注射剂，仅适用于牛、羊和猪。

③ 伊维菌素对虾、鱼及其他水生生物有剧毒，残存药物及包装切勿污染水源。

【休药期】 28d。

阿维菌素

【性状】 注射液：无色澄明液体，略黏稠；片剂：白色片；粉剂：白色至淡黄色粉末，无臭；透皮液：无色至微黄色略黏稠透明液体。

【药理作用】 驱虫谱与伊维菌素相似。亦可作为杀虫剂，对水产和农业昆虫、螨虫及火蚁等具有广谱活性。

【临床应用】 用于防治猪线虫病、螨病及其他寄生性昆虫病。

【用法用量】 以阿维菌素计，内服、皮下注射：一次量，每千克体重0.3mg；浇注或涂擦：一次量，每千克体重0.1mL，由肩部向后沿背中线浇注。

【剂型规格】 阿维菌素注射液：5mL:50mg、25mL:0.25g、50mL:0.5g、100mL:1g；阿维菌素片：2mg、5mg；阿维菌素粉：0.2%、1%、2%；阿维菌素胶囊：2.5mg；阿维菌素透皮溶液：0.5%。

【相互作用】【不良反应】 参见伊维菌素。

【特别提示】 性质不太稳定，对光线特别敏感，可迅速被氧化灭活，应注意贮存和使用条件。

【休药期】 注射液、片、粉、胶囊28d；透皮溶液42d。

多拉菌素

【性状】 注射液：无色或微黄色澄明油状液体。

【药理作用】 由基因重组的阿维链霉素新菌株发酵而得，为广谱抗寄生虫药。对体内外寄生虫特别是某些线虫（圆虫）和节肢动物具有良好的驱杀作用，但对绦虫、吸虫及原生动物无效。通过增加虫体的抑制性递质 γ-氨基丁酸（GABA）的释放，阻断神经信号的传递，使肌肉细胞失去收缩能力，从而导致虫体死亡。不易透过血脑屏障，对中枢神经系统损害极小，对动物比较安全。

【临床应用】 用于治疗猪线虫病、血虱、螨病等外寄生虫病。

【用法用量】 肌内注射：一次量，每 33kg 体重 1mL，或每千克体重 0.3mg。

【剂型规格】 多拉菌素注射液：50mL:0.5g、100mL:1g、200mL:2g、500mL:5g。

【不良反应】 按规定的用法与用量使用尚未见不良反应。

【特别提示】

① 置于儿童不可触及处。

② 操作人员不应进食或吸烟，操作后要洗手。

③ 阳光照射下迅速被分解灭活，应避光保存

④ 残存药物对鱼类及其他水生生物有毒，应注意保护水资源。

【休药期】 28d。

越霉素 A

【性状】 预混剂：淡黄色或淡黄褐色粉末。

【药理作用】 通过使寄生虫的体壁、生殖器管壁、消化道壁变薄和脆弱，致使虫体运动活性减弱而被排出体外，还能阻碍雌虫子宫内卵膜的形成。对猪蛔虫、结节虫、鞭虫等体内寄生虫的排卵具有抑制作用，对成虫具有驱除作用。还具有一定的抗菌作用，可用作促生长剂。内服很少被吸收，主要经粪便排出。

【临床应用】 用于猪蛔虫病、鞭虫病、肠结节虫病等。

【用法用量】 混饲：每 1000kg 饲料 10～20g。

【剂型规格】 越霉素 A 预混剂：2%。

【不良反应】 按规定的用法与用量使用尚未见不良反应。

【休药期】 15d。

（五）其他

敌百虫

【性状】 粉剂：白色或类白色粉末；片剂：白色片。

【药理作用】 驱虫药和杀虫药，通过与寄生虫体内的胆碱酯酶结合，使胆碱酯酶失去活性，引起乙酰胆碱大量蓄积，干扰虫体神经肌肉的兴奋传递，导致寄生虫麻痹而死亡。对寄生于消化道的大多数线虫有效，对体外寄生虫有一定作用。内服给药吸收迅速，体内代谢快，主要经尿排泄。

【临床应用】 用于驱杀猪多种胃肠道线虫和蜱、螨、蚤、虱等。

【用法用量】 内服：一次量，每千克体重0.08～0.1g。

【剂型规格】 精制敌百虫粉：33.2%；精制敌百虫片：0.3g、0.5g。

【相互作用】 巴比妥类药物、山莨菪碱、胆碱酯酶复活剂（碘解磷定）、阿托品、硫酸铜、醋等可用于治疗敌百虫中毒。与左旋咪唑、胆碱酯酶抑制剂、新斯的明、芬苯咪唑类药、氯丙嗪、碱性药物、肌松药、槟榔等合用，会增强敌百虫毒性。

【不良反应】 安全范围窄，治疗量可使动物出现轻度副交感神经兴奋反应，过量使用可出现中毒症状，表现为流涎、腹痛、缩瞳、呼吸困难、昏迷甚至死亡。

【特别提示】

① 禁与碱性药物合用。

② 孕畜及心脏病、胃肠炎的患畜禁用。

③ 中毒时用阿托品与碘解磷定等解救。

④ 用完后的盛器应妥善处理，不得随意丢弃。

【休药期】 28d。

二、抗绦虫药

吡喹酮

【性状】 片剂：白色片；粉剂：白色至浅黄色颗粒状粉末。

【药理作用】 具有广谱抗血吸虫和抗绦虫作用，对各种绦虫的成虫具有极高的活性，对幼虫也具有良好的活性；对血吸虫有很好的驱杀作用。作用机制是通过使寄生虫肌肉系统痉挛性收缩和合胞体皮层迅速形成空泡。

药动学：内服被迅速而且几乎完全被吸收，但有显著的首过效应。肌内和皮下注射较内服的血药浓度维持时间更长。分布于全身各种组织，其中以肝、肾浓度最高，并可穿过血脑屏障进入中枢神经系统，有利于驱除宿主各种器官（肌肉、脑、内脏和腹腔）中的幼虫。主要在尿中排泄。内服给药的消除半衰期为1.1～2.5h。

【临床应用】 用于动物血吸虫病，也用于绦虫病和囊尾蚴病。

【用法用量】 内服：一次量，每千克体重10～35mg。

【剂型规格】 吡喹酮粉：50%；吡喹酮片：0.1g、0.2g、0.5g。

【相互作用】 与阿苯达唑、地塞米松合用，可降低吡喹酮的血药浓度。与伊维菌素联用，可扩大抗寄生虫范围。

【休药期】 28d。

第二节　抗原虫药

一、抗球虫药

托曲珠利

【别名】 妥曲珠利、百球清。

【性状】 混悬液：白色至微黄色，静置分层。

【药理作用】 三嗪酮类广谱抗球虫药，通过干扰球虫细胞核分裂和线粒体功能，影响虫体的呼吸和代谢功能，使细胞内质网膨大，发生严重空泡化，从而对发育阶段的虫体（滋养体、裂殖体及配子体）有直接杀灭作用。不影响免疫力的产生。

药动学：仔猪口服用药后48h血药浓度达最高值，消除半衰期为148.2h。

【临床应用】 用于预防仔猪球虫病。

【用法用量】 内服：一次量，3～5日龄的仔猪每千克体重20mg（1～2mL/头）。

【剂型规格】 托曲珠利混悬液：5%。

【相互作用】 与磺胺类药合用治疗仔猪球虫病有较好疗效。

【不良反应】 按推荐剂量使用未见不良反应。

【特别提示】

① 使用前充分摇匀，开盖后3个月内用完。

② 主要代谢产物为托曲珠利砜，该成分稳定（半衰期>1年）且能溶于土壤中，对植物有毒性。

【休药期】 77d。

地克珠利

【性状】 溶液：几乎无色至淡黄色澄清溶液。

【药理作用】 主要抑制子孢子和裂殖体增殖，对球虫的活性峰期在子孢子和第一代裂殖体（即球虫生命周期的最初2d）。具有杀球虫作用，对球虫发育的各个阶段均有效。

【临床应用】 用于预防保育猪球虫病。

【用法用量】 混饲：每千克饲料0.5～1mg；混饮：每升水1mL，连用3～5d。

【剂型规格】 地克珠利预混剂：0.2%、0.5%、5%；地克珠利溶液：0.5%。

二、抗锥虫药

三氮脒

【别名】 贝尼尔、血虫净。

【性状】 粉针：黄色或橙色结晶性粉末。

【药理作用】 对锥虫、梨形虫及边虫（无形体）均有作用。用药后血中浓度高，但持续时间较短，故主要用于治疗，预防效果差。通过选择性地阻断锥虫动基体的 DNA 合成或复制，并与细胞核产生不可逆性结合，使锥虫的动基体消失且不能分裂繁殖。

【临床应用】 用于治疗梨形虫病、锥虫病、附红细胞体病。

【用法用量】 肌内注射：一次量，每千克体重 5～7mg，间隔 24h 重复用药 1 次。临用前配成 5％～7％溶液。

【剂型规格】 注射用三氮脒：0.25g、1g。

【不良反应】

① 毒性较大，可引起副交感神经兴奋样反应。用药后常出现不安、起卧、频繁排尿、肌肉震颤等反应，过量使用可引起死亡。

② 肌内注射有较强的刺激性。

【特别提示】

① 毒性大、安全范围较小，应严格掌握用药剂量，不得超量使用。

② 不可连用，须间隔 24h，连用不得超过 3 次。

③ 局部肌内注射有刺激性，可引起肿胀，应分点深层肌内注射。

【休药期】 28d。

三、抗梨形虫药

盐酸吖啶黄

【性状】 注射液：橙红色澄明液体。

【药理作用】 对各种巴贝斯虫均有作用，但对泰勒虫和无浆体无效。静脉注射给药 12～24h 后，患畜体温下降，外周血循环中虫体消失。必要时，可间隔 1～2d 重复用药 1 次。在梨形虫发病季节，可给动物每月注射 1 次，有良好预防效果。

【临床应用】 用于梨形虫病。

【用法用量】 静脉注射：常用量，一次量，每千克体重 3mg

（或 0.6mL）；极量，一次量，0.5g（或 100mL）。

【剂型规格】 盐酸吖啶黄注射液：10mL∶50mg、50mL∶0.25g、100mL∶0.5g。

【不良反应】

① 毒性较强，注射后常出现心跳加速、不安、呼吸迫促、肠蠕动增强等不良反应。

② 对组织有强烈刺激性。

【特别提示】 缓慢注射，勿漏出血管；重复使用应间隔 24～48h。

【休药期】 无。

第三节 杀虫药

一、有机磷类

马拉硫磷

【性状】 溶液：浅黄色澄清液体。

【药理作用】 有机磷杀虫药，主要以触杀、胃毒和熏蒸杀灭害虫，无内吸杀虫作用，具有广谱、低毒、使用安全等特点。对蚊、蝇、虱、蜱、螨和臭虫等都有杀灭作用。外用可经皮肤吸收，脂肪组织中分布较多，主要经肝脏代谢，大部分由尿排出。

【临床应用】 用于杀灭体外寄生虫。

【用法用量】 以马拉硫磷计，药浴或喷雾：配成 0.2%～0.3% 溶液。

【剂型规格】 精制马拉硫磷溶液：20%、45%、70%。

【不良反应】 过量使用动物可产生胆碱能神经兴奋症状。

【特别提示】

① 不能与碱性物质或氧化物质接触。

② 对眼睛、皮肤有刺激性，中毒时可用阿托品解毒。

③ 体表用马拉硫磷后数小时内应避日光照射和风吹；必要时隔 2～3 周可再药浴或喷雾 1 次。

④ 1月龄以内的动物禁用。

【休药期】 28d。

辛硫磷

【性状】 溶液：蓝色澄清液体，有特臭。

【药理作用】 有机磷类杀虫药，通过抑制虫体内胆碱酯酶的活性而破坏其正常的神经传导，引起虫体麻痹，直至死亡；对宿主胆碱酯酶活性亦有抑制作用，使宿主胃肠蠕动增强，加速虫体排出体外。

【临床应用】 用于驱杀猪螨、虱、蜱等体外寄生虫。

【用法用量】 外用：每10kg体重0.75mL。沿猪脊背从两耳根浇洒到尾根（耳部感染严重者，可在每侧耳内另外浇洒0.19mL）。

【剂型规格】 辛硫磷浇泼溶液：500mL:200g。

【不良反应】 参见马拉硫磷。

【特别提示】

① 禁与强氧化剂、碱性药物合用。

② 禁止与其他有机磷化合物和胆碱酯酶抑制剂合用。

③ 避免与操作人员的皮肤和黏膜接触。

④ 妥善存放保管，避免儿童和动物接触；使用后的废弃物应妥善处理，避免污染河流、池塘及下水道。

【休药期】 14d。

甲基吡啶磷

【性状】 可湿性粉：类白色至浅黄色粉末，有异臭。

【药理作用】 有机磷杀虫剂，主要以胃毒为主，兼有触杀作用，可杀灭苍蝇、蟑螂、蚂蚁及部分昆虫的成虫，持效期长达10周以上。杀虫谱广，适用于公共卫生杀虫及控制草地、牧场、养殖场等地的蚊蝇，尤其对苍蝇和蟑螂有特效。动物食入甲基吡啶磷后几乎全部吸收，但绝大多数从粪尿中排泄。

【临床应用】 用于控制圈舍内蝇等昆虫。

【用法用量】 涂布：可湿性粉-50 50g（可湿性粉-10：250g）

与糖 200g 加温水适量调成糊状，每 200m^2 涂 30 点。

【剂型规格】 甲基吡啶磷可湿性粉-50：50%；甲基吡啶磷可湿性粉-10：100g；甲基吡啶磷可湿性粉-50 20g＋9-二十三碳烯 0.05g。

【不良反应】 按规定的用法与用量使用尚未见不良反应。

【特别提示】

① 避免与皮肤和黏膜接触。

② 本品及其废弃物应注意不能污染河流、池塘及下水道。

③ 药物加水稀释后应当日用完；混悬液停放 30min 后，宜重新搅拌均匀后应用。

④ 紧急救助。吸入中毒：转移到新鲜空气环境中；皮肤接触或溅入眼中：立即用大量水清洗；误食：大量饮水并服用大量活性炭。

【休药期】 无。

二、拟除虫菊酯类

氰戊菊酯

【性状】 溶液：淡黄色澄清液体。

【药理作用】 对昆虫以触杀作用为主，兼有胃毒和驱避作用。对家畜多种体外寄生虫和吸血昆虫（如螨、虱、蚤、蜱、蚊、蝇和虻等）均有良好的杀灭效果。有害昆虫接触后，药物迅速进入虫体的神经系统，导致其强烈兴奋、抖动，继而全身麻痹、瘫痪，最后被击倒而死亡。喷洒家畜体表，螨、虱、蚤等于用药后 10min 出现中毒，4～12h 后全部死亡。本品对动物安全，在体内外均能较快地被降解。

【临床应用】 用于驱杀外寄生虫，如蜱、虱、蚤等。

【用法用量】 喷雾：5%溶液加水以 1∶(250～500) 倍稀释，20%溶液加水以 1∶(1000～2000) 倍稀释。

【剂型规格】 氰戊菊酯溶液：5%、20%。

【不良反应】 按规定的用法与用量使用尚未见不良反应。

【特别提示】

① 配制溶液，水温以12℃为宜，若超过25℃会降低药效，超过50℃时则药物失效。

② 避免使用碱性水，并忌与碱性药物合用，以防药液分解失效。

【休药期】 28d。

三、其他

双甲脒

【性状】 溶液：微黄色澄清液体。

【药理作用】 广谱杀虫药，对各种螨、蜱、蝇、虱等均有效，主要为接触毒，兼有胃毒和内吸毒作用。杀虫作用较慢，一般在用药后24h才能使虱、蜱从体表脱落，48h可使螨从患部皮肤自行脱落。一次用药可维持药效6～8周，保护畜体不再受外寄生虫的侵袭。

【临床应用】 主要用于杀螨，亦用于杀灭蜱、虱等外寄生虫。

【用法用量】 药浴、喷洒或涂擦：配成0.025%～0.05%溶液。

【剂型规格】 双甲脒溶液：12.5%。

【相互作用】 禁与乙醇、碱性药物合用。

【不良反应】 对皮肤和黏膜有一定刺激性。

【特别提示】 使用时防止药液沾污皮肤和眼睛。

【休药期】 8d。

环丙氨嗪

【性状】 预混剂：白色或米黄色粉末。

【药理作用】 昆虫生长调节剂，可抑制双翅目幼虫的蜕皮，特别是幼虫第1期的蜕皮，使蝇蛆繁殖受阻，也可使蝇蛹不能蜕皮而死亡。

【临床应用】 用于控制动物厩舍内蝇幼虫的繁殖，杀灭粪池内蝇蛆。

【用法用量】 以环丙氨嗪计，混饲：每1000kg饲料10～20g（每千克体重0.1～0.5mg），连用4～6周。

【剂型规格】 环丙氨嗪预混剂：1%、10%。

【休药期】 3d。

第七章

作用于神经系统的药物

第一节　中枢神经系统药物

一、中枢兴奋药

中枢兴奋药是指能选择性兴奋中枢神经系统，提高其机能活动的一类药物。根据药物的主要作用部位分为大脑兴奋药、延髓兴奋药和脊髓兴奋药三类。

大脑兴奋药：能提高大脑皮层的兴奋性，促进脑细胞代谢，改善大脑机能，可引起动物觉醒、精神兴奋与运动亢进，如咖啡因。

延髓兴奋药：又称呼吸兴奋药，主要兴奋延髓呼吸中枢，增加呼吸频率和呼吸深度，改善呼吸功能，如尼可刹米、樟脑等。

脊髓兴奋药：能选择性兴奋脊髓，小剂量提高脊髓反射兴奋性，大剂量导致强直性惊厥，如士的宁。

安钠咖

【别名】 苯甲酸钠咖啡因。

【性状】 注射液：无色澄明液体。

【药理作用】 主要成分为咖啡因、苯甲酸钠。咖啡因有兴奋中枢神经系统、兴奋心肌、松弛平滑肌和利尿等作用，通过阻断腺苷受体，抑制磷酸二酯酶，增加细胞内 cAMP 水平，抑制细胞内钙的运转与利用。对中枢神经系统各主要部位均有兴奋作用，但大脑皮层对其特别敏感。能直接作用于心脏和血管，使心肌收缩力增强，心率加快，使冠状血管、肾血管、肺血管和皮肤血管扩张，亦可松弛支气管平滑肌，但强度不如氨茶碱。

药动学：注射易被吸收，被吸收后能分布至全身各组织，脂溶性高，易透过血脑屏障，还可通过胎盘屏障进入胎儿循环。主要经肝脏氧化、脱甲基化及乙酰化代谢，大部分以甲基尿酸和甲基黄嘌呤形式经尿排出，约10%以原形排出，亦可从乳中分泌。

【临床应用】 用于中枢性呼吸、循环抑制和麻醉药中毒的解救。

【用法用量】 静脉、肌内或皮下注射：一次量，0.5～2g。

【剂型规格】 安钠咖注射液：5mL:无水咖啡因0.24g+苯甲酸钠0.26g(0.5g)，无水咖啡因0.48g+苯甲酸钠0.52g(1g)；10mL:无水咖啡因0.48g+苯甲酸钠0.52g(1g)，无水咖啡因0.96g+苯甲酸钠1.04g(2g)。

【相互作用】 安钠咖联用与配伍禁忌分别见表7-1、表7-2。

表7-1　安钠咖联用

药物类别	联用增效
吗啡	增强镇痛作用，减缓吗啡产生耐受性和依赖性
西咪替丁	增强兴奋作用
溴化物	调节大脑皮层活动，恢复平衡
高渗葡萄糖、氯化钙	缓解水肿
解热镇痛药	增强镇痛效果

表7-2　安钠咖配伍禁忌

药物类别	禁忌原因
氨茶碱	增强毒性
肾上腺素、麻黄碱	相互增强作用，不宜同时注射
阿司匹林	增加胃酸分泌，加剧消化道刺激反应
喹诺酮类	咖啡因代谢减少，血药浓度升高
糖皮质激素（地塞米松）	降低疗效
鞣酸、盐酸四环素、盐酸土霉素、氯丙嗪等酸性药物	呈拮抗作用，产生沉淀

【不良反应】 剂量过大可引起反射亢进、肌肉抽搐乃至惊厥。

【特别提示】 剂量过大或给药过频易发生中毒，可用溴化物、水合氯醛或巴比妥类药物对抗兴奋症状。

【休药期】 28d。

尼可刹米

【别名】 二乙烟酰胺、可拉明。

【性状】 注射液：无色澄明液体。

【药理作用】 对延髓呼吸中枢具有选择性直接兴奋作用，亦可作用于颈动脉窦和主动脉体化学感受器，反射性兴奋呼吸中枢，提高呼吸中枢对缺氧的敏感性，使呼吸加深加快。对大脑皮层、血管运动中枢和脊髓有较弱的兴奋作用，对其他器官无直接兴奋作用。常用于各种原因引起的呼吸中枢抑制，对阿片类药物中毒所致的呼吸衰竭比戊四氮更有效，对吸入麻醉药中毒作用次之，对巴比妥类药物中毒的解救效果不如戊四氮。

药动学：内服、注射均易被吸收，作用维持时间短暂，一次静脉注射仅维持药效20～30min。在体内代谢为烟酰胺，再被甲基化为*N*-甲基烟酰胺经尿液排出。

【临床应用】 用于解救呼吸中枢抑制，如中枢抑制药中毒、仔猪假死、麻醉清醒等。

【用法用量】 静脉、肌内或皮下注射：一次量，0.25～1g（1～4mL）。

【剂型规格】 尼可刹米注射液：1.5mL:0.375g、2mL:0.5g。

【相互作用】 与含鞣酸、有机碱的盐和各种金属制剂合用，易产生沉淀。

【不良反应】 不良反应少，但剂量过大可引起血压升高、出汗、心律失常、震颤及肌肉强直，过量亦可引起惊厥。

【特别提示】

① 静脉注射速度不宜过快。

② 若出现惊厥，应及时静脉注射地西泮或小剂量硫喷妥钠。

③ 兴奋作用之后，常出现中枢抑制现象。

【休药期】 无。

樟脑磺酸钠

【性状】 注射液：无色或几乎无色澄明液体。

【药理作用】 通过对局部的刺激可反射性地兴奋呼吸中枢和血管运动中枢，被吸收后能直接兴奋延髓呼吸中枢。大剂量也可兴奋大脑皮层，还有一定的强心作用，使心肌收缩力增强、输出量增加、血压升高等。

【临床应用】 用于心脏衰弱、呼吸抑制等辅助治疗，大剂量注射可用于治疗低温症。

【用法用量】 静脉、肌内或皮下注射：一次量，0.2～1g（2～10mL）。

【剂型规格】 樟脑磺酸钠注射液：1mL∶0.1g、5mL∶0.5g、10mL∶1g。

【不良反应】 按规定的用法与用量使用尚未见不良反应。

【特别提示】

① 若出现结晶，可加温溶解后使用。

② 屠宰前不宜使用。

③ 过量中毒时可静脉注射水合氯醛、硫酸镁和10％葡糖糖注射液解救。

【休药期】 无。

硝酸士的宁

【性状】 注射液：无色澄明液体。

【药理作用】 选择性兴奋脊髓，增强脊髓反射的敏感性，提高骨骼肌的紧张度。对大脑皮层亦有一定的兴奋作用。中毒剂量对中枢神经系统的所有部位均有兴奋作用，使全身骨骼肌同时挛缩，出现典型的强直性惊厥。

药动学：注射后吸收迅速，体内分布均匀。在肝脏经氧化代谢被破坏，约20％以原形从尿液及唾液排泄，排泄缓慢，易产生蓄积作用。

【临床应用】 用于脊髓性不全麻痹，如生产瘫痪。

【用法用量】 皮下注射：一次量，2～4mg（1～2mL）。

【剂型规格】 硝酸士的宁注射液：1mL:2mg、10mL:20mg。

【不良反应】 毒性大，安全范围小，过量易出现肌肉震颤、脊髓兴奋性惊厥、角弓反张等。

【特别提示】

① 肝肾功能不全、癫痫及破伤风患畜禁用。

② 孕畜及有中枢神经系统兴奋症状的患畜禁用。

③ 排泄缓慢，长期应用易蓄积中毒，故使用时间不宜太长，反复给药应酌情减量。

④ 因过量出现惊厥时应使动物保持安静，避免外界刺激，并迅速肌内注射苯巴比妥钠等进行解救。

【休药期】 无。

二、镇静药与抗惊厥药

镇静药是指对中枢神经系统具有轻度抑制作用，减轻或消除动物狂躁不安，从而使动物恢复安静的一类药物。主要用于兴奋不安或具有攻击行为的动物或患畜，以使其安静，便于工作和治疗，如氯丙嗪等。抗惊厥药是指能对抗或缓解中枢神经因病变而造成的过度兴奋状态，从而消除或缓解全身骨骼肌不自主强烈收缩的一类药物。常用药物有硫酸镁注射液、巴比妥类药、水合氯醛、地西泮等。

氯丙嗪

【别名】 冬眠灵。

【性状】 注射液：无色或几乎无色澄明液体。

【药理作用】 中枢多巴胺受体阻断剂，具有多种药理活性。能强化中枢抑制药（如麻醉药、镇痛药）与抗惊厥药的中枢抑制作用；对下丘脑体温调节中枢有抑制作用，能使体温显著降低。此外，还可阻断外周α受体，直接扩张血管，解除小动脉和小静脉痉挛，改善微循环，具有抗休克作用。

药动学：肌内注射易被吸收，达峰时间约为1.5h，被吸收后约有95%的药物与血浆蛋白结合。脂溶性高，体内分布广泛，易通过血脑屏障，脑中药物浓度高于血浆浓度，还可通过胎盘屏障进入胎儿体内。主要在肝脏内经羟基化、硫氧化等代谢，有的代谢产物仍有药理活性。大部分代谢产物由尿排出，小部分从粪便排出，有些进入肝肠循环。排泄很慢，动物体内残留可达数月之久。

【临床应用】 用于强化麻醉及使动物安静等。

【用法用量】 皮下注射：一次量，每千克体重1～2mg（0.04～0.08mL）。

【剂型规格】 盐酸氯丙嗪注射液：2mL:0.05g、10mL:0.25g。

【相互作用】 氯丙嗪联用与配伍禁忌分别见表7-3、表7-4。

表7-3　氯丙嗪联用

药物类别	联用增效
镇静药、安定药、抗组胺药、麻醉性镇痛药、阿托品、糖皮质激素	增强氯丙嗪作用
利尿药	增强氯丙嗪降压作用
安乃近	增强降温作用，减少安乃近用量
抗凝血药	增强抗凝血作用

表7-4　氯丙嗪配伍禁忌

药物类别	禁忌原因
维生素K_3、维生素B_{12}、氨茶碱、麻黄碱、青霉素	呈拮抗作用，产生沉淀
抗酸药、胃蛋白酶、咖啡因	降低氯丙嗪吸收
抗胆碱药	降低氯丙嗪血药浓度，加重抗胆碱药副作用
四环素、速尿	加重肝损害
肾上腺素	拮抗，不宜合用

【不良反应】 会使动物兴奋不安，易发生意外。

【特别提示】

① 静脉注射前应进行稀释，注射速度宜慢。

② 不可与 pH 值 5.8 以上的药液配伍，如青霉素钠（钾）、戊巴比妥钠、苯巴比妥钠、氨茶碱和碳酸氢钠等。

③ 过量引起的低血压禁用肾上腺素解救，但可选用去甲肾上腺素。

④ 有黄疸、肝炎和肾炎的患畜及年老体弱动物慎用。

【休药期】 28d。

地西泮

【别名】 安定。

【性状】 注射液：几乎无色至黄绿色澄明液体。

【药理作用】 长效苯二氮䓬类药物，具有镇静、抗惊厥、抗癫痫及中枢性肌肉松弛作用。小于镇静剂量的地西泮可明显缓解狂躁不安等症状，较大剂量时可产生镇静、中枢性肌肉松弛作用。此外，还具有较好的抗癫痫作用，对癫痫持续状态疗效显著，但对癫痫小发作效果较差。抗惊厥作用强，能对抗电惊厥、戊四氮与士的宁中毒所引起的惊厥。

药动学：肌内注射吸收较慢且不完全，脂溶性高，体内广泛分布，易通过血脑屏障，血浆蛋白结合率高。在肝脏代谢，可生成几种具有药理活性的代谢产物，主要为去甲地西泮。主要由肾脏排泄，亦可从乳汁排泄。

【临床应用】 用于肌肉痉挛、癫痫及惊厥等。

【用法用量】 肌内、静脉注射：一次量，每千克体重 0.5～1mg（0.1～0.2mL）。

【剂型规格】 地西泮注射液：2mL:10mg。

【相互作用】 与苯巴比妥、吩噻嗪类（氯丙嗪）、吗啡等合用有协同作用；与氨茶碱、咖啡因、山莨菪碱等有拮抗作用。

【特别提示】

① 食品动物禁止用作促生长剂。

② 孕畜忌用，肝肾功能障碍患畜慎用。

③ 静脉注射宜缓慢，以防造成心血管和呼吸抑制。

④ 能增强其他中枢抑制药的作用，若同时应用应注意调整剂量。

【休药期】 28d。

苯巴比妥

【别名】 鲁米那。

【性状】 粉针：白色结晶性颗粒或粉末。

【药理作用】 长效巴比妥类药物，具有镇静、抗惊厥、抗癫痫作用。对各种癫痫发作均有效。对癫痫大发作及癫痫持续状态有良效，但对癫痫小发作疗效差，且单用本药治疗时还能使癫痫发作加重。对丘脑新皮层通路无抑制作用，故镇痛作用弱，但能增强解热镇痛抗炎药的镇痛效果。

药动学：肌内注射约 20～30min 起效。主要在肝脏通过羟化氧化代谢，碱化尿液或增加尿量，可加速其排泄。

【临床应用】 用于缓解脑炎、破伤风、士的宁中毒所致的惊厥。

【用法用量】 肌内注射：一次量，0.25～1g。

【剂型规格】 注射用苯巴比妥：0.1g、0.5g。

【相互作用】 与镇静药、安定药、抗组胺药、镇痛药、解热镇痛药、维生素 C、对氨基水杨酸等合用有协同作用。与酸性药物、咖啡因、西咪替丁、利福平等有拮抗作用；与利多卡因联用，增强呼吸抑制作用；与强心苷联用，可降低疗效。

【特别提示】

① 水溶液不可与酸性药物配伍。

② 肝肾功能不全、支气管哮喘或呼吸抑制的患畜禁用；严重贫血、心脏疾患的患畜及孕畜慎用。

③ 中毒时可用安钠咖、戊四氮、尼可刹米等中枢兴奋药解救。

【休药期】 28d。

硫酸镁

【性状】 注射液：无色澄明液体。

【药理作用】 镁离子对神经冲动传导及神经肌肉兴奋性的维持均起重要作用，亦是机体多种酶的辅助因子，参与蛋白质、脂肪和糖等许多物质的生化代谢过程。当血浆中镁离子浓度过低时，神经及肌肉组织的兴奋性升高。注射硫酸镁可使血中镁离子浓度升高，出现中枢神经抑制作用；并可减少运动神经末梢乙酰胆碱的释放，在神经肌肉接头阻断神经冲动的传导而使骨骼肌松弛。此外，过量的镁离子还直接松弛内脏平滑肌和扩张外周血管。

【临床应用】 用于破伤风及其他痉挛性疾病。

【用法用量】 静脉、肌内注射：一次量，2.5～7.5g。

【剂型规格】 硫酸镁注射液：10mL:1g、10mL:2.5g。

【相互作用】 与硫酸黏菌素、链霉素、葡萄糖酸钙、盐酸普鲁卡因、四环素、青霉素等有拮抗作用。

【不良反应】 静脉注射速度过快或过量可导致血镁过高，引起血压剧降、呼吸抑制、心动过缓、神经肌肉兴奋传导阻滞甚至死亡。

【特别提示】

① 静脉注射宜缓慢，遇有呼吸麻痹等中毒现象时，应立即静脉注射钙剂解救。

② 肾功能不全、严重心血管疾病、呼吸系统疾病的患畜慎用或不用。

【休药期】 无。

三、麻醉性镇痛药

能选择性地作用于中枢神经系统，缓解疼痛作用较强，用于剧痛的一类药物，称镇痛药。可选择性地消除或缓解痛觉，减轻由疼痛引起的紧张、烦躁不安等，使疼痛易于耐受，但对其他感觉无影响并保持意识清醒，因反复应用人易成瘾，故又称麻醉性镇痛药或成瘾性镇痛药。麻醉性镇痛药属于须依法管制的药物。

盐酸哌替啶

【性状】 注射液：无色澄明液体。

【药理作用】 作用与吗啡相似，可作为吗啡的良好代用品，但镇痛作用比吗啡弱。与吗啡等效剂量时，对呼吸有相同程度的抑制作用，但作用时间短。对胃肠平滑肌有类似阿托品样作用，强度为阿托品的 1/20～1/10，能解除平滑肌痉挛。在消化道发生痉挛时可同时起镇静和解痉作用。对催吐化学感受区也有兴奋作用，易引起呕吐。

药动学：内服吸收良好，有较强的首过效应，约 1/2 的剂量可经肝脏代谢。肌内、皮下注射，0.5～1h 镇痛作用最强，对大多数动物的作用持续 1～6h。血浆蛋白结合率约为 60%。约有 5%以原形排出。

【临床应用】 用于缓解创伤性疼痛和某些内脏疾患的剧痛。

【用法用量】 以盐酸哌替啶计，皮下、肌内注射：一次量，每千克体重 2～4mg。

【剂型规格】 盐酸哌替啶注射液：1mL：25mg、50mg，2mL：100mg。

【不良反应】

① 具有心血管抑制作用，易致血压下降。

② 过量中毒可致呼吸抑制、惊厥、心动过速、瞳孔散大等。

【特别提示】

① 患有慢性阻塞性肺部疾患、支气管哮喘、肺源性心脏病和严重肝功能减退的患畜禁用。

② 不宜用于妊娠动物、产科手术。

③ 对注射部位有较强刺激性。

④ 过量中毒时，除用纳洛酮对抗呼吸抑制外，尚须配合使用

巴比妥类药物以对抗惊厥。

【休药期】 无。

四、全身麻醉药

复方氯胺酮

【性状】 注射液：无色澄明液体。

【药理作用】 主要成分为盐酸氯胺酮、盐酸赛拉嗪（即盐酸二甲苯胺噻嗪）与盐酸苯乙哌酯。氯胺酮和赛拉嗪均属于全身麻醉药。氯胺酮具有明显的镇痛作用，对心肺功能几乎无影响。麻醉期间，动物意识模糊，但各种反射，如咳嗽、吞咽、光反射和角膜反射仍存在，肌肉张力不变或增加，某些动物可出现不同程度的僵直或“木僵样”症状。小剂量可直接用于短时、相对无痛又不需肌松的小手术。由于单独应用维持作用时间短，加之肌张力增加，因此复杂大手术一般采用复合麻醉。麻醉前给药有阿托品、氯丙嗪，配合麻醉有赛拉嗪等。

赛拉嗪属于强效 α_2 肾上腺素受体激动剂，具有明显的镇静、镇痛和肌肉松弛作用。对骨骼肌松弛作用与其在中枢水平抑制神经冲动传导有关。对心血管系统和呼吸系统作用变化不定，多数动物用药后初期血压上升，但随后因减压反射，血压长时间下降，心率减慢，心动徐缓。此外，赛拉嗪能减少交感神经兴奋性，增强迷走神经活动。对呼吸的作用是使呼吸频率下降。对子宫平滑肌亦有一定兴奋作用，妊娠家畜慎用。

【临床应用】 用于家畜的全身麻醉和化学保定。

【用法用量】 肌内注射：每 10kg 体重 1mL。

【剂型规格】 复方氯胺酮注射液：2mL:盐酸氯胺酮 0.3g＋盐酸二甲苯胺噻嗪 0.3g＋盐酸苯乙哌酯 0.001g。

【相互作用】 巴比妥类药物或地西泮可延长氯胺酮麻醉后的苏醒时间；骨骼肌阻断剂（如琥珀胆碱）可引起氯胺酮呼吸抑制作用增强；赛拉嗪与水合氯醛、硫喷妥钠或戊巴比妥钠等中枢神经抑制药合用，可增强抑制效果；赛拉嗪与肾上腺素合用可诱发心律失常；氯胺酮与赛拉嗪合用能增强麻醉作用并呈现肌松作用，拮抗氯胺酮中枢兴奋反应，利于进行外科手术。

【不良反应】

① 可使动物血压升高、唾液分泌增多、呼吸抑制和呕吐等。

② 高剂量可产生肌肉张力增加、惊厥、呼吸困难、痉挛、心搏暂停和苏醒期延长等。

【特别提示】

① 对咽喉或支气管的手术或操作，不宜单用本品，必须合用肌肉松弛剂。

② 怀孕后期动物禁用。

【休药期】 28d。

第二节　外周神经系统药物

一、拟胆碱药

拟胆碱药包括能直接与胆碱受体结合产生兴奋效应的药物，即胆碱受体激动药（如氨甲酰甲胆碱等）及通过抑制胆碱酯酶活性，导致乙酰胆碱蓄积，间接引起胆碱能神经兴奋效应的药物——抗胆碱酯酶药（如新斯的明等）。

氯化氨甲酰甲胆碱

【别名】 比赛可林。

【性状】 注射液：无色澄明液体。

【药理作用】 能兴奋M胆碱受体，对N胆碱受体几乎无作用。对胃肠道和膀胱平滑肌的选择性较高，胃肠道及膀胱平滑肌收缩作用显著，对心血管系统作用很弱。因在体内不易被胆碱酯酶水解，故作用持久。

【临床应用】 用于胃肠弛缓，也用于膀胱积尿、胎衣不下和子宫蓄脓等。

【用法用量】 皮下注射：一次量，0.25～0.5mg。

【剂型规格】 氯化氨甲酰甲胆碱注射液：1mL:2.5mg，5mL:12.5mg，10mL:25mg、50mg。

【不良反应】 较大剂量可引起呕吐、腹泻、气喘、呼吸困难。

【特别提示】

① 肠道完全阻塞患畜及孕畜禁用。

② 过量中毒时可用阿托品解救。

【休药期】 无。

新斯的明

【性状】 注射液：无色澄明液体。

【药理作用】 兴奋胃肠道、膀胱和子宫平滑肌的作用较强，兴奋腺体、虹膜和支气管平滑肌及抑制心血管的作用较弱；对中枢作用不明显，对骨骼肌的作用最强。

药动学：内服难被吸收，也不易通过血脑屏障。血浆蛋白结合率为15%～25%。在体内部分药物被血浆胆碱酯酶水解，以季铵醇和原形从尿中排泄。经肝脏代谢的部分从胆道排出。

【临床应用】 用于胃肠弛缓、重症肌无力和胎衣不下等。

【用法用量】 肌内、皮下注射：一次量，2～5mg。

【剂型规格】 甲硫酸新斯的明注射液：1mL:0.5mg、1mg，5mL:5mg，10mL:10mg。

【相互作用】 与其他抗胆碱酯酶药、拟胆碱药、肌松药等有协同作用。与普鲁卡因、苯巴比妥、抗胆碱药等有拮抗作用。

【不良反应】 治疗剂量副作用较小。过量可引起出汗、心动过缓、肌肉震颤或肌麻痹。

【特别提示】

① 机械性肠梗阻或支气管哮喘的患畜禁用。

② 中毒时可用阿托品对抗其对M受体的兴奋作用。

③ 可延长和加强去极化型肌松药氯化琥珀胆碱的肌肉松弛作

用；与非去极化性肌松药有拮抗作用。

【休药期】 无。

二、抗胆碱药

抗胆碱药又称胆碱受体阻断药。此类药物能与胆碱受体结合，阻断胆碱能神经递质或外源性拟胆碱药与受体的结合，产生抗胆碱作用。

阿托品

【性状】 注射液：无色澄明液体。

【药理作用】 M胆碱受体阻断药，治疗量对过度收缩或痉挛的胃肠平滑肌有极显著的松弛作用，对膀胱逼尿肌次之，对支气管和输尿管平滑肌的作用较弱。此外，还可松弛虹膜括约肌和睫状肌。唾液腺和汗腺对阿托品极敏感，小剂量能使唾液腺、支气管腺及汗腺分泌减少，较大剂量可减少胃液分泌，可短暂减慢心率。较大剂量阿托品可解除迷走神经对心脏的抑制，对抗因迷走神经过度兴奋所致的传导阻滞及心律失常。大剂量可加快心率，促进房室传导，并能扩张外周及内脏血管，解除小动脉痉挛，改善微循环，能明显兴奋迷走神经中枢、呼吸中枢、大脑皮层运动区和感觉区。中毒量可引起大脑和脊髓的强烈兴奋。

药动学：肌内注射易被吸收。被吸收后迅速分布全身，能透过胎盘屏障和血脑屏障。在肝脏代谢，经肾脏排泄，30%～50%以原形随尿排出。

【临床应用】 用于有机磷酸酯类药物中毒、麻醉前给药和拮抗胆碱神经兴奋症状。

【用法用量】 肌内、皮下或静脉注射：一次量，麻醉前给药每千克体重0.02～0.05mg；解除有机磷酸酯类中毒0.5～1mg。

【剂型规格】 硫酸阿托品注射液：1mL∶0.5mg、5mg，2mL∶1mg，5mL∶25mg、50mg，10mL∶20mg、50mg。

【相互作用】 与噻嗪类利尿药、拟肾上腺素药、吗啡、哌替丁等有协同作用。与氯丙嗪、苯巴比妥等有拮抗作用。

【不良反应】

① 副作用与用药目的有关，毒性作用往往是剂量过大所致的。在麻醉前给药或治疗消化道疾病时，易致肠臌胀、便秘等。

② 所有动物的中毒症状基本类似，表现为口干、瞳孔扩大、脉搏快而弱、兴奋不安和肌肉震颤等，严重时昏迷、呼吸浅表、运动麻痹等，最终因惊厥、呼吸抑制及窒息而死亡。

【特别提示】

① 肠梗阻、尿潴留等患畜禁用。

② 可增强噻嗪类利尿药、拟肾上腺素药物的作用。

③ 可加重双甲脒的某些毒性症状，引起肠蠕动的进一步抑制。

④ 中毒解救时宜采用对症性支持疗法，极度兴奋时可使用毒扁豆碱、短效巴比妥类、水合氯醛等药物对抗，禁用吩噻嗪类药物（如氯丙嗪）治疗。

【休药期】 无。

东莨菪碱

【性状】 注射液：无色澄明液体。

【药理作用】 作用与阿托品相似，抑制腺体分泌作用较阿托品强，而对胃肠道平滑肌、支气管平滑肌及心脏的作用较弱，对中枢具有抑制作用，但对中枢的作用因动物种属而异。大剂量使动物兴奋不安。

药动学：内服给药易从胃肠道被吸收，体内分布广泛，可通过血脑屏障和胎盘。主要在肝脏代谢。

【临床应用】 用于动物兴奋不安、胃肠道平滑肌痉挛及抑制腺体分泌过多等。

【用法用量】 皮下注射：一次量，0.2～0.5mg。

【剂型规格】 氢溴酸东莨菪碱注射液：1mL∶0.3mg、0.5mg。

【不良反应】 胃肠蠕动减弱、腹胀、便秘、尿潴留或心动过速等。

【特别提示】 心律紊乱患畜慎用。

【休药期】 无。

山莨菪碱

【别名】 654-2。

【性状】 注射液：无色澄明液体。

【药理作用】 M受体阻断药，解除平滑肌痉挛作用与阿托品相似或稍弱，而抑制腺体分泌、散瞳、中枢兴奋作用明显弱于阿托品，亦能解除血管痉挛，改善微循环。与阿托品相比，解痉作用选择性高，毒性较低。静脉注射排泄快，无蓄积作用。

【临床应用】 用于感染中毒性休克、内脏平滑肌痉挛和有机磷农药中毒。

【用法用量】 皮下、肌内注射：剂量为阿托品的5～10倍。

三、拟肾上腺素

肾上腺素

【性状】 注射液：无色或几乎无色澄明液体；受日光照射或与空气接触易变质。

【药理作用】 对α与β受体均有很强的兴奋作用，药理作用广泛而复杂。可以提高心肌兴奋性，增强心率和心肌收缩力，增加心输出量；还可促使皮肤、黏膜血管和肾脏血管强烈收缩，升高血压，松弛支气管平滑肌等。此外，还可缓解过敏性疾病的呼吸困难症状。

药动学：肌内或皮下注射吸收良好，前者比后者吸收略快。皮下注射一般在5～10min后出现作用，而肌内注射作用可立即出现，且作用强烈。不能通过血脑屏障，但能通过胎盘屏障和分泌到乳汁中。主要通过神经末梢的摄取和代谢终止其作用。在肝脏和其他组织中则由单胺氧化酶、儿茶酚胺氧位甲基转移酶代谢灭活。

【临床应用】 用于心脏骤停的急救；缓解严重过敏性疾患的症

状；亦常与局部麻醉药配伍，以延长局部麻醉持续时间。

【用法用量】 皮下注射：一次量，0.2～1.0mL；静脉注射：一次量，0.2～0.6mL。

【剂型规格】 盐酸肾上腺素注射液：0.5mL:0.5mg、1mL:1mg、5mL:5mg。

【相互作用】 与抗组胺药（苯海拉明）、局部麻醉药（普鲁卡因）、普萘洛尔等有协同作用。肾上腺素配伍禁忌见表7-5。

表7-5 肾上腺素配伍禁忌

药物类别	禁忌原因
碱性药物(氨茶碱)、磺胺类的钠盐、青霉素钠(钾)	失效
强心苷、氯仿	导致心律失常
缩宫素、麦角新碱、麻黄碱、吩噻嗪类药(氯丙嗪)	增强血管收缩，导致高血压或外周组织缺血

【不良反应】 可诱发兴奋、不安、颤抖、呕吐、高血压（过量）、心律失常等；局部重复注射可引起注射部位组织坏死。

【特别提示】

① 若变色则不得使用。

② 与全麻药（如水合氯醛）合用时，易发生心室颤动，亦不能与洋地黄、钙剂合用。

③ 器质性心脏疾患、甲状腺机能亢进、外伤性及出血性休克等患畜慎用。

【休药期】 无。

重酒石酸去甲肾上腺素

【性状】 注射液：无色或几乎无色澄明液体；遇光和空气易变质。

【药理作用】 主要兴奋α受体，对β受体的兴奋作用很弱。对皮肤、黏膜血管和肾血管有较强收缩作用，但可扩张冠状血管。兴奋心脏和抑制平滑肌的作用较肾上腺素弱。小剂量滴注升压作用不明显；较大剂量时，收缩压和舒张压均明显升高。

药动学：内服可致黏膜血管收缩且易受碱性肠液破坏，皮下或肌内注射因局部血管剧烈收缩亦很少被吸收，故均不能作为临床给药途径。静脉注射后，能迅速分布于全身组织，但不易通过血脑屏障。代谢物及少量原形药物从尿排出。

【临床应用】 具有强烈的收缩血管、升高血压作用。用于外周循环衰竭休克时的早期急救。

【用法用量】 静脉注射：一次量，1～2mL。临用前稀释成每1mL中含4～8μg的药液。

【剂型规格】 重酒石酸去甲肾上腺素注射液：1mL:2mg、2mL:10mg。

【相互作用】 参见肾上腺素。

【不良反应】

① 静滴时间过长、剂量过大或药液外漏，可引起局部组织缺血坏死。

② 静滴时间过长或剂量过大，可使肾脏血管剧烈收缩，导致急性肾功能衰竭。

【特别提示】

① 出血性休克患畜禁用，器质性心脏病、少尿、无尿及严重微循环障碍等患畜禁用。

② 静脉注射后药物在体内迅速被组织摄取，作用仅维持几分钟，故应采用静脉滴注，以维持有效血药浓度。

③ 限用于休克早期的应急抢救，并在短时间内小剂量静脉滴注。若长期大剂量应用可导致血管持续地强烈收缩，加重组织缺血、缺氧，使休克的微循环障碍恶化。

④ 静脉滴注时严防药液外漏，以免引起局部组织坏死。

【休药期】 无。

四、局部麻醉药

普鲁卡因

【性状】 注射液：无色澄明液体。

【药理作用】 短效酯类局麻药，对皮肤、黏膜穿透力差，故不适于表面麻醉。注射后1～3min呈局麻效应，持续45～60min。具有扩张血管的作用，加入微量缩血管药物（如肾上腺素，用量一般为每100mL药液中加入0.1%盐酸肾上腺素0.2～0.5mL），则局麻时间延长。吸收作用主要是对中枢神经系统和心血管系统的影响，小剂量中枢轻微抑制，大剂量时则兴奋。另外，能降低心脏兴奋性和传导性。

药动学：于用药部位吸收迅速，吸收后大部分与血浆蛋白暂时结合，而后被逐渐释放出来，再分布到全身。能较快通过血脑屏障和胎盘。游离型普鲁卡因可迅速地被血浆中的假性胆碱酯酶水解，生成对氨基苯甲酸和二乙氨基乙醇，从尿中排出。

【临床应用】 用于浸润麻醉、传导麻醉、硬膜外麻醉和封闭疗法。

【用法用量】 以盐酸普鲁卡因计，浸润麻醉、封闭疗法：0.25%～0.5%溶液；传导麻醉：2%～5%溶液，每个注射点：大动物10～20mL，小动物2～5mL。

【剂型规格】 盐酸普鲁卡因注射液：5mL:0.15g，10mL:0.1g、0.2g、0.3g，50mL:1.25g、2.5g。

【相互作用】 与奎宁、肾上腺素、肌松药（氯化琥珀酰胆碱）等有协同作用；青霉素可与普鲁卡因形成盐，从而延缓青霉素的吸收，使其具有长效性。普鲁卡因配伍禁忌见表7-6。

表7-6 普鲁卡因配伍禁忌

药物类别	禁忌原因
磺胺类药、洋地黄	降低疗效，增强洋地黄的减慢心率和房室传导作用
胆碱酯酶抑制剂(抗胆碱药)	使普鲁卡因灭活，加剧毒性
碱性药物、生物碱	分解失效、形成沉淀
酸性药物	加速普鲁卡因排泄

【不良反应】 按规定的用法用量使用尚未见不良反应。

【特别提示】

① 剂量过大易出现吸收作用，可引起中枢神经系统先兴奋后抑制的中毒症状，应进行对症治疗。

② 应用时常加入0.1%盐酸肾上腺素注射液，以减少普鲁卡因吸收，延长局麻时间。

【休药期】 无。

利多卡因

【性状】 注射液：无色澄明液体。

【药理作用】 酰胺类中效局麻药，局麻作用较普鲁卡因强1～3倍，穿透力强，作用快，维持时间长（1～2h）。扩张血管作用不明显，其吸收作用表现为中枢神经抑制。此外，还有抗心律失常作用，可抑制心室自律性，缩短不应期，可用于治疗心律失常。内服由于较强首过效应而不能达到有效血药浓度，故治疗心律失常时必须静脉注射。

药动学：局部或注射用药，1h内有80%～90%被吸收，血浆蛋白结合率为70%。体内分布广泛，能通过血脑屏障和胎盘，可分布于乳中。进入体内的大部分药物先经肝脏降解，再进一步被酰胺酶水解并随尿排出。

【临床应用】 用于表面麻醉、传导麻醉、浸润麻醉和硬膜外麻醉。

【用法用量】 浸润麻醉：配成0.25%～0.5%溶液；表面麻醉：配成2%～5%溶液；传导麻醉：配成2%溶液，每个注射点3～4mL。

【剂型规格】 盐酸利多卡因注射液：5mL∶0.1g，10mL∶0.2g、0.5g，20mL∶0.4g。

【相互作用】 与碳酸氢钠、中枢神经系统抑制药、抗肾上腺素药、普鲁卡因等有协同作用。利多卡因配伍禁忌见表7-7。

【不良反应】 按推荐剂量使用有时出现呕吐；过量使用主要有嗜睡、共济失调、肌肉震颤等；大剂量吸收后可引起中枢兴奋（如惊厥）甚至发生呼吸抑制。

表 7-7 利多卡因配伍禁忌

药物类别	禁忌原因
西咪替丁	降低利多卡因代谢
肾上腺素	干扰利多卡因的阿托品样作用
氨基糖苷类药	增强神经阻滞作用
酸性药物	加速利多卡因排泄
其他抗心律失常药	增加其心脏毒性

【特别提示】

① 用于硬膜外麻醉和静脉注射时，不可加肾上腺素。

② 剂量过大易出现吸收作用，可引起中枢抑制、共济失调、肌肉震颤等。

【休药期】 无。

第八章

作用于内脏系统的药物

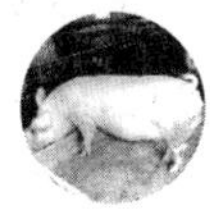

第一节　消化系统药物

一、健胃药与助消化药

人工矿泉盐

【别名】 人工盐。

【性状】 白色粉末。

【药理作用】 健胃缓泻药，具有多种盐类的综合作用。内服少量时，能轻度刺激消化道黏膜，促进胃肠的分泌和蠕动，从而产生健胃作用。小剂量还有利胆作用，可用于胆道炎、肝炎的辅助治疗。内服大量时，其中的主要成分硫酸钠在肠道中可解离出 Na^+ 和不易被吸收的 SO_4^{2-}，由于渗透压作用，使肠管中保持大量水分，并刺激肠壁增强蠕动，软化粪便，而引起缓泻作用。

【临床应用】 用于消化不良、胃肠弛缓、慢性胃肠卡他、早期大肠便秘等。

【用法用量】 内服：健胃，一次量，10～30g；缓泻，60～100g。

【不良反应】 按规定的用法与用量使用尚未见不良反应。

【特别提示】

① 本品为弱碱性药物，禁与酸类健胃药配合使用。

② 内服作泻剂应用时宜大量饮水。

【休药期】 无。

胃蛋白酶

【性状】 白色至淡黄色粉末；无霉败臭；有引湿性；水溶液显酸性反应。

【药理作用】 内服后在胃内可使蛋白质初步分解为蛋白胨，有利于蛋白质的进一步分解吸收。在酸性环境中作用强，在 pH 值为 1.8 时活性最强。一般 1g 胃蛋白酶能完全消化 2000g 凝固卵蛋白。

【临床应用】 用于胃液分泌不足及幼畜胃蛋白酶缺乏所致的消化不良。

【用法用量】 内服：一次量，800～1600U。

【相互作用】 与抗酸药（如氢氧化铝、大黄碳酸氢钠、碳酸氢钠）同服，因胃内 pH 值升高可使其活力降低。遇鞣酸、没食子酸、重金属盐等可产生沉淀，使酶失去活性。

【不良反应】 按规定的用法与用量使用尚未见不良反应。

【特别提示】

① 当胃液分泌不足引起消化不良时，胃内盐酸也常分泌不足，因此使用时应同服稀盐酸。

② 忌与碱性药物、鞣酸、重金属盐等配合使用。

③ 温度超过 70℃时迅速失效；剧烈搅拌可破坏其活性。

【休药期】 无。

稀盐酸

【性状】 无色澄清液体；呈强酸性。

【药理作用】 盐酸是胃液的主要成分之一，适当浓度的稀盐酸可激活胃蛋白酶原，使其转变为有活性的胃蛋白酶，并提供酸性环境使胃蛋白酶发挥消化蛋白质的作用。此外，胃内容物保持一定酸度有利于胃排空及钙、铁等矿物质的溶解与吸收，还有抑菌制酵作用。

【临床应用】 助消化药、药用辅料，用于胃酸缺乏症。

【用法用量】 内服：一次量，1～2mL。使用时稀释 20 倍以上。

【剂型规格】 稀盐酸：10%。

【不良反应】 按规定的用法与用量使用尚未见不良反应。

【特别提示】

① 禁与碱类药物、盐类健胃药、有机酸、洋地黄及其制剂合用。

② 用药浓度和剂量不宜过大，否则因食糜酸度过高，反射性引起幽门括约肌痉挛，影响胃排空，产生腹痛。

【休药期】 无。

氢氧化铝

【性状】 白色粉末；无臭。

【药理作用】 氢氧化铝与胃液混合后形成凝胶，覆盖于溃疡表面，有保护溃疡面的作用。中和胃酸时产生的氯化铝还有收敛和局部止血作用。

【临床应用】 吸附药，用作胃肠黏膜保护。

【用法用量】 内服：一次量，3～5g。

【相互作用】 铝离子能与四环素类药物起络合作用，影响后者的吸收。

【不良反应】 在胃肠道中与食物中的磷酸盐结合成不溶性的磷酸铝后难以被吸收，故长期应用可造成磷酸盐吸收不足。

【特别提示】

① 禁与酸性药物混合应用。

② 长期应用时应在饲料中添加磷酸盐。

【休药期】 无。

干酵母

【性状】 淡黄色至淡黄棕色片或颗粒或粉末；有酵母的特臭，不应有异臭。

【药理作用】 维生素类药物，富含B族维生素。每1g酵母含硫胺素0.1～0.2mg、核黄素0.04～0.06mg、烟酸0.03～0.06mg。此外，还含有维生素B_6、维生素B_{12}、叶酸、肌醇及转化酶、麦芽糖酶等。这些物质均是体内酶系统的重要组成物质，参与体内糖类、蛋白质、脂肪等的代谢和生物转化过程。

【临床应用】 用于维生素 B_1 缺乏症及消化不良的辅助治疗。

【用法用量】 内服：一次量，30～60g。

【剂型规格】 干酵母片：0.2g、0.3g、0.5g；干酵母粉。

【相互作用】 含大量对氨基苯甲酸，与磺胺类药合用时可使磺胺类药抗菌作用减弱。

【不良反应】 按规定的用法与用量使用尚未见不良反应。

【特别提示】

① 可拮抗磺胺类药的抗菌作用，不宜合用。

② 用量过大可导致轻度下泻。

【休药期】 无。

乳酶生

【性状】 片剂：白色或类白色片。

【药理作用】 乳酸杆菌制剂，每 1g 乳酶生含乳酸杆菌活菌数不低于 1000 万个。内服进入肠内后，能分解糖类产生乳酸，使肠内酸度升高，从而抑制腐败性细菌的繁殖，并可防止蛋白质发酵，减少肠内产气。

【临床应用】 用于消化不良、肠内异常发酵和幼畜腹泻。

【用法用量】 内服：一次量，2～10g。

【剂型规格】 乳酶生片：0.1g、0.5g、1g。

【相互作用】 抗菌药物、收敛剂、吸附剂、酊剂及乙醇等可抑制乳酸杆菌活性，使乳酶生失效。

【不良反应】 按规定的用法与用量使用尚未见不良反应。

【特别提示】 不宜与抗菌药或吸附药同服。

【休药期】 无。

大黄碳酸氢钠

【性状】 片剂：黄橙色或棕褐色片。

【药理作用】 小剂量健胃，大剂量泻下。

【临床应用】 用于食欲不振、消化不良。

【用法用量】 内服：一次量，15～30 片。

【剂型规格】 大黄碳酸氢钠片：每 1 片含碳酸氢钠 0.15g。

【不良反应】 按规定剂量使用，暂未见不良反应。

【特别提示】 孕畜慎用。

龙胆碳酸氢钠

【性状】 片剂：棕黄色片；气微，味苦。

【药理作用】 清热燥湿，健胃。

【临床应用】 用于食欲不振。

【用法用量】 内服：一次量，10～30 片。

【不良反应】 按规定剂量使用，暂未见不良反应。

【特别提示】 暂无规定。

二、泻药与止泻药

硫酸钠

【性状】 无色、透明的结晶或颗粒性粉末；无臭；有风化性。

【临床应用】 盐类泻药，用于导泻。

【用法用量】 内服：一次量，25～50g。用时配成 6%～8% 溶液。

【相互作用】 与大黄、药用炭合用有协同作用。禁与钙制剂合用；可降低缩宫素刺激子宫的作用。

【不良反应】 按规定剂量使用，暂未见不良反应。

【休药期】 无。

干燥硫酸钠

【性状】 白色粉末；无臭；有引湿性。

【药理作用】 干燥硫酸钠内服后在肠内可解离出 Na^{+} 和 SO_4^{2-}，后者不易被肠壁吸收，借助渗透压作用，在肠管中保持大量水分，扩大肠管容积，软化粪便，并刺激肠壁增强其蠕动，而产生泻下作用。临床上小剂量内服可健胃。

【临床应用】 盐类泻药，用于治疗大肠便秘，排除肠内毒物、毒素，也用于驱虫药的辅助用药。

【用法用量】 内服：一次量，25～50g。用时配成3%～4%溶液。

【不良反应】 剂量过大或连续用药过多可导致脱水、电解质紊乱。

【特别提示】

① 治疗大肠便秘时，硫酸钠的适宜浓度为4%～6%。

② 因易继发胃扩张，不适用于小肠便秘的治疗。

③ 脱水动物、肠炎患畜不宜用本品，注意补液。

【休药期】 无。

硫酸镁

【性状】 无色结晶；无臭；有风化性。

【药理作用】 内服后在肠内可解离出Mg^{2+}和SO_4^{2-}，后者不易被肠壁吸收，借助渗透压作用，在肠道中保持大量水分，扩大肠道容积，软化粪便，并刺激肠壁增强其蠕动，而产生泻下作用。

【临床应用】 盐类泻药，用于导泻。

【用法用量】 内服：一次量，25～50g。用时配成6%～8%溶液。

【不良反应】 导泻时如服用浓度过高的溶液，可从组织中吸取大量水分而脱水。

【特别提示】 某些情况（如机体脱水、肠炎等）下，镁离子吸收增多会产生毒副作用。其他参见硫酸钠。

【休药期】 无。

液状石蜡

【性状】 无色澄清的油状液体；无臭；在日光下不显荧光。

【药理作用】 内服后在肠道内不被吸收，也不发生变化，以原形通过肠管，能阻碍肠内水分的吸收，对肠黏膜有润滑作用，并能软化粪块。泻下作用缓和，对肠黏膜无刺激性，比较安全。

【临床应用】 润滑性泻药，用于小肠便秘、有肠炎的家畜及孕畜的便秘。

【用法用量】 内服：一次量，50～100mL。

【不良反应】 导泻时可致肛门瘙痒。

【特别提示】 不宜多次服用，以免影响消化，阻碍脂溶性维生素及钙、磷的吸收。

【休药期】 无。

鞣酸蛋白

【性状】 棕褐色粉末；微臭，味微涩。

【药理作用】 内服后在肠内遇碱性肠液则逐渐分解为蛋白质和鞣酸，后者则发挥收敛止泻作用。

【临床应用】 止泻药，适用于急性胃肠炎及各种非细菌性腹泻。

【用法用量】 内服：一次量，2～5g。

碱式硝酸铋

【性状】 白色粉末；无臭或几乎无臭；微有引湿性；能使湿润的蓝色石蕊试纸变红色。

【药理作用】 内服难被吸收，小部分在胃肠道内解离出铋离子，与蛋白质结合，产生收敛及保护黏膜作用。大部分次硝酸铋被覆在肠黏膜表面，同时游离的铋离子在肠道内还可与硫化氢结合，形成不溶性硫化铋，覆盖于肠表面，从而对肠黏膜呈机械性保护作用，并可减少硫化氢对肠黏膜的刺激作用。

【临床应用】 止泻药，用于胃肠炎及腹泻等。

【用法用量】 内服：一次量，2～4g。

【不良反应】 按规定的用法用量使用尚未见不良反应。

【特别提示】

① 病原菌引起的腹泻，应先用抗菌药控制其感染后再用。

② 在肠内溶解后，可形成亚硝酸盐，量大时能被吸收引起

中毒。

【休药期】 无。

附：碱式碳酸铋，其药理作用、用法用量参见碱式硝酸铋。

药用炭

【性状】 黑色粉末；无臭；无沙性。

【药理作用】 颗粒细小，表面积大，吸附能力很强。内服到达肠道后，能与肠道中有害物质或毒素结合，阻止其被吸收，从而能减轻对肠壁的刺激，使肠蠕动减弱，呈止泻作用。

【临床应用】 吸附药，用于生物碱等中毒及腹泻、胃肠臌气等。

【用法用量】 内服：一次量，3～10g。

【不良反应】 按规定的用法用量使用尚未见不良反应。

【特别提示】

① 能吸附其他药物和影响消化酶活性。

② 用于排除毒物时最好与盐类泻药配合。

【休药期】 无。

白陶土

【性状】 类白色细粉；加水湿润后，有类似黏土的气味，颜色加深。

【药理作用】 有巨大的吸附表面积，能机械性吸附细菌毒素，并对皮肤或黏膜有机械性保护作用。

【临床应用】 止泻药，内服用于腹泻；外用可作敷剂和撒布剂的基质。

【用法用量】 内服：一次量，10～30g。

【不良反应】 按规定的用法用量使用尚未见不良反应。

【特别提示】 能吸附其他药物和影响消化酶活性。

【休药期】 无。

蒙脱石

【性状】 粉剂：灰白色或微黄色细粉。

【药理作用】 具有层纹状结构及非均匀性电荷分布，对消化道内的病毒、病菌及其产生的毒素有固定和抑制作用；对消化道黏膜有覆盖能力，在胃肠道黏膜表面形成保护层，并通过与黏液糖蛋白相互结合，修复和提高胃肠黏膜对致病因子的防御功能。

【临床应用】 止泻药，用于仔猪腹泻的辅助性治疗。

【用法用量】 以蒙脱石计，内服：一次量，每头仔猪 4g，2 次/d，连用 3d；急性腹泻时立即服用，且首剂量加倍。

【剂型规格】 蒙脱石粉：100g:蒙脱石 80g。

【不良反应】 偶见便秘、大便干结。

【特别提示】

① 治疗急性腹泻时，应注意纠正脱水。

② 如需服用其他药物，建议间隔一段时间。

③ 极少数仔猪可出现轻微便秘，减量后可继续服用。

④ 治疗细菌性腹泻，与合适的抗菌药物配合使用。

【休药期】 无。

三、止吐药

甲氧氯普胺

【别名】 胃复安、灭吐灵。

【药理作用】 具有拟副交感神经活性，因而能增强胃肠道的活动性，但不影响胃酸分泌，可以促进肠蠕动，加速胃的排空。用于治疗胃炎，减少呕吐。

【临床应用】 用于促进胃肠蠕动，以及母猪催乳。

【用法用量】 肌内注射：每千克体重 1mg，1～2 次/d，连用 2～3d。

苯海拉明

【性状】 注射液：无色澄明液体。

【临床应用】 中枢性止吐药。

【用法用量】 内服：一次量，0.08～0.12g；肌内注射：一次量，40～60mg。

【剂型规格】 盐酸苯海拉明注射液：1mL:20mg、5mL:100mg。

氯丙嗪

【临床应用】 作用广泛而复杂，为镇静、安定、抗惊厥药。能抑制催吐化学中枢，并能缓解乙酰胆碱引起的肠痉挛，用于镇静、止吐、肠痉挛。

【用法用量】 内服：一次量，3mg；肌内注射：一次量，每千克体重 1～2mg。

【剂型规格】 盐酸氯丙嗪注射液：2mL:0.05g、10mL:0.25g。

第二节　呼吸系统药物

一、祛痰止咳药

氯化铵

【性状】 无色结晶或白色结晶性粉末；无臭，有引湿性。

【药理作用】 内服后刺激胃黏膜迷走神经末梢，反射性引起支气管腺体分泌增加，使稠痰稀释，易于咳出，因而对支气管黏膜的刺激减少，咳嗽也随之缓解。此外，本品被吸收至体内后，有小部分从呼吸道排出，带出水分使痰液变稀而利于咳出。

药动学：内服完全被吸收，在体内几乎全部转化降解，仅极少量原形随粪便排出。

【临床应用】 祛痰药，用于支气管炎初期。

【用法用量】 内服：一次量，1～2g。

【相互作用】 与复方氯化钠、氯化钾、生理盐水、5%葡萄糖、葡萄糖氯化钠、青霉素类药等有协同作用。可以降低大环内酯类药的作用，不宜合用。遇碱或重金属盐类即分解。与磺胺类药物合用，可使磺胺药在尿道析出结晶，发生泌尿道损害（如尿闭、血尿等）。

【不良反应】 按规定的用法用量使用尚未见不良反应。

【特别提示】

① 肝脏功能异常的患畜，内服易引起血氯过高性酸中毒和血氨升高，应慎用或禁用。

② 禁与碱性药物、重金属盐、磺胺药等配伍应用。

③ 单胃动物用后有呕吐反应。

【休药期】 无。

碘化钾

【性状】 片剂：白色片。

【药理作用】 内服后部分从呼吸道腺体排出，刺激呼吸道黏膜，使腺体分泌增加，痰液稀释，易于咳出，呈现祛痰作用。

【临床应用】 祛痰药，仅适用于慢性支气管炎。

【用法用量】 内服：一次量，1～3g。

【剂型规格】 碘化钾片：10mg、200mg。

【相互作用】 与甘汞混合后能生成金属汞和碘化汞，使毒性增强。碘化钾溶液遇生物碱可生成沉淀。

【不良反应】 按规定的用法用量使用尚未见不良反应。

【特别提示】

① 在酸性溶液中能析出游离碘。

② 肝、肾功能低下患畜慎用。

③ 不适于急性支气管炎。

【休药期】 无。

二、平喘药

氨茶碱

【性状】 注射液：无色至微黄色澄明液体；片剂：白色至微黄色片。

【药理作用】 对支气管平滑肌有直接松弛作用。通过抑制磷酸二酯酶，使 cAMP 的水解速率变慢，升高组织中 cAMP/cGMP 比值，抑制组胺和慢反应物质等过敏介质的释放，促进儿茶酚胺释放，使支气管平滑肌松弛，从而解除支气管平滑肌痉挛，缓解支气管黏膜的充血水肿，发挥平喘功效。此外，尚有较弱的强心和利尿作用。

【临床应用】 具有松弛支气管平滑肌、缓解气喘症状，以及扩张血管、利尿等作用。

【用法用量】 肌内、静脉注射：一次量，0.25～0.5g。

【剂型规格】 氨茶碱注射液：2mL:0.25g、0.5g，5mL:1.25g；氨茶碱片：50mg、100mg、200mg。

【相互作用】 氨茶碱联用与配伍禁忌见表8-1、表8-2。

表8-1 氨茶碱联用

药物类别	联用增效
大环内酯类(红霉素)	协同作用
西咪替丁	氨茶碱半衰期延长，疗效增强
庆大霉素	促进氨茶碱重吸收
呋塞米	增强利尿作用

表8-2 氨茶碱配伍禁忌

药物类别	禁忌原因
红霉素、四环素、林可霉素等	降低氨茶碱肝脏的清除率，使血药浓度升高，发生中毒
酸性药物	加快氨茶碱排泄
碱性药物	延缓氨茶碱排泄
儿茶酚胺类及其他拟肾上腺素类药	增加心律失常的发生率
氯丙嗪	产生沉淀
麻黄碱、咖啡因、尼可刹米	呈拮抗作用
喹诺酮类、头孢噻肟、四环素	抑制氨茶碱代谢，使血药浓度升高，毒性增强
两性霉素B、利福平、复方氢氧化铝	血药浓度降低，疗效降低
其他茶碱类	不良反应增多

【不良反应】 可引起中枢系统兴奋，内服可引起呕吐反应。

【特别提示】

① 肝功能低下、心衰患畜慎用。

② 静脉注射或静脉滴注若用量过大、浓度过高或速度过快，均可强烈兴奋心脏和中枢神经，故需稀释后注射并注意掌握速度和剂量。

③ 注射液碱性较强，可引起局部红肿、疼痛，应作深部肌内注射。

【休药期】 无。

第三节　血液循环系统药物

一、强心药

安钠咖

参见第七章第一节中枢神经系统药物中的中枢兴奋药安钠咖。

樟脑磺酸钠

参见第七章第一节中枢神经系统药物中的中枢兴奋药樟脑磺酸钠。

二、止血药与抗凝血药

亚硫酸氢钠甲萘醌

【别名】 维生素 K_3。

【性状】 注射液：无色澄明液体；遇光易分解。

【药理作用】 甲奈醌（维生素 K_3）为肝脏合成凝血酶原（因子Ⅱ）的必需物质，还参与凝血因子Ⅶ、Ⅸ、Ⅹ的合成。维生素 K 缺乏可致上述凝血因子合成障碍，引起出血倾向或出血。

【临床应用】 止血药，参与肝脏内凝血酶原的合成，用于维生素K缺乏所致的出血。

【用法用量】 肌内注射：一次量，30～50mg。

【剂型规格】 亚硫酸氢钠甲萘醌注射液：1mL:4mg，10mL:40mg、150mg。

【相互作用】 较大剂量的水杨酸类药、磺胺类药、链霉素、庆大霉素、矿物油、维生素C等可影响维生素K的效应。巴比妥类可诱导维生素K代谢加速。

【不良反应】 可造成胃肠道不适，大剂量应用可导致幼畜溶血性贫血及黄疸。

【特别提示】

① 可损害肝脏，肝功能不全患畜宜改用维生素K_1。

② 肌内注射部位可出现疼痛、肿胀等。

【休药期】 无。

酚磺乙胺

【别名】 止血敏。

【性状】 注射液：无色或几乎无色澄明液体。

【药理作用】 能增加血小板数量，并增强其聚集性和黏附力，促进血小板释放凝血活性物质，缩短凝血时间，加速血块收缩。此外，尚有增强毛细血管抵抗力、降低其通透性、减少血液渗出等作用。止血作用迅速，静脉注射后1h作用达高峰，药效可维持4～6h。

【临床应用】 止血药。用于内出血、鼻出血及手术出血的预防和止血。

【用法用量】 肌内、静脉注射：一次量，0.25～0.5g。

【剂型规格】 酚磺乙胺注射液：2mL:0.25g、0.5g，10mL:1.25g。

【相互作用】 与维生素K_3合用止血效果更好。不可与磺胺嘧啶钠、地塞米松、氯丙嗪、碳酸氢钠、苯巴比妥等合用。

【不良反应】 按规定的用法用量使用尚未见不良反应。

【特别提示】 预防外科手术出血，应在术前15～30min用药。

【休药期】 无。

安络血

【别名】 肾上腺素色腙、安特诺新。

【性状】 注射液：橘红色澄明液体。

【药理作用】 主要作用于毛细血管，减慢 5-HT(5-羟色胺）的分解，增强毛细血管对损伤的抵抗力，降低毛细血管通透性，促进毛细血管断端回缩而止血。对大量出血无效。内服在胃肠道内可被迅速破坏、排出。

【临床应用】 止血药，用于毛细血管损伤所致的出血性疾患。

【用法用量】 肌内注射：一次量，2～4mL（10～20mg）。

【剂型规格】 安络血注射液：2mL:10mg、5mL:25mg。

【相互作用】 抗组胺药能抑制安络血的部分作用，禁与青霉素、垂体后叶素、氯丙嗪混合注射。

【不良反应】 因含水杨酸，反复使用，可引起头晕、头痛、耳鸣、视力减退等反应。

【特别提示】

① 含有水杨酸，长期应用可产生水杨酸反应。

② 抗组胺药能抑制其作用，用前 48h 应停用抗组胺药。

③ 对大出血、动脉出血疗效差。

【休药期】 无。

枸橼酸钠

【别名】 柠檬酸钠。

【性状】 注射液：无色澄明液体。

【药理作用】 枸橼酸根离子能与血浆中钙离子形成难解离的可溶性络合物，使血中钙离子迅速减少而产生抗凝血作用。

【临床应用】 抗凝血药，用于防止体外血液凝固。

【用法用量】 间接输血，每 100mL 血液添加 1mL。

【剂型规格】 枸橼酸钠注射液：10mL:0.4g。

【特别提示】 大量输血时，应另注射适量钙剂，以预防低血钙。

【休药期】 无。

三、抗贫血药

硫酸亚铁

【性状】 淡蓝绿色柱状结晶或颗粒；无臭；在干燥空气中风化，在湿空气中迅速氧化变质，表面生成黄棕色的碱式硫酸铁。

【药理作用】 铁是构成血红蛋白、肌红蛋白和多种酶（细胞色素氧化酶等）的重要成分。铁缺乏不仅能引起贫血，还可能影响其他生理功能。通常正常的日粮摄入足以维持体内铁的平衡，但在哺乳期、妊娠期和某些缺铁性贫血情况下，铁的需要量增加，补铁能纠正因铁缺乏引起的异常生理症状和血红蛋白水平的下降。

药动学：铁盐主要以 Fe^{2+} 形式在十二指肠和空肠上段被吸收，进入血液循环后，Fe^{2+} 被氧化为 Fe^{3+}，再与转铁蛋白结合成血浆铁，转运至肝、脾、骨髓等组织中，与这些组织中的去铁蛋白结合成铁蛋白而贮存，并最终参与血红蛋白合成。

【临床应用】 用于防治缺铁性贫血。

【用法用量】 内服：一次量，0.5～3g。使用时配成 0.2%～1%溶液。

【相互作用】 稀盐酸可促进 Fe^{3+} 转变为 Fe^{2+}，有助于铁剂的吸收，与稀盐酸合用可提高疗效；维生素 C 能防止 Fe^{2+} 氧化，因而利于铁的吸收。硫酸亚铁配伍禁忌见表 8-3。

表 8-3 硫酸亚铁配伍禁忌

药物类别	禁忌原因
钙剂、磷酸盐类、含鞣酸药物、抗酸药等	可使铁沉淀，阻碍铁吸收，不宜同用
四环素类、维生素 E、乙醇	形成络合物，互相阻碍吸收，不宜同用
西咪替丁、新霉素、抗酸药	降低铁制剂吸收，影响疗效

【不良反应】

① 内服对胃肠道黏膜有刺激性，大量内服可引起肠坏死、出血，严重时可致休克。

② 铁能与肠道内硫化氢结合生成硫化铁，使硫化氢减少，从而减少对肠蠕动的刺激作用，可致便秘，并排黑粪。

【特别提示】 禁用于消化道溃疡、肠炎等。

【休药期】 无。

右旋糖酐铁

【性状】 注射液：深褐色胶体溶液。

【药理作用】 铁是血红蛋白及肌红蛋白的主要组成成分。血红蛋白为红细胞中主要携氧者。肌红蛋白系肌肉细胞贮存氧的部位，以助肌肉运动时供氧需要。与三羧酸循环有关的大多数酶和因子均含铁，或仅在铁存在时才能发挥作用。

药动学：肌内注射吸收较口服迅速，肌内注射后24～48h血药浓度达高峰。

【临床应用】 用于仔猪缺铁性贫血。

【用法用量】 肌内注射：仔猪，1～3日龄，0.1～0.2g/头；15～20日龄，0.2g/头。

【剂型规格】 右旋糖酐铁注射液：2mL:0.1g、0.2g，10mL:0.5g、1g、1.5g，50mL:2.5g、5g，100mL:10g。

【不良反应】 仔猪注射铁剂偶尔会因肌无力而出现站立不稳，严重时可致死亡。

【特别提示】

① 毒性较大，需严格控制肌内注射剂量。

② 肌内注射时可引起局部疼痛，应深部肌内注射。

③ 超过4周龄的猪注射，可引起臀部肌肉着色。

④ 需防冻，久置可发生沉淀。

⑤ 铁盐可与许多化学物质或药物发生反应，故不宜与其他药物同时或混合内服给药。

【休药期】 无。

维生素 B_{12}

【性状】 注射液：粉红色至红色澄明液体。

【药理作用】 维生素 B_{12} 是合成核苷酸的重要辅酶成分，参与体内甲基转移及叶酸代谢，促进5-甲基四氢叶酸转变为四氢叶酸。维生素 B_{12} 缺乏症的神经损害可能与此有关。维生素 B_{12} 在血液中与α-球蛋白及β-球蛋白结合转运至全身各组织，其中大部分分布于肝脏。主要从尿和胆汁排泄。维生素 B_{12} 缺乏时，机体的细胞、组织生长发育将受抑制。

【临床应用】 用于维生素 B_{12} 缺乏所致的贫血、仔猪生长迟缓等。

【用法用量】 肌内注射：一次量，0.3～0.4mg。

【剂型规格】 维生素 B_{12} 注射液：2mL:0.05mg、0.1mg、0.25mg、0.5mg、1mg。

【相互作用】 维生素C、新霉素、对氨基水杨酸钠、氯化钾、卡那霉素、杆菌肽、苯巴比妥等阻碍维生素 B_{12} 胃肠道吸收。

【不良反应】 肌内注射偶可引起皮疹、瘙痒、腹泻及过敏性哮喘。

【特别提示】 防治巨幼红细胞贫血症时，与叶酸配合应用可取得更好的效果。

【休药期】 无。

第四节　泌尿生殖系统药物

一、利尿药与脱水药

呋塞米

【别名】 速尿。

【性状】 注射液：无色或几乎无色澄明液体。

【药理作用】 主要作用于髓袢升支的髓质部与皮质部，抑制 Cl^- 的主动重吸收和 Na^+ 被动重吸收，使管腔中离子浓度增加，排出大量等渗尿液而呈现利尿作用。此外，还能降低肾血管阻力，增加肾皮质部血流量，促进肾小球的滤过。因而有强大的利尿作用，而且不易导致酸中毒，是目前最有效的利尿药。本品适用于各种动物、各种原因引起的水肿及其他利尿药无效的病例，作用强大，疗效快，持久而安全。

【临床应用】 用于各种水肿症，尤其对肺水肿疗效较好。

【用法用量】 肌内、静脉注射：一次量，每千克体重 0.5～1mg（每千克体重 0.05～0.1mL）；内服：一次量，每千克体重 2mg。

【剂型规格】 呋塞米注射液：2mL:20mg、10mL:100mg。

【相互作用】 与甘露醇、氨茶碱、多巴胺等有协同作用。呋塞米配伍禁忌见表 8-4。

表 8-4 呋塞米配伍禁忌

药物类别	禁忌原因
酸性药物、吲哚美辛、皮质激素、促肾上腺皮质激素、肾上腺素、雌激素	呈拮抗作用
氢化可的松	引起低血钾
5%葡萄糖、氯丙嗪、环丙沙星	产生沉淀
头孢菌素类、氨基糖苷类	加重肾毒性、耳毒性
苯巴比妥、苯妥英钠	降低利尿作用

【不良反应】 偶见腹泻、便秘、腹痛、皮疹和肌肉疼痛等。

【特别提示】

① 无尿患畜禁用，电解质紊乱或肝损害的患畜慎用。

② 长期大量用药可出现低血钾、低血钙、低血镁及脱水，应补钾或与保钾性利尿药配伍或交替使用，并定时监测水和电解质平衡状态。

③ 避免与氨基糖苷类抗生素和糖皮质激素合用。

【休药期】 无。

氢氯噻嗪

【别名】 双氢克尿噻。

【性状】 片剂：白色片。

【药理作用】 中效利尿药，主要作用于髓袢升支的皮质部和远曲小管的前段，抑制 Na^+、Cl^- 的重吸收，从而起到排钠利尿作用。胃肠道吸收迅速但不完全。进入体内后广泛分布，以肾脏含量最高。氢氯噻嗪蛋白结合率相对较低（40%）。主要以原形经肾小管有机酸分泌途径排泄。因此，如肾血流量下降时，其作用会降低。

【临床应用】 用于各种水肿。

【用法用量】 内服：一次量，每千克体重 2～3mg；肌内注射：一次量，50～75mg。

【剂型规格】 氢氯噻嗪片：25mg、0.25g。

【不良反应】

① 大量或长期应用可引起体液和电解质平衡紊乱，导致低钾性碱血症、低氯性碱血症。

② 诱发高尿酸血症、高钙血症。

③ 引起胃肠道反应（呕吐、腹泻）等。

【特别提示】

① 严重肝肾功能障碍、电解质平衡紊乱及高尿酸血症等患畜慎用。

② 宜与氯化钾合用，以免发生低血钾症。

【休药期】 无。

甘露醇

【性状】 注射液：无色澄明液体。

【药理作用】 高渗性脱水药，静脉注射高渗甘露醇后可提高血浆渗透压，使组织（包括眼、脑、脑脊液）细胞间液水分向血浆转移，产生组织脱水作用，从而可降低颅内压和眼内压。可加速某些毒素的排泄，辅助其他利尿药可以迅速减轻水肿或腹水。

药动学：进入体内的甘露醇迅速通过肾小球滤过，在肾小管很少被重吸收。此外，甘露醇通过防止有毒物质在小管液内的积聚或浓缩，对肾脏产生保护作用。

【临床应用】 用于脑水肿、脑炎的辅助治疗。

【用法用量】 静脉注射：一次量，100～250mL。

【剂型规格】 甘露醇注射液：100mL:20g、250mL:50g、500mL:100g。

【不良反应】

① 大剂量或长期应用可引起水和电解质平衡紊乱。

② 静脉注射过快可能引起心血管反应，如肺水肿及心动过速等。

③ 静脉注射时药物漏出血管可使注射部位水肿、皮肤坏死。

【特别提示】

① 严重脱水、肺充血或肺水肿、充血性心力衰竭及进行性肾功能衰竭等患畜禁用。

② 脱水动物在治疗前应适当补液。

【休药期】 无。

山梨醇

【性状】 注射液：无色澄明液体。

【药理作用】 山梨醇为甘露醇的同分异构体，作用和应用与甘露醇相似。进入体内后，因部分在肝脏转化为果糖，因此相同浓度的山梨醇脱水效果较甘露醇弱。

【临床应用】 用于脑水肿、脑炎的辅助治疗。

【用法用量】 静脉注射：一次量，100～250mL。

【剂型规格】 山梨醇注射液：100mL:25g、250mL:62.5g、500mL:125g。

【不良反应】【特别提示】 参见甘露醇。

【休药期】 无。

二、生殖系统药物

（一）子宫收缩药

缩宫素

【别名】 催产素。

【性状】 注射液：无色澄明或几乎澄明液体。

【药理作用】 能选择性兴奋子宫，加强子宫平滑肌的收缩。兴奋子宫平滑肌作用因剂量大小、体内激素水平不同而不同。小剂量能增加妊娠末期子宫肌的节律性收缩，使收缩舒张均匀；大剂量则能引起子宫平滑肌强直性收缩，使子宫肌层内的血管受压迫而起止血作用。此外，还能促进乳腺腺泡和腺导管周围的肌上皮细胞收缩，促进排乳。

【临床应用】 用于催产、产后子宫止血和胎衣不下等。

【用法用量】 皮下、肌内注射：一次量，10～50U(1～5mL)。

【剂型规格】 缩宫素注射液：1mL:10U，2mL:10U、20U，5mL:50U。

【相互作用】 麦角与缩宫素有协同作用，但不可混合应用，全身麻醉可减弱其作用。

【不良反应】 按规定的用法用量使用尚未见不良反应。

【特别提示】 子宫颈尚未开放、产道阻塞、骨盆狭窄及胎位不正禁用本品催产。

【休药期】 无。

垂体后叶素

【性状】 注射液：无色澄明或几乎澄明液体。

【药理作用】 含缩宫素和加压素，对子宫的作用与缩宫素相同，其所含加压素有抗利尿和升高血压的作用。

【临床应用】 用于催产、产后子宫止血和胎衣不下等。

【用法用量】 皮下、肌内注射：一次量，10～50U(1～5mL)。

【剂型规格】 垂体后叶注射液：1mL:10U、5mL:50U。

【相互作用】 与麦角制剂、麦角新碱有协同作用。全身麻醉可减弱其作用。

【不良反应】 按规定的用法用量使用尚未见不良反应。

【特别提示】

① 催产时，若产道异常、胎位不正、子宫颈尚未开放等禁用。

② 用量大时可引起血压升高、少尿及腹痛。

【休药期】 无。

麦角新碱

【性状】 注射液：无色或几乎无色澄明液体，微显蓝色荧光。

【药理作用】 能选择性地作用于子宫平滑肌，作用强而持久。临产前子宫或分娩后子宫最敏感。对子宫体和子宫颈均具兴奋效应，稍大剂量即引起强直收缩，故不适于催产和引产。但由于子宫肌强直性收缩，机械压迫肌纤维中的血管，故本品可用于阻止出血。

【临床应用】 用于产后止血、加速胎衣排出及子宫复原。

【用法用量】 皮下、肌内注射：一次量，0.5～1mg。

【剂型规格】 马来酸麦角新碱注射液：1mL:0.5mg、2mg。

【相互作用】 与缩宫素或其他麦角制剂有协同作用。

【不良反应】 按规定的用法用量使用尚未见不良反应。

【特别提示】

① 胎儿未娩出前禁用。

② 不宜与缩宫素及其他子宫收缩药联用。

【休药期】 无。

（二）性激素

丙酸睾酮

【性状】 注射液：无色至淡黄色澄明油状液体。

【药理作用】 药理作用与天然睾酮相同，可促进雄性生殖器官及副性征的发育、成熟，引起性欲及性兴奋；还可对抗雌激素的作用，抑制母畜发情；此外，还具有同化作用，可促进蛋白质合成，引起氮、钠、钾、磷的潴留，减少钙的排泄。本品通过兴奋红细胞生成刺激因子，刺激红细胞生成。大剂量睾酮通过负反馈机制，抑制黄体生成素，进而抑制精子生成。

【临床应用】 用于雄激素缺乏症的辅助治疗。

【用法用量】 皮下、肌内注射：一次量，每千克体重 0.25～0.4mg。

【剂型规格】 丙酸睾酮注射液：1mL:25mg、50mg。

【不良反应】 注射部位可出现硬结、疼痛、感染及荨麻疹。

【特别提示】

① 具有水钠潴留作用，肾、心或肝功能不全患畜慎用。

② 仅用于种畜。

【休药期】 无。

苯丙酸诺龙

【性状】 注射液：淡黄色澄明油状液体。

【药理作用】 人工合成的睾酮衍生物，蛋白质同化作用较强，雄激素活性较弱。能促进蛋白质合成和抑制蛋白质异化作用，可促进骨组织生长，刺激红细胞生成等。

【临床应用】 用于营养不良、慢性消耗性疾病的恢复期。

【用法用量】 皮下、肌内注射：一次量，每千克体重 0.2～1mg，每 2 周 1 次。

【剂型规格】 苯丙酸诺龙注射液：1mL:10mg、25mg。

【不良反应】 引起钠、钙、钾、水、氯和磷潴留及繁殖机能异常；可引起肝脏毒性。

【特别提示】

① 可以作治疗用，但不得在动物性食品中检出。

② 禁止作促生长剂应用。

③ 肝、肾功能不全时慎用。

【休药期】 28d。

雌二醇

【性状】 注射液：淡黄色澄明油状液体。

【药理作用】 促进母畜雌性器官和副性征的正常生长和发育；引起子宫颈黏膜细胞增大和分泌增加，阴道黏膜增厚，促进子宫内膜增生和增加子宫平滑肌张力；增加骨骼钙盐沉积，加速骨骺闭合和骨的形成，适度促进蛋白质合成，增加水、钠潴留的作用。此外，还能负反馈调节来自腺垂体前叶的促性腺激素的释放，抑制泌乳、排卵及雄性激素的分泌。

【临床应用】 用于发情不明显动物的催情、胎衣滞留及死胎的排出。

【用法用量】 肌内注射：一次量，3～10mg。

【剂型规格】 苯甲酸雌二醇注射液：1mL:1mg、2mg，2mL:3mg、4mg。

【不良反应】 可引起囊性子宫内膜增生和子宫蓄脓。

【特别提示】

① 妊娠早期的动物禁用，以免引起流产或胎儿畸形。

② 可以作治疗用，但不得在动物性食品中检出。

【休药期】 28d。

黄体酮

【性状】 注射液：无色至淡黄色澄明油状液体。

【药理作用】 促进子宫内膜及腺体发育，抑制子宫肌收缩，减弱子宫肌对催产素的反应，起“安胎”作用；通过反馈机制抑制垂体前叶促黄体素的分泌，抑制发情和排卵。此外，与雌激素共同作用，可刺激乳腺腺泡发育，为泌乳作准备。

【临床应用】 用于预防流产、保胎。

【用法用量】 肌内注射：一次量，15～25mg。

【剂型规格】 黄体酮注射液：1mL:10mg、50mg，2mL:20mg，5mL:100mg。

【不良反应】 按规定的用法用量使用尚未见不良反应。

【特别提示】 长期应用可能延长妊娠期。

【休药期】 30d。

垂体促卵泡素

【别名】 促卵泡素（FSH）。

【性状】 粉剂：白色或类白色冻干块状物或粉末。

【药理作用】 在垂体促黄体素的协同作用下，能促进卵巢卵泡生长发育和雌激素的分泌，引起正常发情。在大剂量连续刺激下，可解除卵巢优势卵泡对其他小卵泡发育的抑制作用，使卵巢形成多个成熟卵泡。

【临床应用】 用于卵巢静止、持久性黄体、卵泡发育停滞等。

【用法用量】 肌内注射：超数排卵，300～400U（分 6～8 次注射完），2 次/d，连用 3～4d；种公猪精子数量不足，50U，1 次/d，连用 2～3d；诱导发情，100～150U，1 次/d，连用 2～3d。临用前以灭菌生理盐水 2～5mL 稀释。

【剂型规格】 注射用垂体促卵泡素：100U、150U、200U、500U。

【不良反应】 按规定的用法用量使用尚未见不良反应。

【特别提示】

① 用药前必须检查卵巢变化，并依此修正剂量和用药次数。

② 禁用于促生长，用药前必须检查生殖机能是否正常，正常者才能使用，并根据母畜体重和胎次修正剂量。

【休药期】 无。

垂体促黄体素

【别名】 促黄体素（LH）。

【性状】 粉剂：白色或类白色冻干块状物或粉末。

【药理作用】 在垂体促卵泡素的协同作用下，能促进卵泡最后成熟，并诱发成熟卵泡和黄体生成。

【临床应用】 用于排卵延迟、卵巢囊肿和习惯性流产等。

【用法用量】 肌内注射：一次量，50～100U，1 次/d，连用 2～3d。临用前以灭菌生理盐水 2～5mL 稀释。

【剂型规格】 注射用垂体促黄体素：100U、150U、200U。

【不良反应】 按规定的用法用量使用尚未见不良反应。

【特别提示】 治疗卵泡囊肿时，剂量应加倍。

【休药期】 无。

绒促性素

【别名】 绒毛膜促性腺激素（HCG）。

【性状】 粉剂：白色冻干块状物或粉末。

【药理作用】 具有 FSH 和 LH 样作用。对母畜可促进黄体生成孕激素并能促进排卵，对未成熟卵泡无作用。对公畜可促进睾丸间质细胞分化和雄激素分泌，促使性器官、副性征的发育、成熟，还可使隐睾患畜的睾丸下降。

【临床应用】 用于性功能障碍、习惯性流产及卵巢囊肿等。

【用法用量】 肌内注射：一次量，500～1000U。

【剂型规格】 注射用绒促性素：500U、1000U、2000U、5000U、10000U、50000U。

【不良反应】 按规定的用法用量使用尚未见不良反应。

【特别提示】

① 不宜长期应用，以免产生抗体和抑制垂体促性腺功能。

② 溶液极不稳定，且不耐热，应在短时间内用完。

【休药期】 无。

血促性素

【别名】 孕马血清促性腺激素（PMSG）。

【性状】 粉剂：白色冻干块状物或粉末。

【药理作用】 具有 FSH 和 LH 样作用，可以促进卵泡的发育和成熟，引起母畜发情；有轻度黄体生成素样作用，可促进成熟卵泡排卵甚至超数排卵；能增加雄激素分泌，提高性兴奋。

【临床应用】 用于母畜催情和促进卵泡发育，也用于胚胎移植时的超数排卵。

【用法用量】 皮下、肌内注射：催情，800～1000U。临用前以灭菌生理盐水 2～5mL 稀释。

【剂型规格】 注射用血促性素：1000U、2000U。

【不良反应】 按规定的用法用量使用尚未见不良反应。

【特别提示】 参见绒促性素。

【休药期】 无。

血促性素绒促性素

【别名】 PG600。

【性状】 粉剂：白色或类白色冻干块状物或粉末。

【药理作用】 具有 FSH 和 LH 样作用。对母畜可促进卵泡成熟、排卵和黄体生成，并刺激黄体分泌孕激素。对公畜可促进睾丸间质细胞分泌雄激素，促使性器官、副性征的发育、成熟，使隐睾病畜的睾丸下降，并促进精子生成。

药动学：猪肌内注射 PMSG 和 HCG 后吸收迅速，均在 8h 内达到最大血药浓度，生物利用度较高。PMSG 和 HCG 的消除半衰期分别为 36h 和 27h。

【临床应用】 用于缩短经产母猪和初产母猪的发情间隔，控制同步发情。

【用法用量】 用 5mL 或 25mL 的注射用水溶解 1 头份或 5 头份的冻干产品。断奶 2 日内，母猪耳后颈部肌内注射：每头 5mL（PMSG 400IU＋HCG 200IU），仅用 1 次。

【剂型规格】 注射用血促性素绒促性素：PMSG 400IU＋HCG 200IU＋注射用水 5mL（1 头份），PMSG 2000IU＋HCG 1000IU＋注射用水 25mL（5 头份）。

【不良反应】 属于蛋白质激素，注射给药后偶见速发的过敏反应。首次出现过敏症状后给予 0.1％肾上腺素，静脉注射剂量为 2～3mL，肌内注射剂量为 2～8mL。

【特别提示】

① 在初级黄体期或发情中期给药会促进卵巢囊肿的发生。

② 妊娠母猪、促性腺激素过敏及多囊性卵巢的母猪禁用。

③ 不得超剂量使用，高剂量不能提高其效能。

④ 注射后 3～6d 会引起动物发情。

⑤ 避免注入皮下脂肪，复溶后立即使用。

【休药期】 0d。

前列腺素

【性状】 注射液：无色澄明液体；粉剂：白色冻干块状物。

【药理作用】 具有强大的溶解黄体作用，可迅速引起黄体消退并抑制其分泌活性；对子宫平滑肌亦有直接兴奋作用，可引起子宫平滑肌收缩，使子宫颈松弛。

【临床应用】 用于同期发情、同期分娩；还用于治疗持久性黄体、诱导分娩和催排死胎等。

【用法用量】 甲基前列腺素 $F_{2\alpha}$，肌内注射或宫颈内注入：一次量，每千克体重 1～2mg（0.83～1.67mL）；氯前列醇，肌内注射：一次量，0.2mg；氯前列醇钠，肌内注射：母猪诱导分娩预产期前 3d 内 0.05～0.2mg。

【剂型规格】 甲基前列腺素 $F_{2\alpha}$注射液：1mL∶1.2mg；氯前列醇注射液：2mL∶0.1mg、0.2mg、0.322mg，5mL∶0.5mg；注射用氯前列醇钠：0.1mg、0.2mg、0.5mg；氨基丁三醇前列腺素 $F_{2\alpha}$注射液：10mL∶前列腺素 $F_{2\alpha}$ 50mg，30mL∶前列腺素 $F_{2\alpha}$ 150mg（相当于每 1mL 含 6.71mg 氨基丁三醇地诺前列腺素）。

【相互作用】 与非甾体抗炎药有拮抗作用，右旋糖酐可抑制前列腺素过敏反应。

【不良反应】 大剂量应用可产生腹泻、阵痛等不良反应。妊娠后期应用可增加动物难产的风险，且药效下降。

【特别提示】

① 妊娠母畜忌用，以免引起流产。

② 氯前列醇易被皮肤吸收，不慎接触后应立即用肥皂和水清洗。

③ 禁与解热镇痛抗炎药同用，禁止静脉给药。

【休药期】 1d。

促黄体素释放激素 A_3

【性状】 粉剂：白色冻干块状物或粉末。

【药理作用】 人工合成的多肽激素，为丘脑下部释放的促黄体素释放激素的类似物，兼具有促黄体素和促卵泡素作用。能促使动物腺垂体释放 LH 和 FSH，使血浆中 LH 浓度明显升高（FSH 浓度轻度升高），促使卵巢的卵泡成熟而排卵。不但可使垂体合成的激素立即释放，也能够刺激激素合成。对雄性动物，可促进精子形成。

【临床应用】 提高母猪发情期受胎率、产仔数及公猪性欲。

【用法用量】 提高母猪受胎率、产仔数，母猪发情后配种前 0～4h，肌内注射：20～50μg；用于种公猪性欲低下，肌内注射：20μg，1 次/d，连用 3～5d。

【剂型规格】 注射用促黄体素释放激素 A_3：15μg、20μg、25μg、50μg、0.1mg。

【特别提示】 不能减少剂量多次使用，以免引起免疫耐受、性腺萎缩退化等不良反应，降低效果。

【休药期】 无。

三合激素

【性状】 注射液：淡黄色澄明油状液体。

【药理作用】 主要成分为苯甲酸雌二醇、黄体酮、丙酸睾酮。雌二醇能影响来自腺垂体的促性腺激素的释放，抑制泌乳和排卵。黄体酮具有抑制子宫平滑肌收缩等作用，并通过反馈机制抑制腺垂体黄体生成素的分泌，抑制发情和排卵。丙酸睾酮具有对抗雌激素的作用，可抑制母畜发情。三合激素具有调节生殖系统机能的作用，临床用于控制动物发情周期，调控繁殖进程。

【临床应用】 用于诱导母畜发情或同期发情，亦可用于保胎。

【用法用量】 肌内注射：母猪 2mL，1 次/d，连用 2～3d。

【剂型规格】 三合激素注射液：1mL、2mL。

【不良反应】 按规定的用法与用量使用尚未见不良反应。

【特别提示】 泌乳期及妊娠母畜禁用，亦禁用于促生长。

【休药期】 28d。

烯丙孕素

【性状】 注射液：淡黄色澄明油状液体。

【药理作用】 烯丙孕素与天然黄体酮的作用类似。给药期间能够抑制脑垂体分泌促性腺激素，阻止卵泡发育及发情；给药结束后，脑垂体恢复分泌促性腺激素，促进卵泡发育与发情。停药时卵泡发育程度一致，加上促性腺激素的分泌同步恢复，促使所有动物在停药 5～8d 后同期发情。

药动学：于胃肠道迅速被吸收，首次给药 1h 后达到血药浓度的峰值，第 18 次给药约 4h 后达到血药浓度峰值。主要经肝脏代谢，通过胆汁排出，消除半衰期约 14h。

【临床应用】 用于控制后备母猪同期发情。

【用法用量】 以烯丙孕素计，直接用 5mL 喷头饲喂或喷洒在饲料上内服，一次量，后备母猪 20mg（5mL），连用 18d。

【剂型规格】 烯丙孕素内服溶液：450mL∶1800mg 或 0.4％。

【不良反应】 给药量不足可能导致卵泡囊肿。

【特别提示】

① 仅用于至少发情过一次的性成熟母猪。

② 每头动物单独给药，确保每日给药剂量。

③ 有急性、亚急性、慢性子宫内膜炎的母猪慎用。

④ 操作时应穿戴防护服和手套，操作后和用餐前应洗手。

⑤ 妊娠和育龄妇女应避免接触，意外接触可能导致月经紊乱或妊娠期延长，若意外渗漏至皮肤，应立即用肥皂和水清洗。

⑥ 瓶子开启后 30d 内有效，过期未用完部分应废弃。

【休药期】 9d。

第九章

解热镇痛抗炎药与糖皮质激素类药

第一节　解热镇痛抗炎药

阿司匹林

【别名】 乙酰水杨酸。

【性状】 片剂：白色片。

【药理作用】 解热、镇痛效果较好，抗炎、抗风湿作用强。可抑制抗体产生及抗原抗体结合反应，阻止炎性渗出，抗风湿的疗效显著。较大剂量还可抑制肾小管对尿酸的重吸收，增加尿酸排泄。

药动学：内服后可在胃和小肠前段被迅速吸收，广泛分布全身，血浆蛋白结合率为70%～90%。能进入乳汁，但浓度很低，也能透过胎盘屏障。部分在胃、血浆、红细胞及组织中水解为水杨酸和乙酸。主要在肝脏代谢，生成甘氨酸和葡萄糖醛酸结合物。药物原形和代谢物经肾迅速排泄，在酸性尿液中排泄较慢，碱化尿液能加速其排泄。

【临床应用】 用于发热性疾患、肌肉痛、关节痛。

【用法用量】 内服：一次量，1～3g。

【剂型规格】 阿司匹林片：0.3g、0.5g。

【相互作用】 与其他水杨酸类解热镇痛药、双香豆素类抗凝血药、巴比妥类等合用作用增强，但毒性增加；治疗痛风时，同服等量的碳酸氢钠，可以防止尿酸在肾小管内沉积。阿司匹林配伍禁忌见表9-1。

表 9-1　阿司匹林配伍禁忌

药物类别	禁忌原因
糖皮质激素	加重消化道溃疡,使胃肠出血加剧
碱性药物(如碳酸氢钠)	加速阿司匹林的排泄,使疗效降低
布洛芬、保泰松、双氯芬酸钠	血药浓度降低,不良反应加剧,不宜合用
乙醇	加剧对胃黏膜的损害,使之更易出血
噻嗪类利尿药、速尿	呈拮抗作用,诱发水杨酸中毒
消炎痛	呈拮抗作用,疗效相互抵消,不良反应增加
去甲肾上腺素	拮抗血管收缩作用
红霉素	使红霉素失效

【不良反应】

① 能抑制凝血酶原合成，长期应用可引发出血倾向。

② 对胃肠道有刺激作用，剂量大时易导致食欲不振、恶心、呕吐乃至消化道出血，长期使用可引发胃肠溃疡。

【特别提示】

① 胃炎、胃溃疡患畜慎用，与碳酸钙同服，可减少对胃的刺激，不宜空腹投药。

② 发生出血倾向时，可用维生素 K 治疗。

③ 解热时，动物应多饮水，以利于排汗和降温，否则会因出汗过多而造成水和电解质平衡失调或虚脱。

④ 老龄动物、体弱或体温过高患畜，解热时宜用小剂量，以免大量出汗而引起虚脱。

⑤ 中毒时可采取洗胃、导泻、内服碳酸氢钠及静脉注射 5%葡萄糖和 0.9%氯化钠等解救。

【休药期】 无。

对乙酰氨基酚

【别名】 扑热息痛。

【性状】 片剂：白色片；注射液：无色或几乎无色略黏稠澄明

液体。

【药理作用】 具有解热、镇痛与抗炎作用，解热作用类似于阿司匹林，但镇痛和抗炎作用较弱。抑制丘脑前列腺素合成与释放的作用较强，抑制外周前列腺素合成与释放的作用较弱。对血小板及凝血机制无影响。

药动学：主要在肝脏代谢，大部分与葡萄糖醛酸或硫酸结合后经肾排出。肝脏内部分药物去乙酰基而生成对氨基酚，后者氧化成亚氨基醌。亚氨基醌在体内能氧化血红蛋白使之失去携氧能力，可造成组织缺氧、发绀，以及红细胞溶解、黄疸和肝脏损害等不良反应。

【临床应用】 中小动物解热镇痛药。用于发热、肌肉痛、关节痛和风湿症。

【用法用量】 肌内注射：一次量，0.5～1g；内服：一次量，1～2g。

【剂型规格】 对乙酰氨基酚注射液：1mL:0.075g、2mL:0.25g、5mL:0.5g、10mL:1g、20mL:2g；对乙酰氨基酚片：0.3g、0.5g。

【相互作用】 对乙酰氨基酚配伍禁忌见表9-2。

表9-2　对乙酰氨基酚配伍禁忌

药物类别	禁忌原因
乙醇	增强本品的肝毒性
甲氧苄啶	增强本品的毒副作用
苯巴比妥	对乙酰氨基酚药效下降，作用时间缩短，肝损害增强
阿司匹林	对乙酰氨基酚解热作用增强，肾毒性和不良反应加重
阿托品、活性炭、哌替啶	阻碍本品的吸收

【不良反应】 偶见厌食、呕吐、缺氧、发绀、红细胞溶解、黄疸和肝脏损害等症。

【特别提示】

① 大剂量可引起肝、肾损害，给药后12h内使用乙酰半胱氨

酸或蛋氨酸可以预防肝损害。

② 肝、肾功能不全的患畜及幼畜慎用。

【休药期】 无。

双氯芬酸钠

【性状】 注射液：无色或几乎无色澄明液体。

【药理作用】 非甾体类解热镇痛抗炎药。双氯芬酸钠的消炎、解热及镇痛作用比吲哚美辛强2～2.5倍，比阿司匹林强26～50倍。作用机制是抑制前列腺素合成酶，使前列腺素生物合成受阻。

药动学：肌内注射后1h可达血药峰浓度，体内代谢较快，平均消除半衰期为1.87h。

【临床应用】 辅助用于外科手术、炎症等引起的疼痛和发热。

【用法用量】 肌内注射：一次量，每千克体重0.05mL。

【剂型规格】 双氯芬酸钠注射液：5mL:0.25g、100mL:5g。

【相互作用】 双氯芬酸钠配伍禁忌见表9-3。

表9-3　双氯芬酸钠配伍禁忌

药物类别	禁忌原因
糖皮质激素、非甾体类抗炎药	增加不良反应
喹诺酮类	引起惊厥
阿司匹林	降低本品的血药浓度

【不良反应】 按推荐剂量使用，未见不良反应。

【特别提示】 肝功能损伤、肾功能损伤、胃溃疡的动物禁用。

【休药期】 15d。

对乙酰氨基酚双氯芬酸钠

【性状】 注射液：无色或几乎无色略黏稠澄明液体。

【药理作用】 本品为以双氯芬酸钠和对乙酰氨基酚为主要成分的复方制剂。其中双氯芬酸钠为苯基乙酸衍生物，具有镇痛、抗炎、解热作用，药效强，不良反应轻，剂量小，个体差异小；对乙酰氨基酚具有良好的解热镇痛作用。两药具有协同作用，配合使用可以减少临床用药剂量，降低不良反应，且肌内注射后起效快，作用时间长，解热效果更佳。

药动学：肌内注射后，双氯芬酸钠、对乙酰氨基酚自注射部位吸收迅速而完全。双氯芬酸钠达峰时间为 0.5h，平均消除半衰期约为 1.5h；对乙酰氨基酚达峰时间 0.625h 左右，消除半衰期约为 1.9h。

【临床应用】 用于猪的各种发热、关节炎、疼痛等的对症治疗。

【用法用量】 肌内注射：一次量，每千克体重 0.04mL。

【剂型规格】 对乙酰氨基酚双氯芬酸钠注射液：5mL:对乙酰氨基酚 0.75g＋双氯芬酸钠 0.125g；100mL:对乙酰氨基酚 15g＋双氯芬酸钠 2.5g。

【不良反应】 按推荐剂量使用，未见不良反应。

【特别提示】 肝功能、肾功能等损伤的动物禁用。

【休药期】 9d。

安乃近

【性状】 片剂：白色片；注射液：无色至微黄色澄明液体。

【药理作用】 解热作用较显著，镇痛作用亦较强，并有一定的消炎和抗风湿作用。对胃肠蠕动无明显影响。

【临床应用】 用于肌肉痛、风湿症、发热性疾患和疝痛等。

【用法用量】 肌内注射：一次量，1～3g；内服：一次量，2～5g。

【剂型规格】 安乃近注射液：2mL:0.5g，5mL:1.5g、2g，10mL:3g，20mL:6g；安乃近片：0.3g、0.5g。

【相互作用】 与清开灵合用增强解热作用；与庆大霉素、氨苄西林等合用有协同作用；青霉素、链霉素、安乃近、地塞米松联用治疗猪炎症效果较好。与氯丙嗪合用可使体温急剧下降；与巴比妥类、保泰松合用，会影响肝脏微粒体混合功能酶的活性。

【不良反应】 长期应用可引起粒细胞减少。

【特别提示】

① 不宜于穴位注射，尤其不适于关节部位注射，否则可能引起肌肉萎缩和关节机能障碍。

② 可抑制凝血酶原的合成，加重出血倾向。

【休药期】 28d。

复方氨基比林

【性状】 注射液：无色至淡黄色澄明液体。

【药理作用】 环氧化酶抑制剂，通过抑制环氧化酶的活性，从而抑制前列腺素前体物——花生四烯酸转变为前列腺素这一过程，使前列腺素合成减少，进而产生解热、镇痛、抗炎和抗风湿作用。与巴比妥类合用能增强镇痛效果。

药动学：内服吸收迅速，主要在肝脏内代谢，经脱甲基形成4-氨基安替比林，进一步乙酰化为无活性的*N*-乙酰-4-氨基安替比林（在马体内不乙酰化，主要生成4-甲基氨基安替比林）。代谢物以原形或与葡萄糖醛酸和硫酸形成结合物，由尿排出。半衰期为1～4h。

【临床应用】 用于动物的解热和抗风湿，但镇痛效果较差。

【用法用量】 肌内、皮下注射：一次量，5～10mL。

【剂型规格】 复方氨基比林注射液：5mL、10mL、20mL、50mL。

【相互作用】 与巴比妥类、青霉素合用有协同作用。

【不良反应】 剂量过大或长期应用，可引起高铁血红蛋白血症、缺氧、发绀、粒细胞减少症等。

【特别提示】 连续长期使用可引起粒性白细胞减少症，应定期检查血象。

【休药期】 28d。

安痛定

【性状】 注射液：无色至淡棕色澄明液体。

【药理作用】 本品是由氨基比林（5%）、安替比林（2%）、巴比妥（0.9%）组成的复方制剂。解热作用强而持久，为安替比林的3～4倍，亦强于对乙酰氨基酚；还具有抗风湿和抗炎作用。解热作用迅速，但维持时间较短，并有一定的镇痛、消炎作用。巴比妥的中枢抑制作用随剂量而异，具有镇静、催眠和抗惊厥作用。复方制剂能增强镇痛效果，有利于缓解疼痛症状。

【临床应用】 用于发热性疾患、关节痛、肌肉痛和风湿症等。

【用法用量】 肌内、皮下注射：5～10mL。

【剂型规格】 安痛定注射液：5mL、10mL、20mL、50mL。

【不良反应】【特别提示】 参见复方氨基比林。

【休药期】 28d。

水杨酸钠

【性状】 注射液：无色或微黄色澄明液体。

【药理作用】 镇痛作用较阿司匹林、非那西汀、氨基比林弱，临床上主要用作抗风湿药。对于风湿性关节炎，用药数小时后关节疼痛显著减轻，肿胀消退，风湿热消退。此外，还有促进尿酸排泄的作用，可用于痛风。

药动学：生物利用度种属间差异较大，猪和犬吸收最好。血浆半衰期为5.9h。血浆蛋白结合率为64%～72%。能分布到各组织中，并可透入关节腔、脑脊液及乳汁中，也易通过胎盘屏障。主要在肝脏中代谢，代谢物为水杨尿酸等，与部分原药一起由尿排出。排泄速度受尿液酸碱度影响，碱性尿液排泄加快，酸性尿液则相反。

【临床应用】 用于风湿症等。

【用法用量】 静脉注射：一次量，2～5g。

【剂型规格】 水杨酸钠注射液：10mL:1g、20mL:2g、50mL:5g。

【相互作用】 与氧化锌合用防治仔猪腹泻效果较好，与庆大霉素合用可减轻庆大霉素耳毒性，与痢菌净合用可增加痢菌净溶解度，也可辅助解热消炎。本品可使血液中凝血酶原的活性降低，故不可与抗凝血药合用；与碳酸氢钠同用可减少本品吸收，加速本品排泄。

【不良反应】 长期大剂量应用，可引起耳聋、肾炎等；能抑制凝血酶原合成而产生出血倾向。

【特别提示】

① 仅供静脉注射，不能漏出血管外。

② 中毒时出现呕吐、腹痛等症，可用碳酸氢钠解救。

③ 有出血倾向、肾炎及酸中毒的患畜禁用。

【休药期】 无。

氟尼辛葡甲胺

【性状】 注射液：无色或淡黄色澄明液体。

【药理作用】 强效环氧化酶抑制剂，具有镇痛、解热、抗炎和抗风湿作用。镇痛作用是通过抑制外周的前列腺素或其痛觉增敏物质的合成或它们的共同作用，从而阻断痛觉冲动传导实现的。外周组织的抗炎作用可能是通过抑制环氧化酶、减少前列腺素前体物质形成，以及抑制其他介质引起局部炎症反应实现的。

药动学：肌内注射给药后（每千克体重 2.2mg），血浆消除半衰期为 3～4h，达峰浓度为 2.94μg/mL，达峰时间为 0.4h，给药 18h 后仍可在血液中检测到药物。表观分布容积为 2.0L/kg，单次颈部注射的生物利用度为 87%。

【临床应用】 用于家畜及小动物发热性疾患、炎症性疾患、肌肉痛和软组织痛等。

【用法用量】 肌内、静脉注射：一次量，每千克体重 2mg，1～2 次/d，连用不超过 5d。

【剂型规格】 氟尼辛葡甲胺注射液：2mL:10mg、100mg，10mL:0.5g，50mL:0.25g、2.5g，100mL:0.5g、5g，250mL:12.5g。

【相互作用】 勿与其他非甾体类抗炎药同时使用，否则会加重对胃肠道的毒副作用，如溃疡、出血等；因血浆蛋白结合率高，与其他药物联合应用时，氟尼辛葡甲胺可能置换与血浆蛋白结合的其他药物或者自身被其他药物所置换，导致被置换的药物作用增强，甚至产生毒性。配合抗生素，可用于母猪无乳综合征的辅助治疗。

【不良反应】 肌内注射对局部有刺激作用。长期大剂量使用可导致动物胃溃疡及肾功能损伤。

【特别提示】

① 消化道溃疡患畜慎用。

② 不可与其他非甾体类抗炎药同时使用。

【休药期】 28d。

美洛昔康

【性状】 注射液：黄色澄明液体。

【药理作用】 非甾体类抗炎药，通过抑制前列腺素的合成发挥作用，主要功能为抗炎、镇痛和解热。可抑制白细胞向发炎组织的趋化作用，轻度抑制胶原蛋白诱导的血小板聚集。此外，尚具有抗内毒素作用，可抑制大肠杆菌内毒素诱导生成血栓素 B_2。

【临床应用】 用于非感染性运动异常以减轻跛行与炎症；与适宜的抗生素合用，辅助治疗产后败血症与毒血症（乳房炎-子宫炎-无乳综合征）。

【用法用量】 以美洛昔康计，肌内注射：与适宜的抗生素合用，一次量，每千克体重 0.4mg；若需要，24h 后再注射一次。

【剂型规格】 美洛昔康注射液：20mL∶400mg、50mL∶1g、100mL∶2g、250mL∶5g。

【不良反应】

① 皮下注射后，注射部位偶见轻微的一过性肿胀。

② 有极少数动物出现过敏反应，应对症治疗。

【特别提示】

① 禁用于肝功能、心功能或肾功能损伤，以及出血异常或胃肠道溃疡的动物。

② 禁用于对本品过敏的动物。

③ 具有潜在肾毒性，慎用于严重脱水、血容量减少或低血压等需要注射补液的动物。

④ 禁与糖皮质激素、其他非甾体类抗炎药或抗凝血药合用。

⑤ 对 NSAID（非甾体抗炎药）过敏的人避免接触。

【休药期】 5d。

卡巴匹林钙

【性状】 可溶性粉：类白色粉末。

【药理作用】 本品为阿司匹林钙与尿素络合的盐，在水中水解为乙酰水杨酸而发挥解热镇痛和抗炎作用。静脉注射后其代谢产物阿司匹林即可达峰，峰浓度为 48.96μg/mL。口服后其代谢产物阿司匹林平均 0.39h 达峰，峰浓度为 8.42μg/mL。

【临床应用】 用于猪的发热和疼痛。

【用法用量】 内服：一次量，每千克体重 40mg。

【剂型规格】 卡巴匹林钙可溶性粉：50%。

【不良反应】 按规定的用法与用量使用尚未见不良反应。

【特别提示】

① 不得与其他水杨酸类解热镇痛药合用。

② 糖皮质激素能刺激胃酸分泌，降低胃及十二指肠黏膜对胃酸的抵抗力，合用可使胃肠出血加剧；与碱性药物合用，疗效降低，一般不宜合用。

【休药期】 暂无。

第二节　糖皮质激素类药

氢化可的松

【性状】 注射液：无色澄明液体。

【药理作用】 具有抗炎、抗过敏、抗免疫、抗休克作用，还能影响代谢，如升高血糖、促进肝糖原形成，增加蛋白质和脂肪的分解，抑制蛋白质合成。

【临床应用】 用于炎症性、过敏性疾病等。

【用法用量】 静脉注射：一次量，4～16mL（20～80mg）。

【剂型规格】 氢化可的松注射液：2mL∶10mg、5mL∶25mg、20mL∶100mg。

【相互作用】 与山莨菪碱合用能增强对中毒性菌痢的疗效；与抗生素合用可提高治疗皮炎、湿疹的疗效；与甘露醇、速尿合用治疗肺性脑病效果较好。苯巴比妥等肝药酶诱导剂可促进其代谢，使药效降低；本品可使水杨酸盐的消除加快、疗效降低，合用时还易引起消化道溃疡；还可使内服抗凝血药的疗效降低，两者合用时应适当增加抗凝血药的剂量；噻嗪类利尿药能促进钾排泄，与本品合用时应注意补钾。

【不良反应】

① 诱发或加重感染、溃疡病。

② 可造成骨质疏松、肌肉萎缩、伤口愈合延缓。

③ 有较强的水钠潴留和排钾作用。

【特别提示】

① 严重肝功能不良、骨软症、骨折治疗期、创伤修复期、疫苗接种期动物禁用。

② 妊娠后期大剂量使用可引起流产，妊娠早期及后期母畜禁用。

③ 严格掌握适应症，防止滥用。

④ 用于严重急性的细菌性感染应与足量有效的抗菌药合用。

⑤ 大剂量可增加钠的重吸收和钾、钙、磷的排除，长期使用可致水肿、骨质疏松等。

⑥ 长期用药不能突然停药，应逐渐减量，直至停药。

【休药期】 无。

醋酸氢化可的松

【性状】 注射液：微细颗粒的混悬液，静置后微细颗粒下沉，振摇后成均匀的乳白色混悬液。

【药理作用】 天然短效类皮质激素，具有抗炎、抗过敏、抗免疫、抗休克作用。多用作静脉注射。由于肌内注射吸收不良，一般不作全身治疗，主要供乳室内、关节腔、鞘内等局部注入。局部注射被缓慢吸收，药效作用持久。

【临床应用】 用于炎症性、过敏性疾病等，如用于结膜炎、虹膜炎、角膜炎、巩膜炎等。

【用法用量】 肌内注射：一次量，2～4mL。

【剂型规格】 醋酸氢化可的松注射液：5mL:125mg；醋酸氢化可的松滴眼液：3mL:15mg。

【相互作用】 参见氢化可的松。

【不良反应】

① 有较强的水钠潴留和排钾作用。

② 有较强的免疫抑制作用。

③ 妊娠后期大剂量使用可引起流产。

④ 大剂量或长期用药易引起肾上腺皮质功能低下。

【特别提示】 角膜溃疡禁用，眼部有细菌感染时应与抗菌药物配伍使用。其他参见氢化可的松。

【休药期】 0d。

醋酸可的松

【性状】 注射液：微细颗粒的混悬液，静置后微细颗粒下沉，振摇后成均匀的乳白色混悬液。

【药理作用】 本身无活性，需在体内转化为氢化可的松后起效，具有抗炎、抗过敏、抗毒素、抗休克作用。皮肤等局部用药无效。肌内注射被缓慢吸收，作用持久。

【临床应用】 用于炎症性、过敏性疾病等。

【用法用量】 肌内注射：一次量，2～4mL（50～100mg）。

【剂型规格】 醋酸可的松注射液：10mL:0.25g。

【相互作用】【不良反应】【特别提示】 参见醋酸氢化可的松。

【休药期】 无。

地塞米松

【性状】 注射液：无色澄明液体。

【药理作用】 作用与氢化可的松基本相似，但作用较强，显效时间长，副作用较小。抗炎作用与糖原异生作用为氢化可的松的25倍，水钠潴留和排钾的作用比氢化可的松稍小。对垂体-肾上腺皮质轴的抑制作用较强。还可用于母畜同期分娩的引产，但可使胎盘滞留率升高，泌乳延迟，子宫恢复到正常状态较晚。

【临床应用】 用于炎症性、过敏性疾病等，以及母猪引产。

【用法用量】 肌内、静脉注射：一次量，4～12mg。

【剂型规格】 地塞米松磷酸钠注射液：1mL:1mg、2mg、5mg；5mL:2mg、5mg。

【相互作用】 地塞米松联用见表9-4。配伍禁忌参见氢化可的松。

表9-4 地塞米松联用

药物类别	联用增效
氨茶碱	治疗哮喘有协同作用
山莨菪碱	灌肠治疗慢性腹泻有增效作用
鱼腥草	治疗喉炎有协同作用
抗组胺药(苯海拉明)、止吐药(胃复安)	增强止吐效果,减少不良反应
双氯芬酸钠	防治局部炎症有增效作用
抗生素(庆大霉素、林可霉素、金霉素等)	治疗机体炎症有协同作用

【不良反应】【特别提示】 参见醋酸氢化可的松。

【休药期】 21d。

第十章

体液补充药与电解质、酸碱平衡调节药

第一节 体液补充药

右旋糖酐 40 葡萄糖

【性状】 注射液：无色、稍带黏性的澄明液体，有时显轻微的乳光。

【药理作用】 右旋糖酐能提高血浆胶体渗透压，吸收血管外的水分而扩充血容量，维持血压；使已经聚积的红细胞和血小板解聚，降低血液黏滞性，改善微循环和组织灌注，使静脉回流量和心搏输出量增加；抑制凝血因子Ⅱ的激活，使凝血因子Ⅰ和Ⅷ活性降低，有抗血栓形成和渗透性利尿作用。分子量小，在体内停留时间较短，经肾脏排泄亦快，故扩充血容量作用维持时间较短，维持血压时间仅为 3h 左右。

葡萄糖是机体所需能量的主要来源，在体内被氧化成二氧化碳和水并同时放出热量，或以糖原形式储存，对肝脏具有保护作用。5％等渗葡萄糖注射液及葡萄糖氯化钠注射液有补充体液的作用。

【临床应用】 用于补充和维持血容量，治疗失血、创伤、烧伤及中毒性休克。

【用法用量】 静脉注射：一次量，250～500mL。

【剂型规格】 右旋糖酐 40 葡萄糖注射液：500mL∶30g 右旋糖酐 40＋25g 葡萄糖。

【相互作用】 与卡那霉素、庆大霉素合用可增加卡那霉素、庆大霉素的肾毒性。

【不良反应】

① 偶见发热、荨麻疹等过敏反应。

② 可增加出血倾向。

【特别提示】

① 静脉注射宜缓慢，用量过大可致出血，如鼻出血、创面渗血、血尿等，有出血倾向的患畜忌用。

② 充血性心力衰竭或有出血性疾病的患畜禁用；患有肝肾疾病的患畜慎用。

③ 产生发热、荨麻疹等过敏反应时，应立即停止输入，必要时注射苯海拉明或肾上腺素解救。

④ 失血量超过35%时应用可继发严重贫血，需采用输血疗法。

【休药期】 无。

右旋糖酐40氯化钠

【性状】 注射液：无色、稍带黏性的澄明液体，有时显轻微的乳光。

【药理作用】 右旋糖酐40的作用见右旋糖酐40葡萄糖。氯化钠为电解质补充剂。在动物体内，钠是细胞外液中极为重要的阳离子，是保持细胞外液渗透压和容量的重要成分。钠离子在细胞外液中的正常浓度，是维持细胞兴奋性、神经肌肉应激性的必要条件。

【临床应用】 用于补充和维持血容量，治疗失血、创伤、烧伤及中毒性休克。

【用法用量】 静脉注射：一次量，250～500mL。

【剂型规格】 右旋糖酐40氯化钠注射液：500mL∶30g右旋糖酐40＋4.5g氯化钠。

【相互作用】【不良反应】【特别提示】 参见右旋糖酐40葡萄糖。

【休药期】 无。

右旋糖酐 70 葡萄糖

【性状】 注射液：无色、稍带黏性的澄明液体，有时显轻微的乳光。

【药理作用】 右旋糖酐 70 的扩充血容量及抗血栓作用较右旋糖酐 40 强，几乎没有改善微循环和渗透性利尿作用。静脉滴注后，在血循环中存留时间较长，排泄较慢，1h 排出 30%，24h 内约 50%从肾排出。葡萄糖是机体所需能量的主要来源，在体内被氧化成二氧化碳和水并同时放出热量，或以糖原形式储存，对肝脏具有保护作用。

【临床应用】 用于补充和维持血容量，治疗失血、创伤、烧伤及中毒性休克。

【用法用量】 静脉注射：一次量，250～500mL。

【剂型规格】 右旋糖酐 70 葡萄糖注射液：500mL∶30g 右旋糖酐 70+25g 葡萄糖。

【相互作用】【不良反应】【特别提示】 参见右旋糖酐 40 葡萄糖。

【休药期】 无。

右旋糖酐 70 氯化钠

【性状】 注射液：无色、稍带黏性的澄明液体，有时显轻微的乳光。

【药理作用】 右旋糖酐 70 的扩充血容量及抗血栓作用较右旋糖酐 40 强。药理作用参见右旋糖酐 40 氯化钠。

【临床应用】 用于补充和维持血容量，治疗失血、创伤、烧伤及中毒性休克。

【用法用量】 静脉注射：一次量，250～500mL。

【剂型规格】 右旋糖酐 70 氯化钠注射液：500mL∶30g 右旋糖酐 70+4.5g 氯化钠。

【相互作用】【不良反应】【特别提示】 参见右旋糖酐 40 氯化钠。

【休药期】 无。

葡萄糖

【性状】 注射液：无色或几乎无色澄明液体。

【药理作用】 葡萄糖是机体所需能量的主要来源，在体内被氧化成二氧化碳和水并同时放出热量，或以糖原形式储存，对肝脏具有保护作用。5%等渗葡萄糖注射液及葡萄糖氯化钠注射液有补充体液作用，高渗葡萄糖还可提高血液渗透压，使组织脱水并有短暂利尿作用。

【临床应用】 5%等渗溶液用于补充营养和水分；10%高渗溶液用于提高血液渗透压和利尿。

【用法用量】 静脉注射：一次量，10～50g。

【剂型规格】 葡萄糖注射液：20mL:5g、10g，100mL:5g、10g，250mL:12.5g、25g，500mL:25g、50g，1000mL:50g、100g。

【不良反应】 长期单纯补给葡萄糖可出现低钾、低钠血症等电解质紊乱状态。

【特别提示】 高渗注射液应缓慢注射，以免加重心脏负担，且勿漏出血管外。

【休药期】 无。

葡萄糖氯化钠

【性状】 注射液：无色澄明液体。

【药理作用】 葡萄糖是机体所需能量的主要来源，在体内被氧化成二氧化碳和水并同时放出热量，或以糖原形式储存，对肝脏具有保护作用。氯化钠为电解质补充剂，在动物体内，钠是细胞外液中极为重要的阳离子，是保持细胞外液渗透压和容量的重要成分。钠以碳酸氢钠形式构成缓冲系统，对调节体液的酸碱平衡具有重要作用。钠离子在细胞外液中的正常浓度，是维持细胞兴奋性、神经肌肉应激性的必要条件。

【临床应用】 用于脱水症。

【用法用量】 静脉注射：一次量，250～500mL。

【剂型规格】 葡萄糖氯化钠注射液：100mL∶葡萄糖5g＋氯化钠0.9g，250mL∶葡萄糖12.5g＋氯化钠2.25g，500mL∶葡萄糖25g＋氯化钠4.5g，1000mL∶葡萄糖50g＋氯化钠9g。

【不良反应】 输注过多、过快，可致水钠潴留，引起水肿、血压升高、心率加快、胸闷、呼吸困难甚至急性左心衰竭。

【特别提示】 低血钾症患畜慎用；易致肝、肾功能不全患病动物水钠潴留，应注意控制剂量。

【休药期】 无。

第二节　电解质与酸碱平衡调节药

氯化钠

【性状】 注射液：无色澄明液体。

【药理作用】 电解质补充剂。钠是细胞外液中极为重要的阳离子，是保持细胞外液渗透压和容量的重要成分。钠以碳酸氢钠形式构成缓冲系统，对调节体液的酸碱平衡具有重要作用。钠离子在细胞外液中的正常浓度，是维持细胞兴奋性、神经肌肉应激性的必要条件。

【临床应用】 用于脱水症。

【用法用量】 静脉注射：一次量，250～500mL。

【剂型规格】 氯化钠注射液：10mL∶0.09g、100mL∶0.9g、250mL∶2.25g、500mL∶4.5g、1000mL∶9g。

【相互作用】 与葡萄糖合用可调节体液渗透压。

【不良反应】 输注或内服过多、过快，可致水钠潴留，引起水肿、血压升高、心率加快；过多、过快给予低渗氯化钠可致溶血、脑水肿等。

【特别提示】

① 肺水肿患畜禁用。

② 脑、肾、心脏功能不全及血浆蛋白过低患畜慎用。

③ 所含氯离子比血浆氯离子浓度高，已发生酸中毒动物，如大量应用，可引起高氯性酸中毒，此时可改用碳酸氢钠和生理盐水。

【休药期】 无。

附：复方氯化钠注射液由氯化钠、氯化钾与氯化钙组成，为无色澄明液体。剂型规格有250mL、500mL、1000mL。临床应用、用法用量、不良反应、特别提示参见氯化钠。

氯化钾

【性状】 注射液：无色澄明液体。

【药理作用】 钾为细胞内主要阳离子，是维持细胞内渗透压的重要成分。钾离子通过与细胞外的氯离子交换参与酸碱平衡的调节。钾离子亦是心肌、骨骼肌、神经系统维持正常功能所必需的。适当浓度的钾离子，可保持神经肌肉的兴奋性，缺钾则导致神经肌肉间的传导阻滞，心肌自律性增高。此外，钾还参与糖类和蛋白质的合成及二磷酸腺苷转化为三磷酸腺苷的能量代谢。

【临床应用】 用于低血钾症，亦可用于强心苷中毒引起的阵发性心动过速等。

【用法用量】 静脉注射：一次量，5～10mL（0.5～1g）。使用时必须用5%葡萄糖注射液稀释成0.3%以下的溶液。

【剂型规格】 氯化钾注射液：10mL∶1g。

【相互作用】 不宜与甘露醇、磺胺嘧啶钠、氯丙嗪、促肾上腺素皮质激素、地西泮等配伍。

【不良反应】 应用过量或滴注过快易引起高血钾症。

【特别提示】

① 无尿或血钾过高时禁用。

② 肾功能严重减退或尿少时慎用。

③ 高浓度溶液或快速静脉注射可能会导致心搏骤停。

④ 脱水病例一般先给不含钾的液体，等排尿后再补钾。

【休药期】 无。

碳酸氢钠

【性状】 注射液：无色澄明液体；片剂：白色片。

【药理作用】 静脉注射碳酸氢钠能直接增加机体的碱储备，迅速纠正代谢性酸中毒，并碱化尿液，以防止磺胺类药物的代谢物等对肾脏的损害，加速弱酸性药物的排泄，使弱有机碱药物排泄减慢。

【临床应用】 用于酸血症、胃肠卡他、碱化尿液等。

【用法用量】 静脉注射：一次量，40～120mL；内服：一次量，2～5g。

【剂型规格】 碳酸氢钠注射液：10mL:0.5g、250mL:12.5g、500mL:25g；碳酸氢钠片：0.3g、0.5g。

【相互作用】 与磺胺类药合用可减少磺胺类药在尿中的结晶；与大黄配伍可用于健胃；与链霉素合用可增强泌尿道抗菌作用。

【不良反应】

① 大量静脉注射时可引起代谢性碱中毒、低血钾症，易出现心律失常、肌肉痉挛。

② 剂量过大或肾功能不全患畜可出现水肿、肌肉疼痛等症状。

【特别提示】

① 避免与酸性药物、复方氯化钠、硫酸镁或盐酸氯丙嗪注射液等混合应用。

② 对组织有刺激性，静脉注射时勿漏出血管外。

③ 用量要适当，纠正严重酸中毒时，应测定 CO_2 结合力作为用量依据。

④ 充血性心力衰竭、肾功能不全和水肿或缺钾等患畜慎用。

【休药期】 无。

口服补液盐

【性状】 白色结晶性粉末。

【药理作用】 补充体液中钠离子、钾离子及营养物质，调节体液酸碱平衡。

【临床应用】 用于纠正腹泻、热应激等引起的电解质紊乱。

【用法用量】 灌服：轻度脱水，每千克体重40～60mL；中度脱水，每千克体重60～80mL，多次少量，在4～6h内饮用完。以后酌情调整剂量，直到腹泻停止。但每日（24h）补液总量以每千克体重100mL为宜。轻度腹泻，每日每千克体重50mL，腹泻停止后应立即停用。

断奶仔猪，一般每小时饮用1次，每次每千克体重10～15mL，4～6h内饮完；哺乳仔猪可每隔半小时灌（饮）服一次，每次每千克体重5～8mL，4h内服完。

【剂型规格】 118g（大袋：葡萄糖88g、氯化钠14g；小袋：氯化钾6g、碳酸氢钠10g)/包。

【特别提示】 严重脱水者禁用；忌与酸性药物合用。

【休药期】 无。

第十一章

调节组织代谢药

第一节 维生素类药

一、脂溶性维生素

维生素 AD

【性状】 注射液：无色或淡黄色澄明油状液体；油：黄色至橙红色澄清油状液体，无败油臭。

【药理作用】 维生素 A 具有促进生长、维持上皮组织（如皮肤、结膜、角膜等）正常机能的作用，并参与视紫红质的合成，增强视网膜感光力；此外，还参与体内许多氧化过程，尤其是不饱和脂肪酸的氧化。维生素 A 缺乏时，动物生长停止，骨骼生长不良，繁殖能力下降，皮肤粗糙、干燥，角膜软化并发生干性眼炎和夜盲症等。

维生素 D 对钙、磷代谢及幼畜骨骼生长有重要影响，可以促进钙和磷在小肠内正常吸收，调节肾小管对钙的重吸收，维持循环血液中钙的水平，并促进骨骼的正常发育。维生素 D 缺乏时，动物肠道钙、磷吸收能力降低，血中钙、磷水平较低，以致钙、磷在骨骼组织沉积下降，成骨作用受阻，甚至造成沉积的骨盐再溶解。

【临床应用】 用于维生素 A、维生素 D 缺乏症，如夜盲症、角膜软化、皮炎、佝偻病及骨软症等。

【用法用量】 肌内注射：50kg 猪 2～4mL，仔猪 0.5～1mL；

内服：一次量，10～15mL。

【剂型规格】 维生素AD注射液：0.5mL:维生素A 25000U+维生素D_2 2500U，5mL:维生素A 250000U+维生素D_2 25000U，100mL:维生素A 5000000U+维生素D_2 50000U；维生素AD油：每1g含维生素A 5000U与维生素D 500U。

【相互作用】 氢氧化铝可使小肠上段胆酸减少，影响维生素A的吸收；矿物油、新霉素能干扰维生素A的吸收；维生素E可促进维生素A吸收，但服用大量维生素E时可耗尽体内储存的维生素A；大剂量维生素A可以对抗糖皮质激素的抗炎作用；长期大量服用液状石蜡、新霉素可减少维生素D的吸收；苯巴比妥等药酶诱导剂能加速维生素D的代谢。

【不良反应】 按规定的用法与用量使用尚未见不良反应。

【特别提示】 仅供肌内注射，不得超量使用。

【休药期】 无。

维生素D_3

【性状】 注射液：淡黄色澄明油状液体。

【药理作用】 维生素D的主要形式之一，对钙、磷代谢及幼畜骨骼生长有重要影响，可以促进钙、磷在小肠内正常吸收。其代谢活性物质能调节肾小管对钙的重吸收，维持循环血液中钙的水平，并促进骨骼的正常发育。

【临床应用】 用于防治维生素D缺乏症，如佝偻病、骨软症等。

【用法用量】 肌内注射：一次量，每千克体重1500～3000U。

【剂型规格】 维生素D_3注射液：0.5mL:3.75mg（15万单位）、1mL:7.5mg（30万单位）、15mg（60万单位）。

【相互作用】 参见维生素AD。

【不良反应】

① 过多维生素D会直接影响钙和磷的代谢，减少骨的钙化作用，在软组织出现异位钙化，以及导致心律失常和神经功能紊乱等

症状。

② 过多会间接干扰其他脂溶性维生素（如维生素 A、维生素 E、维生素 K）的代谢。

【特别提示】 使用时应注意补充钙剂，中毒时应立即停用本品和钙制剂。

【休药期】 无。

维生素 D_2 胶性钙

【性状】 注射液：白色乳状液体。

【药理作用】 对钙、磷代谢及幼畜骨骼生长有重要影响，可促进钙和磷在小肠内正常吸收。代谢活性物质能调节肾小管对钙的重吸收，维持循环血液中钙的水平，并促进骨骼的正常发育。

【临床应用】 适用于各种因维生素 D 缺乏所引起的钙质代谢障碍，如软骨病与佝偻病等不适于口服给药者。

【用法用量】 皮下、肌内注射：一次量，2～4mL。临用前摇匀。

【剂型规格】 维生素 D_2 胶性钙注射液：1mL:5000U、5mL:25000U、20mL:100000U。

【相互作用】【不良反应】【特别提示】 参见维生素 D_3。

【休药期】 无。

维生素 E

【性状】 注射液：淡黄色澄明油状液体。

【药理作用】 能阻止体内不饱和脂肪酸及其他易氧化物的氧化，保护细胞膜的完整性，维持其正常功能；还具有促进性腺发育、促成受孕和防止流产等作用；此外，还能提高动物对疾病的抵抗力，增强抗应激能力。在体内主要储存在肝脏中，但储存量远比维生素 A 少。在肝脏代谢，主要通过胆汁排泄。维生素 E 缺乏时仔猪营养性肌肉萎缩，早期症状为僵硬和不愿走动，剖检尸体可见骨骼肌有变性的灰白色区域和心肌损害。

【临床应用】 用于治疗维生素 E 缺乏所致的不孕症、白肌病等。

【用法用量】 皮下、肌内注射：一次量，2～10mL（0.1～0.5g）。临用前摇匀。

【剂型规格】 维生素E注射液：1mL:50mg、10mL:500mg。

【相互作用】 维生素E联用见表11-1。

表11-1 维生素E联用

药物类别	联用增效
亚硒酸钠	呈协同作用
洋地黄	增强洋地黄强心作用
对乙酰氨基酚	拮抗对乙酰氨基酚副作用
庆大霉素	拮抗庆大霉素肾毒性
海南霉素、盐霉素	降低两者毒性
灰黄霉素	促进灰黄霉素吸收

【不良反应】 过高剂量可引起血小板聚集、骨骼肌无力、生殖功能障碍、视物模糊及胃肠道反应（如恶心、腹泻、肠痉挛等）。

【特别提示】

① 维生素E和硒具有协同作用。

② 大剂量的维生素E可延迟抗缺铁性贫血药物的治疗效应。

③ 液状石蜡、新霉素能减少其吸收。

④ 偶尔可引起死亡、流产或早产等过敏反应，此时可立即注射肾上腺素或抗组胺药物治疗。

⑤ 注射体积超过5mL时应分点注射。

【休药期】 无。

二、水溶性维生素

维生素B_1

【别名】 硫胺素。

【性状】 注射液：无色澄明液体。

【药理作用】 维生素 B_1 对维持神经组织、心脏及消化系统的正常机能起着重要作用。缺乏时，血中丙酮酸、乳酸增高，并影响机体能量供应；幼畜则出现多发性神经炎、心肌功能障碍、消化不良、生长受阻等。通常代谢较旺盛的器官（如肝、肾、心、脑等）中浓度较高，但猪的肌肉组织中含量也较高。

【临床应用】 用于维生素 B_1 缺乏症，如多发性神经炎、胃肠弛缓等。

【用法用量】 内服、皮下注射、肌内注射：一次量，25～50mg。

【剂型规格】 维生素 B_1 注射液：1mL:10mg、25mg，10mL:0.25mg，2mL:0.1g；维生素 B_1 片：10mg、50mg。

【相互作用】 维生素 B_1 在碱性溶液中易分解，与碱性药物（如碳酸氢钠、枸橼酸钠等）配伍时，易变质；可增强神经肌肉阻断剂的作用。维生素 B_1 配伍禁忌见表 11-2。

表 11-2　维生素 B_1 配伍禁忌

药物类别	禁忌原因
抗酸药(碳酸氢钠)、氨茶碱、对氨基水杨酸钠	发生酸碱中和反应，破坏维生素 B_1
氨丙啉	呈拮抗作用
氨苄西林、头孢菌素、多黏菌素、制霉菌素	维生素 B_1 对其有灭活作用，不宜合用
阿司匹林	增加对胃黏膜刺激性
红霉素、呋塞米、碳酸氢钠、叶酸	呈拮抗作用

【不良反应】 注射时偶见过敏反应，甚至休克。

【特别提示】

① 吡啶硫胺素、氨丙啉与维生素 B_1 有拮抗作用，饲料中此类物质添加过多会引起维生素 B_1 缺乏。

② 与其他 B 族维生素或维生素 C 合用，可对代谢发挥综合疗效。

【休药期】 无。

维生素 B_2

【别名】 核黄素。

【性状】 注射液：橙黄色澄明液体；遇光易变质。

【药理作用】 体内黄素酶类辅基的组成部分，黄素酶在生物氧化还原中发挥递氢作用，参与体内碳水化合物（糖类）、氨基酸和脂肪的代谢，并对中枢神经系统的营养、毛细血管功能具有重要影响。机体所需的维生素 B_2 约 1/3 储存在肝脏中，需要时即被释放出来。缺乏时会影响生物氧化，使代谢发生障碍。猪表现出腿肌僵硬、眼晶体浑浊、腹泻、皮肤粗糙、食欲不振等症状，母猪则出现早产、胚胎死亡及胎儿畸形。

【临床应用】 用于维生素 B_2 缺乏症，如口炎、皮炎、角膜炎等。

【用法用量】 内服、皮下注射、肌内注射：一次量，20～30mg。

【剂型规格】 维生素 B_2 注射液：2mL:10mg、5mL:25mg、10mL:50mg；维生素 B_2 片：5mg、10mg。

【相互作用】 维生素 B_2 配伍禁忌见表 11-3。

表 11-3 维生素 B_2 配伍禁忌

药物类别	禁忌原因
丙磺舒、泻药、胃复安	减少维生素 B_2 吸收，不宜合用
吩噻嗪类药	维生素 B_2 需要量增加
氨苄西林、黏菌素、链霉素、红霉素、四环素	维生素 B_2 使其抗菌活性下降
灰黄霉素	使灰黄霉素失效
维生素 C	加速维生素 C 氧化失效

【不良反应】 按规定的用法用量使用尚未见不良反应。

【特别提示】 动物使用本品后，尿液呈黄色。

【休药期】 无。

维生素 B_6

【性状】 注射液：无色至微黄色澄明液体。

【药理作用】 在体内经酶作用生成具有生理活性的磷酸吡哆醛和磷酸吡哆醇，是氨基转移酶、脱羧酶及消旋酶的辅酶，参与体内氨基酸、蛋白质、脂肪和糖类的代谢。此外，还在亚油酸转变为花生四烯酸等过程中发挥重要作用。

【临床应用】 用于皮炎和周围神经炎等。

【用法用量】 内服、皮下注射、肌内注射或静脉注射：一次量，0.5～1g。

【剂型规格】 维生素 B_6 注射液：1mL:50mg、2mL:100mg、10mL:500mg；维生素 B_6 片：10mg。

【不良反应】 按规定的用法用量使用尚未见不良反应。

【特别提示】 与维生素 B_{12} 合用，可促进维生素 B_{12} 的吸收。

【休药期】 无。

维生素 B_{12}

参见第八章第三节血液循环系统药物中的抗贫血药维生素 B_{12}。

复合维生素 B

【性状】 注射液：黄色带绿色荧光的澄明或几乎澄明溶液；溶液：黄色带绿色荧光的澄明液体。

【药理作用】 主要成分为维生素 B_1、维生素 B_2、维生素 B_6 等，各自的作用参见维生素 B_1、维生素 B_2、维生素 B_6。

【临床应用】 用于防治 B 族维生素缺乏所致的多发性神经炎、消化障碍、癞皮病、口腔炎等。

【用法用量】 肌内注射：一次量，2～6mL；内服：一次量，7～10mL。

【剂型规格】 复合维生素 B 注射液：1mL、10mL；复合维生素 B 溶液；复合维生素 B 可溶性粉。

【不良反应】 按规定的用法用量使用尚未见不良反应。

【休药期】 无。

维生素 C

【性状】 注射液：无色至微黄色澄明液体。

【药理作用】 维生素 C 参与氨基酸代谢及神经递质、胶原蛋白和组织细胞间质的合成，可降低毛细血管通透性，具有促进铁在肠内吸收，增强机体对感染的抵抗力，以及增强肝脏解毒能力等作用。被吸收后在体内广泛分布于全身组织，血浆蛋白结合率约25%，在肝脏代谢，主要以原形从尿排泄，过量时被代谢为草酸（乙二酸）。

【临床应用】 用于维生素 C 缺乏症、发热、慢性消耗性疾病等。

【用法用量】 内服、肌内注射：一次量，0.2～0.5g；混饲：每 1000kg 饲料 20～50g。

【剂型规格】 维生素 C 注射液：2mL:0.1g、0.25g，5mL:0.5g，10mL:0.5g、1g，20mL:2.5g；维生素 C 片：100mg；维生素 C 可溶性粉：6%、10%、25%。

【相互作用】 与铁剂、抗组胺药、利尿药、糖皮质激素、二巯基丙醇等有协同作用。维生素 C 配伍禁忌见表 11-4。

表 11-4 维生素 C 配伍禁忌

药物类别	禁忌原因
维生素 B_{12}	影响维生素 B_{12} 吸收
复合维生素 B	理化配伍禁忌
碘剂	使维生素 C 发生氧化还原失效
阿司匹林	降低维生素 C 胃肠道吸收
肝素、香豆素等抗凝剂	缩短凝血酶原时间
碳酸氢钠、氨茶碱、氢氧化铝等碱性药物	使维生素 C 破坏失效
磺胺类药	促使磺胺类药在肾脏形成结晶
青霉素、氨苄西林、红霉素	降低抗生素疗效
维生素 K_3	两药均失效
四环素类、氯化铵、苯巴比妥、水杨酸盐类	维生素 C 需要量增加
钙剂	形成草酸钙结晶

【不良反应】 给予高剂量时，可增加尿酸盐、草酸盐或胱氨酸结晶形成的风险。

【特别提示】

① 与水杨酸类和巴比妥合用能增加维生素 C 的排泄。

② 与维生素 K_3、维生素 B_2、碱性药物和铁离子等溶液配伍，可影响药效，不宜配伍。

③ 大剂量应用时可酸化尿液，使某些有机碱类药物排泄增加。

④ 对氨基糖苷类、β-内酰胺类、四环素类等多种抗生素具有不同程度的灭活作用，不宜混合注射。

【休药期】 无。

泛酸钙

【性状】 白色粉末；无臭；有引湿性；水溶液显中性或弱碱性。

【药理作用】 泛酸是辅酶 A 的组成部分，辅酶 A 在物质代谢中传递酰基，参与糖类、脂肪和蛋白质的代谢。泛酸还在脂肪酸、胆固醇及乙酰胆碱的合成中起着十分重要的作用，并参与维持皮肤和黏膜的正常功能和毛皮的色泽，还可增强机体对疾病的抵抗力。体内肝、肾、肌肉、心和脑等组织含量较高。

【临床应用】 用于泛酸缺乏症。

【用法用量】 混饲：每 1000kg 饲料 10～13g。

【不良反应】 按规定的用法用量使用尚未见不良反应。

烟酰胺

【性状】 注射液：无色澄明液体。

【药理作用】 与烟酸统称为维生素 PP、抗癞皮病维生素。烟酰胺是辅酶Ⅰ和辅酶Ⅱ的组成部分，在体内氧化还原反应中起传递氢的作用。它与糖酵解、脂肪代谢、丙酮酸代谢，以及高能磷酸键的生成有着密切关系，在维持皮肤和消化器官正常功能方面亦起着重要作用。猪缺乏症表现为食欲下降、生长不良、口炎、腹泻、表皮脱落性皮炎和脱毛。

【临床应用】 用于烟酸缺乏症。

【用法用量】 肌内注射：一次量，每千克体重0.2～0.6mg；内服：一次量，每千克体重3～5mg。

【剂型规格】 烟酰胺注射液：1mL:50mg、100mg；烟酰胺片：50mg、100mg。

【相互作用】 与维生素B_1、维生素B_2有协同作用。

【不良反应】 按规定的用法用量使用尚未见不良反应。

【特别提示】 肌内注射可引起注射部位疼痛。

【休药期】 无。

第二节　钙、磷与微量元素

氯化钙

【性状】 注射液：无色澄明液体。

【药理作用】 钙具有如下功能：促进骨骼和牙齿正常发育，维持骨骼正常的结构和功能；维持神经纤维和肌肉的正常兴奋性，参与神经递质的正常释放；对抗镁离子的中枢抑制及神经肌肉兴奋传导阻滞作用；降低毛细血管膜的通透性；促进凝血等。

药动学：血液中近50%的钙以离子形式存在，约50%的钙与血清蛋白结合或与其他阴离子络合。游离的钙离子在维持血钙浓度和骨骼钙化中起主要作用。钙能穿过胎盘，也可分布到乳汁中。吸收的钙可从胆汁、胰液进入肠道，与未吸收的钙一起从粪便排出，仅有少量从尿液排出。

【临床应用】 用于低血钙症及毛细血管通透性增加所致的疾病。

【用法用量】 静脉注射：一次量，1～5g。

【剂型规格】 氯化钙注射液：10mL:0.3g、0.5g，20mL:0.6g、1g。

【相互作用】 在洋地黄治疗患畜期间静脉注射钙剂易引起心律失常；噻嗪类利尿药与大剂量的钙剂同时应用可引起高钙血症；静

脉注射氯化钙可中和高镁血症或注射镁盐引起的毒性；注射钙剂可对抗非去极化型神经肌肉阻断剂的作用；维生素 A 摄入过量可促进骨钙的丢失，引起高钙血症；钙剂与大剂量的维生素 D 同时应用可引起钙的吸收增加，并诱导高钙血症。

【不良反应】 钙剂治疗可能诱发高钙血症，尤其是心、肾功能不良的患畜；静脉注射钙剂速度过快可引起低血压、心律失常和心跳停止。

【特别提示】

① 应用强心苷期间禁用。

② 刺激性强，不宜皮下或肌内注射，其 5%溶液不可直接静脉注射，注射前应以 10～20 倍葡萄糖注射液稀释。

③ 静脉注射宜缓慢，勿漏出血管。若漏出，受影响局部可注射生理盐水、糖皮质激素和 1%普鲁卡因。

【休药期】 无。

附：氯化钙葡萄糖注射液为无色澄明液体，主要用于低血钙症、心脏衰竭、荨麻疹、血管神经性水肿和其他毛细血管通透性增加的过敏性疾病。静脉注射时，一次量，20～100mL。剂型规格有 20mL:氯化钙 1g+葡萄糖 5g，50mL:氯化钙 2.5g+葡萄糖 12.5g，100mL:氯化钙 5g+葡萄糖 25g。不良反应、特别提示参见氯化钙。

葡萄糖酸钙

【性状】 注射液：无色澄明液体。

【药理作用】 作用与氯化钙相似，但含钙量较氯化钙低，对组织刺激性较小，注射给药比氯化钙安全。

【临床应用】 用于钙缺乏症及过敏性疾病，亦可解除镁离子中毒引起的中枢抑制。

【用法用量】 静脉注射：一次量，5～15g。

【剂型规格】 葡萄糖酸钙注射液：10mL:1g、20mL:1g、50mL:5g、100mL:10g、500mL:50g。

【相互作用】 用洋地黄治疗的患畜接受静脉注射钙易发生心律

不齐；噻嗪类利尿液与大剂量钙联合使用可能会引起高钙血症；同时接受钙和镁补充有增加心律不齐的可能性。与四环素合用，影响四环素的吸收。

【不良反应】 心脏或肾脏疾病的患畜，可能产生高钙血症。

【特别提示】 注射宜缓慢，应用强心苷期间禁用。有刺激性，不宜皮下或者肌内注射。注射液不可漏出血管外，否则会导致疼痛及组织坏死。

【休药期】 无。

碳酸钙

【性状】 白色极细微的结晶性粉末；无臭。

【药理作用】 作用与葡萄糖酸钙、氯化钙相似。

药动学：钙主要以离子形式从小肠被吸收，维生素 D（以活性形式）和酸性环境为钙内服吸收所必需。钙、磷的吸收还受日粮因素（日粮中的钙和磷比例、脂肪酸、鞣酸）、年龄、药物（糖皮质激素类和四环素类药物），以及疾病状态的影响。

【临床应用】 用于钙缺乏症及过敏性疾病，亦可解除镁离子中毒引起的中枢抑制。

【用法用量】 内服：一次量，3～10g。

【相互作用】 维生素 D、雌激素可增加对钙的吸收；与噻嗪类利尿药同时应用，可增加肾脏对钙的重吸收，易发生高钙血症；与四环素类药物或苯妥英钠同用，可减少两者从胃肠道被吸收的量；不宜与洋地黄类药物合用，与含钾药物合用时，应注意心律失常的发生；与氧化镁等有轻泻作用的抗酸药联用，可减少便秘等不良反应；与含铝抗酸药物合用，铝的吸收增多。

【不良反应】 按规定的用法用量使用尚未见不良反应。

【特别提示】 内服给药对胃肠道有一定的刺激性。

【休药期】 无。

磷酸氢钙

【性状】 片剂：白色片。

【药理作用】 钙磷补充药。

【临床应用】 用于钙、磷缺乏症。

【用法用量】 内服：一次量，2g。

【相互作用】 参见碳酸钙。

【不良反应】 按规定的用法用量使用尚未见不良反应。

【特别提示】

① 内服可抑制四环素类、喹诺酮类药物从胃肠道被吸收。

② 与维生素 D 类同用可促进钙吸收，但大量可诱导高钙血症。

【休药期】 无。

亚硒酸钠

【性状】 注射液：无色澄明液体。

【药理作用】 硒是谷胱甘肽过氧化物酶的组成成分，在体内能清除脂质过氧化自由基中间产物，防止生物膜的脂质过氧化，维持细胞膜的正常结构和功能；硒还参与辅酶 A 和辅酶 Q 的合成，在体内三羧酸循环及电子传递过程中起重要作用。硒以硒半胱氨酸和硒蛋氨酸两种形式存在于硒蛋白中，通过硒蛋白影响动物机体的自由基代谢、抗氧化功能、免疫功能、生殖功能、细胞凋亡和内分泌系统等而发挥其生物学功能。硒缺乏猪出现营养性肝坏死，母猪易出现繁殖机能障碍等。

【临床应用】 用于防治仔猪白肌病。

【用法用量】 肌内注射：一次量，仔猪 1～2mg。

【剂型规格】 亚硒酸钠注射液：1mL∶1mg、2mg，5mL∶5mg、10mg。

【相互作用】 硒与维生素 E 在动物体内防止氧化损伤方面具有协同作用；硫、砷能影响动物对硒的吸收和代谢；硒和铜在动物体内存在相互拮抗效应，可诱发饲喂低硒日粮的动物发生硒缺乏症。

【不良反应】 硒毒性较大，猪单次内服亚硒酸钠的最小致死剂量为 17mg/kg。

【特别提示】

① 皮下或肌内注射有局部刺激性。

② 有较强毒性，中毒时表现为呕吐、呼吸抑制、虚弱、中枢抑制、昏迷等症状，严重可致死亡。

③ 补硒同时添加维生素 E，防治效果更好。

【休药期】 无。

亚硒酸钠维生素 E

【性状】 注射液：乳白色乳状液体；预混剂：白色或类白色粉末。

【临床应用】 用于防治仔猪白肌病。

【用法用量】 肌内注射：一次量，仔猪 1～2mL；混饲：每 1000kg 饲料 500～1000g。

【剂型规格】 亚硒酸钠维生素 E 注射液：1mL、5mL、10mL；亚硒酸钠维生素 E 预混剂：100g:亚硒酸钠 0.04g＋维生素 E 0.5g。

【相互作用】 大剂量的维生素 E 可延迟抗缺铁性贫血药物的治疗效应；与维生素 A 同服可防止维生素 A 的氧化，增强维生素 A 的作用；液状石蜡、新霉素能减少其被吸收量。

【不良反应】【特别提示】 参见亚硒酸钠、维生素 E。

【休药期】 注射液 14d；预混剂 28d。

第十二章

抗过敏药与局部用药物

第一节　抗过敏药

苯海拉明

【别名】 可那敏。

【性状】 注射液：无色澄明液体。

【药理作用】 组胺 H_1 受体阻断药，可完全对抗组胺引起的胃、肠、气管、支气管平滑肌的收缩作用，对组胺所致的毛细血管通透性增加及水肿亦有明显的抑制作用。但作用快，维持时间短。尚有较强的镇静、嗜睡等中枢抑制作用和局麻、轻度抗胆碱作用。单胃动物内服后，30min 即起效（肌内注射更快），作用维持约 4h。

【临床应用】 用于变态反应性疾病，如荨麻疹、血清病等。此外，对过敏引起的胃肠痉挛、腹泻、烧伤、冻伤、湿疹、脓毒性子宫内膜炎等亦有一定疗效。

【用法用量】 肌内注射：一次量，2～3mL（40～60mg）。

【剂型规格】 盐酸苯海拉明注射液：1mL:20mg、5mL:100mg。

【相互作用】 可加强麻醉药和镇静药的作用。苯海拉明联用见表 12-1。

【不良反应】

① 有较强的中枢抑制作用。

② 大剂量静脉注射时常出现中毒症状，以中枢神经系统过度

表 12-1 苯海拉明联用

药物类别	联用增效
西咪替丁	增强抗过敏作用
肾上腺素、去甲肾上腺素	增强对心血管系统的作用
胃复安、氨茶碱	增强止吐作用
中枢抑制药	增强中枢抑制作用
地塞米松+胃复安	增强止吐作用,降低止吐药用量,减少不良反应
普鲁卡因	增强神经性皮炎疗效

兴奋为主。中毒时可静脉注射短效巴比妥类（如硫喷妥钠）进行解救，但不可使用长效或中效巴比妥。

【特别提示】 对严重的急性过敏性病例，一般先给予肾上腺素，然后再注射本品。全身治疗一般需持续 3d。

【休药期】 28d。

盐酸异丙嗪

【性状】 注射液：无色澄明液体。

【药理作用】 氯丙嗪的衍生物，有较强的中枢抑制作用，但比氯丙嗪弱。亦能增强麻醉药和镇静药的作用，还有降温和止吐作用。抗组胺作用较盐酸苯海拉明强而持久，作用时间超过 24h。

【临床应用】 用于变态反应性疾病，如荨麻疹、血清病等。此外，对过敏引起的胃肠痉挛、腹泻、烧伤、冻伤、湿疹、脓毒性子宫内膜炎等亦有一定疗效。

【用法用量】 肌内注射：一次量，2～4mL（50～100mg）；内服：一次量，0.1～0.5g。

【剂型规格】 盐酸异丙嗪注射液：2mL:50mg、10mL:0.25g；盐酸异丙嗪片：12.5mg、25mg。

【相互作用】 可加强麻醉药、镇静药、镇痛药和局麻药的作用。

【不良反应】 有较强的中枢抑制作用。

【特别提示】 有较强刺激性，不可作皮下注射。

【休药期】 28d。

马来酸氯苯那敏

【性状】 注射液：无色澄明液体；片剂：白色片。

【药理作用】 通过对 H_1 受体的拮抗起抗过敏作用，但不影响组胺的代谢，也不阻止体内组胺的释放。作用较持久，且具有明显的中枢神经系统抑制作用，可加强麻醉药和镇静药的作用。

【临床应用】 用于过敏性疾病，如荨麻疹、过敏性皮炎、血清病等。

【用法用量】 内服、肌内注射：一次量，10～20mg。

【剂型规格】 马来酸氯苯那敏注射液：1mL∶10mg、2mL∶20mg；马来酸氯苯那敏片：4mg。

【相互作用】 可加强麻醉药、镇静药、镇痛药和局麻药的作用。

【不良反应】 有轻度中枢抑制作用；大剂量静脉注射时常出现中毒症状，以中枢神经系统过度兴奋为主。

【特别提示】

① 对于过敏性疾病，不能仅是对症治疗，同时还须对因治疗，否则病状会复发。

② 对严重的急性过敏性病例，一般先给予肾上腺素，然后再注射本品。全身治疗一般需持续 3d。

③ 局部刺激性较强，不宜皮下注射。

④ 可增强抗胆碱药、氟哌啶醇、吩噻嗪类药及拟交感神经药等的作用。

【休药期】 无。

第二节 局部用药物

浓碘酊

【性状】 暗红褐色液体；有碘与乙醇的特臭；易挥发。

【药理作用】 对皮肤有较强刺激作用，可引起局部血管扩张，促进局部血液循环，改善局部营养，促进慢性炎症产物的吸收，从而加速局部病变的消散。

【临床应用】 刺激药。外用于局部慢性炎症。

【用法用量】 局部涂擦。

【剂型规格】 每1000mL中含碘100g、碘化钾75g。

【不良反应】 偶尔引起过敏反应。

【特别提示】 刺激性强，皮肤局部反复涂擦可引起炎症反应。

【休药期】 无。

松节油搽剂

【性状】 乳白色稠厚混悬液，有松节油及樟脑特臭，与水振摇起多量的泡沫。

【药理作用】 局部刺激药。

【临床应用】 用于肌肉风湿、腱鞘炎、关节炎、挫伤等。

【用法用量】 外用，涂擦于患处。

【不良反应】 按规定剂量使用，暂未见不良反应。

白陶土

参见本书第188页第八章第一节消化系统药物中的泻药与止泻药白陶土。

宫炎清溶液

【性状】 红棕色澄明溶液；遇碱金属氢氧化物时颜色变浅。

【药理作用】 除具有杀菌作用外，还能凝固病变组织、坏死组织和炎症分泌物，使健康组织和坏死组织分离；还有促进肉芽增生和上皮组织形成的作用。对黏膜有收敛作用，并使血管收缩，呈现止血效果。还能刺激子宫平滑肌收缩，提高子宫平滑肌张力。

【临床应用】 消毒防腐药。用于猪的慢性子宫内膜炎、子宫颈炎、阴道炎。

【用法用量】 冲洗并涂擦于患处。直接用于黏膜处时可稀释成1%～1.5%的溶液，其他患处可直接应用原液。

【剂型规格】 宫炎清溶液：36%（质量分数）。

【不良反应】 按规定的用法用量使用尚未见不良反应。

【特别提示】 可与抗生素和磺胺类药同时应用；不得与纺织品和皮革制品接触。

【休药期】 无。

硫酸新霉素滴眼液

【性状】 无色至微黄色澄明液体。

【药理作用】 硫酸新霉素抗菌谱与卡那霉素相似，对大多数革兰氏阴性菌（如大肠杆菌、变形杆菌、沙门氏菌和多杀性巴氏杆菌等）有强大抗菌作用，金黄色葡萄球菌对其也较敏感。铜绿假单胞菌、革兰氏阳性菌（金黄色葡萄球菌除外）、立克次氏体、厌氧菌和真菌等对其耐药。

【临床应用】 用于结膜炎、角膜炎等。

【用法用量】 滴眼。

【剂型规格】 硫酸新霉素滴眼液：8mL:40mg（4 万单位）。

【不良反应】 按规定的用法用量使用尚未见不良反应。

【休药期】 无。

第十三章

解毒药

第一节　重金属解毒剂

二巯基丙醇

【性状】 注射液：无色或淡黄色澄明油状液体。

【药理作用】 竞争性解毒剂，可防止金属与细胞酶的巯基结合，并可使与金属络合的细胞酶复活而解毒，在动物接触金属后1～2h内用药较好，超过6h则作用减弱。对急性金属中毒有效。慢性中毒时，虽能使尿中金属排泄量增多，但由于被金属抑制过久的含巯基细胞酶的活力已不可能恢复，故疗效不佳。

药动学：肌内注射，在30min内血药浓度达峰，维持2h，4h后几乎全部代谢、降解，以中性硫形式经尿迅速排出体外。

【临床应用】 用于砷、汞、铋、锑等中毒。

【用法用量】 肌内注射：一次量，每10kg体重0.25～0.5mL。

【剂型规格】 二巯基丙醇注射液：2mL:0.2g、5mL:0.5g、10mL:1g。

【不良反应】 对肝、肾具有损害作用；有收缩小动脉作用，可引起暂时性心动过速、血压上升。过量使用可引起动物呕吐、震颤、抽搐、昏迷甚至死亡。由于药物排出迅速，多数不良反应为时短暂。

【特别提示】

① 竞争性解毒剂，应及早足量使用。当重金属中毒严重或解

救过迟时疗效不佳。

② 仅供肌内注射，由于注射后会引起剧烈疼痛，务必作深部肌内注射。

③ 肝、肾功能不良动物慎用。

④ 碱化尿液可减少复合物重新解离，从而使肾损害减轻。

⑤ 可与镉、硒、铁、铀等金属形成有毒复合物，其毒性作用高于金属本身，故应避免与硒或铁盐同时应用。在最后一次使用本品，至少经过 24h 后才能应用硒、铁制剂。

⑥ 对机体其他酶系统亦有一定抑制作用，故应控制剂量。

【休药期】 无。

二巯丙磺钠

【性状】 注射液：无色至微红色澄明液体；有类似蒜的特臭。

【药理作用】 作用与二巯基丙醇相似，但比二巯基丙醇强，毒性较小。除对汞、砷中毒有效外，对铅、镉中毒也有效。

【临床应用】 用于解救汞、砷中毒，亦用于铅和镉中毒。

【用法用量】 静脉、肌内注射：一次量，每千克体重0.07～0.1mL。

【剂型规格】 二巯丙磺钠注射液：5mL∶0.5g、10mL∶1g。

【不良反应】 静脉注射速度快时可引起呕吐、心动过速等。

【特别提示】 无色澄明液体，浑浊变色时不能使用；多采用肌内注射，静脉注射速度宜慢。

【休药期】 无。

第二节　有机磷农药解毒剂

碘解磷定

【性状】 注射液：无色或几乎无色澄明液体。

【药理作用】 用于解救多种有机磷中毒，但其对有机磷的解毒作用有一定选择性。如对内吸磷、对硫磷等中毒的疗效较好；而对马拉硫磷、敌敌畏、敌百虫等中毒的疗效较差；对氨基甲酸酯类杀虫剂中毒则无效。对轻度有机磷中毒，可单独应用或以阿托品控制中毒症状；中度或重度中毒时，因其对体内已蓄积的乙酰胆碱无作用，则必须合用阿托品。由于阿托品能解除有机磷中毒症状，严重中毒时与胆碱酯酶复活剂联合应用，具有协同作用，因此临床上治疗有机磷中毒时，必须及时、足量地给予阿托品。

【临床应用】 能活化被抑制的胆碱酯酶，用于有机磷中毒。

【用法用量】 静脉注射：一次量，每千克体重 15～30mg (0.6～1.2mL)。

【剂型规格】 碘解磷定注射液：10mL∶0.25g、20mL∶0.5g。

【相互作用】 与阿托品联用，对控制有机磷中毒呈协同作用；与碱性药物配伍易发生分解，降低药效。

【不良反应】 注射速度过快可引起呕吐、心率加快和共济失调。大剂量或注射速度过快还可引起血压波动、呼吸抑制。

【特别提示】

① 禁与碱性药物配伍。

② 有机磷经口中毒的动物先以 2.5%碳酸氢钠溶液彻底洗胃(敌百虫除外)；由于消化道后部也可以吸收有机磷，应用本品至少维持 48～72h，以防延迟吸收的有机磷加重中毒程度甚至致死。

③ 与阿托品有协同作用，与阿托品联合应用时，可适当减少阿托品剂量。

【休药期】 无。

第三节　亚硝酸盐解毒剂

亚甲蓝

【性状】 注射液：深蓝色澄明液体。

【药理作用】 作用类似于还原型辅酶Ⅱ高铁血红蛋白还原酶的作用，可作为中间电子传递体，促进高铁血红蛋白还原为正常血红蛋白，并使血红蛋白重新恢复携氧的功能，因此临床上使用小剂量

(1～2mg/kg) 解救高铁血红蛋白症。在组织中可迅速被还原为还原型亚甲蓝，并部分被代谢。亚甲蓝、还原型亚甲蓝及代谢产物均由尿缓慢排出。

【临床应用】 用于亚硝酸盐中毒。

【用法用量】 静脉注射：一次量，每千克体重 1～2mg (0.1～0.2mL)。

【剂型规格】 亚甲蓝注射液：2mL:20mg、5mL:50mg、10mL:100mg。

【相互作用】 忌与强碱性溶液、氧化剂、还原剂和碘化物配伍。

【不良反应】

① 静脉注射过快可引起呕吐、呼吸困难、血压降低、心率加快和心律紊乱。

② 用药后尿液呈蓝色，有时可产生尿路刺激症状。

【特别提示】

① 刺激性强，禁止皮下或肌内注射 (可引起组织坏死)。

② 由于亚甲蓝溶液与多种药物为配伍禁忌，因此不得将其与其他药物混合注射。

【休药期】 无。

第四节　氰化物解毒剂

硫代硫酸钠

【性状】 注射液：无色澄明液体。

【药理作用】 在肝内硫氰生成酶的催化下，能与体内游离的或已与高铁血红蛋白结合的 CN^- 结合，使其转化为无毒的硫氰酸盐随尿排出。静脉注射后可迅速分布到各组织的细胞外液。

【临床应用】 用于解救氰化物中毒，亦可用于砷、汞、铅、铋、碘等中毒。

【用法用量】 静脉、肌内注射：一次量，1～3g。

【剂型规格】 硫代硫酸钠注射液：10mL∶0.5g、20mL∶1g、20mL∶10g。

【不良反应】 按规定的用法用量使用尚未见不良反应。

【特别提示】

① 解毒作用产生较慢，应先静脉注射亚硝酸钠，再缓慢注射本品，但不能将两种药液混合静脉注射。

② 对经口中毒动物，还应使用本品的5%溶液洗胃，并于洗胃后保留适量溶液于胃中。

【休药期】 无。

第五节 氟乙酰胺解毒剂

乙酰胺

【性状】 注射液：无色澄明液体。

【药理作用】 有机氟中毒解毒剂，对有机氟杀虫剂和杀鼠药氟乙酰胺、氟乙酸钠等中毒具有解毒作用。解毒机理是由于其化学结构与氟乙酰胺相似，乙酰胺的乙酰基与氟乙酰胺争夺酰胺酶，使氟乙酰胺不能脱氨转化为氟乙酸，阻止氟乙酸对三羧酸循环的干扰，恢复组织正常代谢功能，从而消除有机氟对机体的毒性。

【临床应用】 用于氟乙酰胺等有机氟中毒。

【用法用量】 静脉、肌内注射：一次量，每千克体重50～100mg。

【剂型规格】 乙酰胺注射液：5mL∶0.5g、2.5g，10mL∶1g、5g。

【不良反应】 酸性较强，肌内注射时可引起局部疼痛。

【特别提示】 为减轻局部疼痛，肌内注射时可配合使用适量的盐酸普鲁卡因注射液。

【休药期】 无。

第十四章

常用中成药

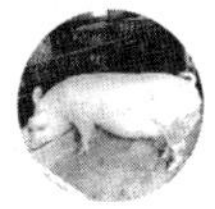

第一节　散剂

一、解表方

荆防败毒散

【主要成分】 荆芥、防风、羌活、独活、柴胡等。

【性状】 淡灰黄色至淡灰棕色粉末；气微香，味甘苦、微辛。

【功能】 辛温解表，疏风祛湿。

【应用指征】 恶寒颤抖明显，发热较轻，耳耷头低，弓腰毛乍，鼻流清涕，咳嗽，口津润滑，舌苔薄白，脉象浮紧。

【临床应用】 风寒感冒、猪流行性感冒。

【用法用量】 40～80g。

【不良反应】 按规定剂量使用，暂未见不良反应。

银翘散

【主要成分】 金银花、连翘、薄荷、荆芥、淡豆豉等。

【性状】 棕褐色粉末；气香，味微甘、苦、辛。

【功能主治】 辛凉解表，清热解毒；主治风热感冒，咽喉肿痛，疮痈初起。

【应用指征】

① 发热重，恶寒轻，咳嗽，咽喉肿痛，口干微红，舌苔薄黄，

脉象浮数。

② 局部红肿热痛明显，兼见发热，口干微红，舌苔薄黄，脉象浮数。

【临床应用】 风热感冒、猪肺疫、猪流行性感冒、猪高热综合征、仔猪黄痢、仔猪白痢、猪蓝耳病。

【用法用量】 50～80g。

【不良反应】 按规定剂量使用，暂未见不良反应。

【特别提示】 外感风寒者不宜使用。

小柴胡散

【主要成分】 柴胡、黄芩、姜半夏、党参、甘草。

【性状】 黄色粉末；气微香，味甘、微苦。

【功能主治】 和解少阳，解热；主治少阳证，寒热往来，不欲饮食，口津少，反胃呕吐。

【应用指征】 精神时好时坏，不欲饮食，寒热往来，耳鼻时冷时热，口干津少，苔薄白，脉弦。

【临床应用】 猪低热不退、体温时高时低。

【用法用量】 30～60g。

【不良反应】 按规定剂量使用，暂未见不良反应。

柴葛解肌散

【主要成分】 柴胡、葛根、甘草、黄芩、羌活等。

【性状】 灰黄色粉末；气微香，味辛、甘。

【功能主治】 解肌清热；主治感冒发热。

【应用指征】 恶寒发热，皮紧腰硬，精神不振，食欲减退，口色青白或微红，脉象浮紧或浮数。

【临床应用】 感冒发热。

【用法用量】 30～60g。

【不良反应】 按规定剂量使用，暂未见不良反应。

桑菊散

【主要成分】 桑叶、菊花、连翘、薄荷、苦杏仁等。

【性状】 黄棕色至棕褐色粉末；气微香，味微甜。

【功能主治】 疏风清热，宣肺止咳；主治外感风热。

【应用指征】 精神不振，食欲减退，咳嗽，口渴喜饮，舌尖红，脉象浮数。

【临床应用】 猪蓝耳病、风热感冒、猪流行性感冒、腹泻、提高免疫力。

【用法用量】 50～80g。

【不良反应】 按规定剂量使用，暂未见不良反应。

【特别提示】 体虚或气血不足的病畜慎用或配合补养药扶正祛邪。

二、清热方

黄连解毒散

【主要成分】 黄连、黄芩、黄柏、栀子。

【性状】 黄褐色粉末，味苦。

【功能主治】 泻火解毒；主治三焦实热、疮黄肿毒。

【应用指征】 体温升高，血热发斑，狂躁不安，疮黄疔毒，舌红口干，苔黄，脉数有力等。

【临床应用】 猪大肠杆菌病、猪丹毒、猪高热综合征及败血症、急性肠炎、菌痢、肺炎、烧伤及其他急性炎症等。

【临床新用】 混饲：母猪产前10d至仔猪断奶、断奶仔猪、保育猪，每1000kg饲料500g，连用1～2个月，可以提高仔猪日增重。

【用法用量】 30～50g。

【不良反应】 暂无规定。

【特别提示】 苦寒，易于化燥伤阴，热伤阴液者不宜用。

清瘟败毒散

【主要成分】 石膏、地黄、水牛角、黄连、栀子等。

【性状】 灰黄色粉末；气微香，味苦、微甜。

【功能主治】 泻火解毒，凉血；主治热毒发斑，高热神昏。

【应用指征】 大热躁动、口渴、昏狂、发斑、舌绛、脉数等；凡温毒所致的急性热性病、时疫等见上述证候者均可应用。

【临床应用】 猪高热综合征、猪链球菌病、猪附红细胞体病、猪传染性胸膜肺炎、猪蓝耳病等。

【用法用量】 50～100g。

【不良反应】 按规定剂量使用，暂未见不良反应。

【特别提示】 热毒证后期无实热证候者慎用。

三子散

【主要成分】 诃子、川楝子、栀子。

【性状】 姜黄色粉末；气微，味苦、涩、微酸。

【功能主治】 清热解毒；主治三焦热盛，疮黄肿毒，脏腑实热。

【应用指征】

① 发热，发斑，狂躁不安，疮黄疔毒，舌红口干，苔黄，脉数有力。

② 局部肿胀，硬而多有疼痛或发热，最终化脓破溃，轻者全身症状不明显，重者发热倦怠，食欲不振，口色红，脉数。

③ 局部肿胀，初期发硬，继之扩大变软，无痛，久则破溃流出黄水，口色鲜红，脉象洪大。

【临床应用】 猪高热综合征、猪链球菌性淋巴结脓肿、皮肤脓肿、淋巴外渗、耳部血肿等。

【用法用量】 10～30g。

【不良反应】 按规定剂量使用，暂未见不良反应。

止痢散

【主要成分】 雄黄、藿香、滑石。

【性状】 浅棕红色粉末；气香，味辛、微苦。

【功能】 清热解毒，化湿止痢。

【应用指征】 腹泻，排白色、灰白色或黄白色腥臭稀便等。

【临床应用】 仔猪白痢。

【用法用量】 仔猪 2～4g。

【不良反应】 按规定剂量使用，暂未见不良反应。

【特别提示】 雄黄有毒，不能超量或长期服用。

公英散

【主要成分】 蒲公英、金银花、连翘、丝瓜络、通草等。

【性状】 黄棕色粉末；味微甘、苦。

【功能主治】 清热解毒，消肿散痈；主治乳痈初起，红肿热痛。

【应用指征】 乳汁分泌不畅，泌乳减少或停止，乳汁稀薄或呈水样，并含有絮状物；患侧乳房肿胀、变硬、增温、疼痛，不愿或拒绝哺乳；体温升高，精神不振，食欲减少，站立时两后肢开张，行走缓慢；口色红燥，舌苔黄，脉象洪数。

【临床应用】 急性乳房炎。

【用法用量】 30～60g。

【不良反应】 按规定剂量使用，暂未见不良反应。

龙胆泻肝散

【主要成分】 龙胆、车前子、柴胡、当归、栀子等。

【性状】 淡黄褐色粉末；气清香，味苦，微甘。

【功能主治】 泻肝胆实火，清三焦湿热；主治目赤肿痛，淋浊，带下。

【应用指征】

① 结膜潮红、充血、肿胀、疼痛，眵盛难睁及羞明流泪。

② 排尿困难，疼痛不安，弓腰努责，频现排尿姿势，尿量少，淋漓不尽，尿色白浊或赤黄或鲜红带血，气味臊臭。

③ 阴道流出大量污浊或棕黄色脓性分泌物，常含有絮状物或

胎衣碎片，腥臭；患猪精神沉郁，食欲不振，口色红赤，苔黄厚腻，脉象洪数。

【临床应用】 结膜炎、角膜炎、膀胱炎、尿道炎、阴道炎、子宫内膜炎、睾丸炎、阴囊湿疹及黄曲霉菌毒素中毒等。

【用法用量】 30～60g。

【不良反应】 按规定剂量使用，暂未见不良反应。

【特别提示】 脾胃虚寒者禁用。

白龙散

【主要成分】 白头翁、龙胆、黄连。

【性状】 浅棕黄色粉末；气微，味苦。

【功能主治】 清热燥湿，凉血止痢；主治湿热泻痢，热毒血痢。

【应用指征】

① 精神沉郁，发热，食欲减少或废绝，口渴多饮，有时轻微腹痛，蜷腰卧地；排粪次数明显增多，频频努责，里急后重，泻粪稀薄或呈水样，腥臭甚至恶臭，尿短赤；口色红，舌苔黄厚，口臭，脉象沉数。

② 下痢，粪中混有大量血液。

【临床应用】 用于仔猪黄痢、仔猪白痢、仔猪红痢，也用于猪增生性肠炎、猪痢疾等的辅助治疗。

【用法用量】 仔猪10～20g，母猪100g，2次/d，连用3～5d。

【不良反应】 按规定剂量使用，暂未见不良反应。

【特别提示】 脾胃虚寒者禁用。

白头翁散

【主要成分】 白头翁、黄连、黄柏、秦皮。

【性状】 浅灰黄色粉末；气香，味苦。

【功能主治】 清热解毒，凉血止痢；主治湿热泄泻，下痢脓血。

【应用指征】 精神沉郁，体温升高，食欲不振或废绝，口渴多饮，有时轻微腹痛；排粪次数明显增多，频频努责，里急后重，泻粪稀薄或呈水样，混有脓血黏液，腥臭甚至恶臭，尿短赤；口色红，舌苔黄厚，口臭，脉象沉数。

【临床应用】 仔猪黄痢、仔猪白痢、断奶仔猪腹泻等。

【临床新用】 混饲：每100kg饲料1～1.5kg，可以有效缓解仔猪断奶应激，提高仔猪采食量和日增重，对肠道致病菌有显著抑制作用，可预防和控制断奶仔猪腹泻的发生。

【用法用量】 30～45g。

【不良反应】 按规定剂量使用，暂未见不良反应。

【特别提示】 脾胃虚寒者禁用。

苍术香连散

【主要成分】 黄连、木香、苍术。

【性状】 棕黄色粉末；气香，味苦。

【功能主治】 清热燥湿；主治下痢，湿热泄泻。

【应用指征】

① 精神短少，蜷腰卧地，食欲减少甚至废绝，弓腰努责，泻粪不爽，里急后重，下痢稀糊，赤白相杂，或呈白色胶冻状，口色赤红，舌苔黄腻，脉数。

② 发热，精神沉郁，食欲减少或废绝，口渴多饮，有时轻微腹痛，蜷腰卧地；泻粪稀薄，黏腻腥臭，尿赤短；口色赤红，舌苔黄腻，口臭，脉象沉数。

【临床应用】 仔猪黄痢、仔猪白痢、仔猪红痢、猪球虫病、消化不良性腹泻等。

【用法用量】 15～30g。

【不良反应】 按规定剂量使用，暂未见不良反应。

郁金散

【主要成分】 郁金、诃子、黄芩、大黄、黄连等。

【性状】 灰黄色粉末；气清香，味苦。

【功能主治】 清热解毒，燥湿止泻；主治肠黄，湿热泻痢。

【应用指征】 耳鼻、全身温热，食欲减退，粪便稀溏或有脓血，腹痛，尿液短赤，口色红，苔黄腻。

【临床应用】 仔猪黄痢、仔猪白痢、仔猪红痢、猪痢疾、急性肠炎及腹泻等。

【用法用量】 45～60g。

【不良反应】 按规定剂量使用，暂未见不良反应。

清肺散

【主要成分】 板蓝根、葶苈子、浙贝母、桔梗、甘草。

【性状】 浅棕黄色粉末；气清香，味微甘。

【功能主治】 清肺平喘，化痰止咳；主治肺热咳喘，咽喉肿痛。

【应用指征】 咳声洪亮，气促喘粗，鼻翼扇动，鼻涕黄而黏稠，咽喉肿痛，粪便干燥，尿短赤，口渴贪饮，口色赤红，舌苔黄燥，脉象洪数。

【临床应用】 猪肺疫、猪传染性胸膜肺炎、猪气喘病、猪流行性感冒、风热感冒、猪蓝耳病等。

【用法用量】 30～50g。

【不良反应】 按规定剂量使用，暂未见不良反应。

【特别提示】 适用于肺热实喘，虚喘不宜使用本品。

香薷散

【主要成分】 香薷、黄芩、黄连、甘草、柴胡等。

【性状】 黄色粉末；气香，味苦。

【功能主治】 清热解暑；主治伤热，中暑。

【应用指征】

① 身热汗出，呼吸气促，精神倦怠，耳耷头低，四肢无力，呆立如痴，食少纳呆，口干喜饮，口色鲜红，脉象洪大。

② 突然发病，身热喘促，全身肉颤，汗出如浆，烦躁不安，行走如醉甚至神昏倒地，痉挛抽搐，口色赤紫，脉象洪数或细数

无力。

【临床应用】 猪中暑、热应激、腹痛泄泻。

【用法用量】 30～60g。

【不良反应】 按规定剂量使用，暂未见不良反应。

消疮散

【主要成分】 金银花、皂角刺（炒）、白芷、天花粉、当归等。

【性状】 淡黄色至淡黄棕色粉末；气香，味甘。

【功能主治】 清热解毒，消肿排脓，活血止痛；主治疮痈肿毒初起，红肿热痛，属于阳证未溃者。

【应用指征】 红肿热痛，舌红苔黄，脉数有力。脓未成者可使之消散；脓已成者可使之外溃。

【临床应用】 猪乳房炎、淋巴结脓肿、皮肤脓肿等。

【用法用量】 40～80g。

【不良反应】 按规定剂量使用，暂未见不良反应。

【特别提示】 疮已破溃或阴疮不宜使用。

清热散

【主要成分】 大青叶、板蓝根、石膏、大黄、玄明粉。

【性状】 黄色粉末；味苦、微涩。

【功能】 清热解毒，泻火通便。

【应用指征】 发热，粪干。

【临床应用】 猪便秘、热性病。

【用法用量】 30～60g。

【不良反应】 按规定剂量使用，暂未见不良反应。

【特别提示】 药味性多寒凉，易伤脾胃，影响运化，脾胃虚弱者慎用。

普济消毒散

【主要成分】 大黄、黄芩、黄连、甘草、马勃等。

【性状】 灰黄色粉末；气香，味苦。

【功能】 清热解毒，疏风消肿。

【应用指征】 热毒上冲，头面、腮颊肿痛，疮黄疔毒。

【临床应用】 猪蓝耳病预防、猪高热综合征、猪丹毒、水肿病。

【用法用量】 40～80g。

【不良反应】 按规定剂量使用，暂未见不良反应。

香葛止痢散

【主要成分】 藿香、葛根、板蓝根、紫花地丁。

【性状】 浅灰黄色至浅黄棕色粉末；气香。

【功能】 清热解毒，燥湿醒脾，和胃止泻。

【临床应用】 仔猪黄痢、仔猪白痢。

【用法用量】 每千克体重，带仔或产前 1 周母猪 0.5g，分 2 次服用，连用 5d。

【不良反应】 按规定剂量使用，暂未见不良反应。

葛根芩连散

【主要成分】 葛根、黄连、黄芩、苦参、白头翁等。

【性状】 棕黄褐色粉末；味苦。

【功能主治】 清热解毒，燥湿止痢；主治湿热痢疾。

【临床应用】 仔猪黄痢、仔猪白痢。

【规格】 每 1g 相当于原生药 1.8g。

【用法用量】 一次量，每千克体重 0.2～0.4g，2 次/d，连用 3d。

【不良反应】 按规定剂量使用，暂未见不良反应。

三、泻下方

大承气散

【主要成分】 大黄、厚朴、枳实、玄明粉。

【性状】 棕褐色粉末；气微辛香，味咸、微苦、涩。

【功能主治】 攻下热结，破结通肠；主治结症，便秘。

【应用指征】 精神不振，食欲减退，耳鼻俱热，鼻盘干燥，体温升高；粪球干小，弓腰努责，排粪困难或完全不排粪，肚腹胀满，有时可在腹部摸到硬粪块，小便短赤；口色赤红，舌苔黄厚，脉象沉数。

【临床应用】 猪便秘、猪高热综合征、母猪产后尿闭。

【用法用量】 60～120g。

【不良反应】 按规定剂量使用，暂未见不良反应。

【特别提示】 孕畜禁用；气虚阴亏或表证未解或胃肠无热结者慎用。

三白散

【主要成分】 玄明粉、石膏、滑石。

【性状】 白色粉末；气微，味咸。

【功能主治】 清胃泻火，通便；主治胃热食少，大便秘结，小便短赤。

【应用指征】

① 精神不振，食少或不食，耳鼻温热，口臭，贪饮，粪干尿少，口舌干燥，口色赤红，舌苔黄干或黄厚，脉象洪数。

② 精神沉郁，少食喜饮，排粪困难，弓腰努责，排少量干小粪球，肚腹膨大，口臭，口色干红，舌苔黄，脉象洪大或沉涩。

③ 精神倦怠，食欲减退，排尿痛苦，尿少频数，淋漓不畅，尿色黄赤，口色赤红，苔黄，脉象滑数。

【临床应用】 猪便秘、高热综合征、膀胱炎、尿道炎等。

【用法用量】 30～60g。

【不良反应】 按规定剂量使用，暂未见不良反应。

【特别提示】 胃无实热，年老、体质素虚者和孕畜忌用。

木槟硝黄散

【主要成分】 槟榔、大黄、玄明粉、木香。

【性状】 棕褐色粉末；气香，味微涩、苦、咸。

【功能主治】 泻热通便，理气止痛；主治实热便秘，胃肠积滞。

【应用指征】 腹痛起卧，粪便不通，小便短赤或黄，口臭，口干舌红，苔黄厚，脉象沉数；鼻盘干燥，有时可在腹部摸到硬粪块。

【临床应用】 猪便秘、胃食滞、肠梗阻。

【用法用量】 60～90g。

【不良反应】 按规定剂量使用，暂未见不良反应。

通肠散

【主要成分】 大黄、枳实、厚朴、槟榔、玄明粉。

【性状】 黄色至黄棕色粉末；气香，味微咸、苦。

【功能主治】 润肠泻热；主治便秘，结症。

【应用指征】 食欲大减或废绝，精神不安，腹痛起卧，排粪减少或粪便不通，粪球干小，肠音不整或废绝，口内干燥，舌苔黄厚，脉象沉实。

【临床应用】 猪便秘、胃食滞、肠梗阻。

【用法用量】 60～90g。

【不良反应】 按规定剂量使用，暂未见不良反应。

【特别提示】 孕畜慎用。

四、消导方

曲麦散

【主要成分】 六神曲、麦芽、山楂、厚朴、枳壳等。

【性状】 黄褐色粉末；气微香，味甜、苦。

【功能主治】 消积破气，化谷宽肠；主治胃肠积滞，料伤五攒。

【应用指征】 食欲废绝，肚腹胀满，腹痛起卧，粪便酸臭，口色赤红，舌苔黄厚，脉象沉紧。

【临床应用】 消化不良、促生长、健胃。

【用法用量】 40～100g。

【不良反应】 按规定剂量使用，暂未见不良反应。

多味健胃散

【主要成分】 木香、槟榔、白芍、厚朴、枳壳等。

【性状】 灰黄色至棕黄色粉末；气香，味苦、咸。

【功能】 健胃理气，宽中除胀。

【应用指征】 食欲减退，消化不良，肚腹胀满。

【临床应用】 消化不良、促生长、健胃。

【用法用量】 30～50g。

【不良反应】 按规定剂量使用，暂未见不良反应。

肥猪菜

【主要成分】 白芍、前胡、陈皮、滑石、碳酸氢钠。

【性状】 浅黄色粉末；气香，味咸、涩。

【功能】 健脾开胃。

【应用指征】 消化不良，食欲减退。

【临床应用】 消化不良、促生长、健胃。

【用法用量】 25～50g。

【不良反应】 按规定剂量使用，暂未见不良反应。

肥猪散

【主要成分】 绵马贯众、何首乌（制）、麦芽、黄豆（炒）。

【性状】 浅黄色粉末；气微香，味微甜。

【功能】 开胃，驱虫，催肥。

【应用指征】 食少，瘦弱，生长缓慢。

【临床应用】 消化不良、促生长、健胃、驱虫、催肥增重。

【用法用量】 50～100g；混饲：1.5%。

【不良反应】 按规定剂量使用，暂未见不良反应。

木香槟榔散

【主要成分】 木香、槟榔、枳壳（炒）、陈皮、醋青皮等。

【性状】 灰棕色粉末；气香，味苦、微咸。

【功能主治】 行气导滞，泻热通便；主治痢疾腹痛，胃肠积滞、臌气。

【应用指征】 精神短少，腹痛蜷卧，食欲减少甚至废绝；弓腰努责，泻粪不爽，次多量少，里急后重，下痢稀糊，赤白相杂，或呈白色胶冻状；口色赤红，舌苔黄腻，脉数。

【临床应用】 猪便秘、猪痢疾、仔猪红痢、母猪诺维氏梭菌病。

【用法用量】 60～90g。

【不良反应】 按规定剂量使用，暂未见不良反应。

健胃散

【主要成分】 山楂、麦芽、六神曲、槟榔。

【性状】 淡棕黄色至淡棕色粉末；气微香，味微苦。

【功能主治】 消食下气，开胃宽肠；主治伤食积滞，消化不良。

【应用指征】 精神倦怠，食欲减少或废绝，肚腹胀满，粪便粗糙或稀软，完谷不化，口气酸臭，口色偏红，舌苔厚腻，脉象洪大有力。

【临床应用】 猪便秘、消化不良。

【用法用量】 30～60g。

【不良反应】 按规定剂量使用，暂未见不良反应。

消积散

【主要成分】 山楂（炒）、麦芽、六神曲、莱菔子（炒）、大黄等。

【性状】 黄棕色至红棕色粉末；气香，味微酸、涩。

【功能主治】 消积导滞，下气消胀；主治伤食积滞。

【应用指征】 精神倦怠，厌食，肚腹胀满，粪便粗糙或稀软，有时完谷不化，口气酸臭。

【临床应用】 猪便秘、消化不良、胃食滞。

【用法用量】 60～90g。

【不良反应】 按规定剂量使用，暂未见不良反应。

【特别提示】 脾胃素虚或积滞日久，正气已伤者慎用。

猪健散

【主要成分】 龙胆草、苍术、柴胡、干姜、碳酸氢钠。

【性状】 浅棕黄色粉末；气香，味咸、苦。

【功能主治】 消食健胃；主治消化不良。

【应用指征】 精神不振，食欲减退，饮水增加，腹痛，腹胀和呕吐，呕吐物酸臭，粪便干硬，有时拉稀，粪内混有未消化饲料。

【临床应用】 消化不良、胃食滞。

【用法用量】 10～20g。

【不良反应】 按规定剂量使用，暂未见不良反应。

强壮散

【主要成分】 党参、六神曲、麦芽、山楂（炒）、黄芪等。

【性状】 浅灰黄色粉末；气香，味微甘、微苦。

【功能】 益气健脾，消积化食。

【应用指征】 食欲不振，体瘦毛焦，生长迟缓。

【临床应用】 用于僵猪、消化不良、被毛粗乱等症状，也用于催肥增重，改善母猪亚健康等。

【用法用量】 30～50g。

【不良反应】 按规定剂量使用，暂未见不良反应。

消食平胃散

【主要成分】 槟榔、山楂、苍术、陈皮、厚朴等。

【性状】 浅黄色至棕色粉末；气香，味微甜。

【功能主治】 消食开胃；主治胃肠积滞，宿食不化。

【应用指征】

① 食少腹胀，倦怠懒动，不欲饮水，泄泻，排尿不利，舌苔白滑，脉象迟缓。

② 食欲不振，胃内积食不化或宿食停滞。

【临床应用】 急性胃肠炎、黄疸型肝炎、肾炎、胃食滞。

【用法用量】 30～60g。

【不良反应】 按规定剂量使用，暂未见不良反应。

【特别提示】 脾胃素虚或积滞日久，正气已伤者慎用。

胃肠活

【主要成分】 黄芩、陈皮、青皮、大黄、白术等。

【性状】 灰褐色粉末；气清香，味咸、涩、微苦。

【功能主治】 理气，消食，清热，通便；主治消化不良，食欲减少，便秘。

【应用指征】 消化不良，采食减少，粪便干硬，排粪困难。

【临床应用】 消化不良、便秘、健胃、提高食欲。

【用法用量】 20～50g。

【不良反应】 按规定剂量使用，暂未见不良反应。

健脾理中散

【主要成分】 苍术、甘草、紫苏叶、广藿香、木香等。

【性状】 灰棕色粗粉；气香，味淡。

【功能】 健脾消食，理气化湿。

【临床应用】 消化不良，食滞腹胀。

【用法用量】 20～30g。

【不良反应】 按规定剂量使用，暂未见不良反应。

龙胆末

【主要成分】 龙胆。

【性状】 淡黄棕色粉末；气微，味甚苦。

【功能主治】 健胃；主治食欲不振。

【临床应用】 消化不良、健胃、提高食欲。

【用法用量】 5～15g。

【不良反应】 按规定剂量使用，暂未见不良反应。

钩吻末

【主要成分】 钩吻。

【性状】 棕褐色粉末；气微，味辛、苦。

【功能】 健胃，杀虫。

【临床应用】 消化不良，虫积。证见消瘦，被毛粗乱，食欲减退，大便干燥或泄泻，精神不安，有时磨牙，时有腹痛。

【用法用量】 10～30g。

【不良反应】 按规定剂量使用，暂未见不良反应。

【特别提示】 有大毒（对猪毒性较小），孕畜慎用。

五、化痰止咳平喘方

麻杏石甘散

【主要成分】 麻黄、苦杏仁、石膏、甘草。

【性状】 淡黄色粉末；气微香，味辛、苦、涩。

【功能主治】 清热，宣肺，平喘；主治肺热咳喘。

【应用指征】 发热有汗或无汗，烦躁不安，咳嗽气粗，口渴尿少，舌红，苔薄白或黄，脉象浮滑而数。

【临床应用】 猪呼吸道综合征、猪流行性感冒、猪气喘病、猪传染性胸膜肺炎、猪肺疫、副猪嗜血杆菌病、猪蓝耳病等。

【用法用量】 30～60g。

【不良反应】 按规定剂量使用，暂未见不良反应。

【特别提示】 风寒实喘忌用。

二陈散

【主要成分】 姜半夏、陈皮、茯苓、甘草。

【性状】 淡棕黄色粉末；气微香，味甘、微辛。

【功能主治】 燥湿化痰，理气和胃；主治湿痰咳嗽，呕吐，腹胀。

【应用指征】 咳嗽痰多，色白，咳时偶见呕吐，舌苔白润，口津滑利，脉缓。

【临床应用】 急性及慢性气管炎、支气管炎、肺气肿、饲喂不当及饮冷水过多所致的呕吐，以及猪流行性感冒、猪气喘病、猪传染性胸膜肺炎、猪肺疫等。

【用法用量】 30～45g。

【不良反应】 按规定剂量使用，暂未见不良反应。

【特别提示】 肺阴虚燥咳忌用；辛香温燥，易伤津液，不宜久服。

止咳散

【主要成分】 知母、枳壳、麻黄、桔梗、苦杏仁等。

【性状】 棕褐色粉末；气清香，味甘、微苦。

【功能主治】 清肺化痰，止咳平喘；主治肺热咳喘。

【应用指征】 咳嗽不爽，咳声洪大，气促喘粗，肷肋扇动，呼出气热，鼻涕黄而黏稠。全身症状较重，体温升高，汗出，精神沉郁或高度沉郁，食欲减少或废绝，咽喉肿痛，粪便干燥，尿液短赤，口渴贪饮，口色赤红，苔黄燥，脉象洪数。

【临床应用】 猪高热综合征、猪流行性感冒、猪传染性胸膜肺炎、猪气喘病、猪肺疫、副猪嗜血杆菌病、猪蓝耳病及顽固性咳嗽等。

【用法用量】 45～60g。

【不良反应】 按规定剂量使用，暂未见不良反应。

【特别提示】 肺气虚无热象的个体不可应用。

清肺止咳散

【主要成分】 桑白皮、知母、苦杏仁、前胡、金银花等。

【性状】 黄褐色粉末；气微香，味苦、甘。

【功能主治】 清泻肺热，化痰止痛；主治肺热咳喘，咽喉肿痛。

【应用指征】 咳声洪亮，气促喘粗，鼻翼扇动，鼻涕黄而黏稠，咽喉肿痛，粪便干燥，尿短赤，口渴贪饮，口色赤红，舌苔黄燥，脉象洪数。

【临床应用】 猪高热综合征、猪肺疫、猪流行性感冒、猪传染性胸膜肺炎、猪蓝耳病等。

【用法用量】 30～50g。

【不良反应】 按规定剂量使用，暂未见不良反应。

【特别提示】 虚喘不用。

金花平喘散

【主要成分】 洋金花、麻黄、苦杏仁、石膏、明矾。

【性状】 浅棕黄色粉末；气清香，味苦、涩。

【功能】 平喘，止咳。

【应用指征】 气喘，咳嗽。

【临床应用】 猪气喘病、猪肺疫、猪流行性感冒、猪传染性胸膜肺炎、猪蓝耳病等。

【用法用量】 10～30g。

【不良反应】 按规定剂量使用，暂未见不良反应。

定喘散

【主要成分】 桑白皮、苦杏仁（炒）、莱菔子、葶苈子、紫苏子等。

【性状】 黄褐色粉末；气微香，味甘、苦。

【功能主治】 清肺，止咳，定喘；主治肺热咳嗽，气喘。

【应用指征】

① 耳、鼻、体表温热，鼻涕黏稠，呼出气热，咳声洪大，口色红，苔黄，脉数。

② 咳嗽喘急，发热有汗或无汗，口干渴，舌红，苔黄，脉数。

【临床应用】 猪气喘病、猪肺疫、猪流行性感冒、猪传染性胸膜肺炎、猪蓝耳病等。

【用法用量】 30～50g。

【不良反应】 按规定剂量使用，暂未见不良反应。

理肺止咳散

【主要成分】 百合、麦冬、清半夏、紫菀、甘草等。

【性状】 浅黄色至黄色粉末；气微香，味甘。

【功能主治】 润肺化痰，止咳；主治劳伤久咳，阴虚咳嗽。

【应用指征】

① 食欲减退，精神倦怠，毛焦肷吊，日渐消瘦，久咳不已，咳声低微，动则咳甚并有汗出，鼻流黏涕，口色淡白，舌质绵软，脉象迟细。

② 频频干咳，久咳不止，昼轻夜重，痰少津干，干咳无痰或鼻有少量黏稠鼻涕，低烧不退，或午后发热，盗汗，舌红少苔，脉象细数。

【临床应用】 猪气喘病、顽固性咳嗽、慢性猪肺疫等。

【用法用量】 40～60g。

【不良反应】 按规定剂量使用，暂未见不良反应。

清肺散

【主要成分】 板蓝根、葶苈子、浙贝母、桔梗、甘草。

【性状】 浅棕黄色粉末；气清香，味微甘。

【功能主治】 清肺平喘，化痰止咳；主治肺热咳喘、咽喉肿痛。

【应用指征】 咳声洪亮，气促喘粗，鼻翼扇动，鼻涕黄而黏稠，咽喉肿痛，粪便干燥，尿短赤，口渴贪饮，口色赤红，舌苔黄燥，脉象洪数。

【临床应用】 猪肺疫、猪气喘病、猪流行性感冒、猪感冒、猪传染性胸膜肺炎、猪蓝耳病、猪气管炎等。

【用法用量】 40～60g。

【不良反应】 按规定剂量使用，暂未见不良反应。

六、温里方

四逆汤

【主要成分】 淡附片、干姜、炙甘草。

【性状】 棕黄色液体或淡黄色粉末；气香，味甜、辛。

【功能主治】 温中祛寒，回阳救逆；主治四肢厥冷、脉微欲绝、亡阳虚脱。

【应用指征】 精神沉郁，恶寒战栗，呼吸浅表，食欲大减或废绝，胃肠蠕动音减弱，体温降低，耳鼻、口唇、四肢末端或全身体表发凉，口色淡白，舌津湿润，脉象沉细无力。

【临床应用】 猪低温症、产后瘫痪、冷应激、虚寒性久泻、冷痛（饮冷水痛）等。

【用法用量】 40～60g（30～50mL）。

【不良反应】 按规定剂量使用，暂未见不良反应。

【特别提示】 性温热，湿热、阴虚、实热证禁用；凡热邪所致呕吐、腹痛、泄泻者不宜用；妊娠禁用；含附子，不宜过量、久服。

理中散

【主要成分】 党参、干姜、甘草、白术。

【性状】 淡黄色至黄色粉末；气香，味辛、微甜。

【功能主治】 温中散寒，补气健脾；主治脾胃虚寒，食少，泄泻，腹痛。

【应用指征】 慢草不食，畏寒肢冷，肠鸣腹泻，完谷不化，时有腹痛，舌苔淡白，脉象沉迟。

【临床应用】 猪消化不良、虚寒腹泻（饮冷水）。

【用法用量】 30～60g。

【不良反应】 按规定剂量使用，暂未见不良反应。

七、祛湿方

八正散

【主要成分】 木通、瞿麦、萹蓄、车前子、滑石等。

【性状】 淡灰黄色粉末；气微香，味淡、微苦。

【功能主治】 清热泻火，利尿通淋；主治湿热下注，热淋，血淋，石淋，尿血。

【应用指征】

① 热淋：精神倦怠，食欲减退，排尿痛苦，尿少频数，淋漓不畅，尿色黄赤，口色赤红，苔黄，脉象滑数。

② 血淋：排尿困难，淋漓涩痛，小便频数，尿中带血，尿色紫红，舌红苔黄，脉象滑数。

③ 石淋：小便短赤，淋漓不畅，排尿中断，时有腹痛，尿中带血，舌淡苔黄腻，脉象滑数。

④ 尿血：精神倦怠，食欲减少，小便短赤，尿中混有血液或血块，色鲜红或暗紫，口色红，脉象细数。

【临床应用】 泌尿系统感染、结石、急性肾炎、膀胱炎、尿道炎、母猪产后尿闭等，以及某些疫病引起的血尿或泌尿系统炎症，如猪附红细胞体病、猪钩端螺旋体病、血液寄生虫病等。

【用法用量】 30～60g。

【不良反应】 按规定剂量使用，暂未见不良反应。

五皮散

【主要成分】 桑白皮、陈皮、大腹皮、姜皮、茯苓皮。

【性状】 黄褐色粉末；气微香，味辛。

【功能主治】 行气，化湿，利水；主治水肿。

【应用指征】 眼睑、头部及局部或全身皮肤水肿，指压留痕。

【临床应用】 仔猪水肿病、妊娠水肿、乳房水肿等。

【用法用量】 45～60g。

【不良反应】 按规定剂量使用，暂未见不良反应。

五苓散

【主要成分】 茯苓、泽泻、猪苓、肉桂、白术（炒）。

【性状】 淡黄色粉末；气微香，味甘、淡。

【功能主治】 温阳化气，利湿行水；主治水湿内停，排尿不利，泄泻，水肿，宿水停脐。

【应用指征】 皮肤水肿，胸腹腔积液；泻粪似水或稀薄，小便不利，耳鼻俱凉，口色青白，脉象沉迟。

【临床应用】 用于仔猪水肿病及某些疾病引起的胸腹腔积液，如用于猪传染性胸膜肺炎、副猪嗜血杆菌病、猪肺疫、猪链球菌病等的辅助治疗。

【用法用量】 30～60g。

【不良反应】 按规定剂量使用，暂未见不良反应。

平胃散

【主要成分】 苍术、厚朴、陈皮、甘草。

【性状】 棕黄色粉末；气香，味苦、微甜。

【功能主治】 燥湿健脾，理气开胃；主治湿困脾土，食少，粪稀软。

【应用指征】 完谷不化，食少便稀，肚腹胀满，呕吐增多。

【临床应用】 仔猪生长缓慢、提高日增重、仔猪长途运输后调理、消化不良等。

【用法用量】 30～60g；混饲：1%。

【不良反应】 按规定剂量使用，暂未见不良反应。

防己散

【主要成分】 防己、黄芪、茯苓、肉桂、胡芦巴等。

【性状】 淡棕色粉末；气香，味微苦。

【功能主治】 补肾健脾，利尿除湿；主治肾虚浮肿。

【应用指征】 四肢、腹下或阴囊水肿，耳鼻四肢不温，舌质胖淡，苔白滑，脉沉细。

【临床应用】 阴囊水肿、仔猪水肿病、后肢水肿等。

【用法用量】 45～60g。

【不良反应】 按规定剂量使用，暂未见不良反应。

藿香正气散

【主要成分】 广藿香、紫苏叶、茯苓、白芷、大腹皮等。

【性状】 灰黄色粉末；气香，味甘、微苦。

【功能主治】 解表化湿，理气和中；主治外感风寒，内伤食滞，泄泻腹胀。

【应用指征】

① 外感风寒：精神不振，食欲减退，恶寒发热，皮紧腰硬，口色青白或微红，脉象浮紧或浮数。

② 内伤食滞：精神倦怠，食欲减退或废绝，肚腹胀满，常伴有轻微腹痛；粪便粗糙或稀软，有酸臭气味，有时带有未完全消化的食物；口内酸臭，口腔黏滑，舌苔厚腻，口色红，脉象数或滑数。

③ 泄泻腹胀：精神倦怠，泄泻似水或稀薄，小便不利，耳鼻俱凉，口色青白，脉象沉迟。

【临床应用】 风寒感冒、猪流行性感冒、猪感冒、胃食滞、消化不良、呕吐、中暑、热应激、仔猪冷泻、断奶仔猪腹泻等。

【用法用量】 60～90g。

【不良反应】 按规定剂量使用，暂未见不良反应。

【特别提示】 辛温解表，热邪导致的霍乱、感冒、阴虚火旺者忌用。

茵陈木通散

【主要成分】 茵陈、连翘、桔梗、川木通、苍术等。

【性状】 暗黄色粉末；气香，味甘、苦。

【功能主治】 解表疏肝，清热利湿；主治温热病初起。

【应用指征】 发热，咽喉肿痛，口干喜饮，苔薄白，脉浮数。

【临床应用】 春季保健，预防猪传染病。

【用法用量】 30～60g。

【不良反应】 按规定剂量使用，暂未见不良反应。

茵陈蒿散

【主要成分】 茵陈、栀子、大黄。

【性状】 浅棕黄色粉末；气微香，味微苦。

【功能主治】 清热，利湿，退黄；主治湿热黄疸。

【应用指征】 皮肤及黏膜黄色鲜明，发热烦渴，尿短少黄赤，粪便燥结，舌苔黄腻，脉象弦数。

【临床应用】 猪附红细胞体病、猪钩端螺旋体病、血液寄生虫病、黄曲霉菌毒素等引起的黄疸。

【用法用量】 30～45g。

【不良反应】 按规定剂量使用，暂未见不良反应。

八、理气方

三香散

【主要成分】 丁香、木香、藿香、青皮、陈皮等。

【性状】 黄褐色粉末；气香，味辛、微苦。

【功能主治】 破气消胀，宽肠通便；主治胃肠臌气。

【应用指征】 腹胀臌气，敲打有鼓音。

【临床应用】 猪肠臌气、猪诺维氏梭菌病等。

【用法用量】 30～60g。

【不良反应】 按规定剂量使用，暂未见不良反应。

九、理血方

十黑散

【主要成分】 知母、黄柏、栀子、地榆、槐花等。

【性状】 深褐色粉末；味焦苦。

【功能主治】 清热泻火，凉血止血；主治膀胱积热，尿血，便血。

【应用指征】 尿液短赤，排尿困难，淋漓不畅，血尿，粪中带血。

【临床应用】 猪血尿、血便。

【用法用量】 60～90g。

【不良反应】 按规定剂量使用，暂未见不良反应。

益母生化散

【主要成分】 益母草、当归、川芎、桃仁、炮姜等。

【性状】 黄绿色粉末；气清香，味甘、微苦。

【功能主治】 活血祛瘀，温经止痛；主治产后恶露不行，血瘀腹痛。

【应用指征】

① 恶露不行：精神不振，食欲减退，毛焦肷吊，体温偏高，口腔黏膜潮红，眼结膜发绀，不安，弓腰努责，排出腥臭带脓液并夹杂条状或块状腐肉。

② 血瘀腹痛：肚腹疼痛，蹲腰踏地，回头顾腹，不时起卧，食欲减少；有时从阴道流出带紫黑色血块的恶露。

【临床应用】 母猪恶露不尽、子宫内膜炎、阴道炎、胎衣不下、预防产后“三炎”（乳房炎、无乳症、子宫内膜炎）等。

【用法用量】 60～90g（合剂：30～50mL）。

【不良反应】 按规定剂量使用，暂未见不良反应。

【特别提示】 孕畜慎用。

通乳散

【主要成分】 当归、王不留行、黄芪、路路通、红花等。

【性状】 红棕色至棕色粉末；气微香，味微苦。

【功能主治】 通经下乳；主治产后乳少，乳汁不下。

【应用指征】 乳房、乳头缩小，乳汁减少、清稀或挤不出奶。

【临床应用】 适用于气血不足型泌乳障碍，母猪产后少乳或无乳。

【用法用量】 60～90g。

【不良反应】 按规定剂量使用，暂未见不良反应。

槐花散

【主要成分】 槐花（炒）、侧柏叶（炒）、荆芥（炒炭）、枳壳（炒）。

【性状】 黑棕色粉末；气香，味苦、涩。

【功能主治】 清肠止血，疏风行气；主治肠风下血。

【应用指征】 精神沉郁，食欲减少或停止，耳鼻俱热，口渴喜饮；病初粪便干硬，附有血丝或黏液，继而粪便稀薄带血，血色鲜红，小便短赤；口色鲜红，苔黄腻，脉象滑数。

【临床应用】 猪痢疾、仔猪红痢、猪增生性肠炎、出血性肠炎及便血等。

【用法用量】 30～50g。

【不良反应】 按规定剂量使用，暂未见不良反应。

补益清宫散

【主要成分】 党参、黄芪、当归、川芎、桃仁等。

【性状】 灰棕色粉末；气清香，味辛。

【功能主治】 补气养血，活血化瘀；主治产后气血不足，胎衣不下，恶露不尽，血瘀腹痛。

【应用指征】 胎衣不下，阴道流出带紫黑色血块的恶露。

【临床应用】 母猪恶露不尽、子宫内膜炎、阴道炎、胎衣不下、预防产后“三炎”及产后体质虚弱等。

【用法用量】 30～100g。

【不良反应】 按规定剂量使用，暂未见不良反应。

白术散

【主要成分】 白术、当归、川芎、党参、甘草等。

【性状】 棕褐色粉末；气微香，味甘、微苦。

【功能主治】 补气，养血，安胎；主治胎动不安。

【应用指征】 站立不安，回头顾腹，弓腰努责，频频排出少量尿液，阴道流出带血水浊液，间有起卧，胎动增加。

【临床应用】 安胎、习惯性流产、妊娠浮肿。

【用法用量】 60～90g。

【不良反应】 按规定剂量使用，暂未见不良反应。

十、收涩方

乌梅散

【主要成分】 乌梅、柿饼、黄连、姜黄、诃子。

【性状】 棕黄色粉末；气微香，味苦。

【功能主治】 清热解毒，涩肠止泻；主治幼畜奶泻。

【应用指征】 腹泻，粪便糊状含白色凝乳状小块或水样，全身比较虚弱，舌质淡，脉象沉细无力。

【临床应用】 仔猪奶泻或腹泻。

【用法用量】 仔猪 10～15g。

【不良反应】 按规定剂量使用，暂未见不良反应。

【特别提示】 收敛止泻作用较强，粪便恶臭或带脓血者慎用。

四神散

【主要成分】 肉豆蔻（制）、盐补骨脂、吴茱萸（制）、五味子。

【性状】 褐色粉末；气微香，味苦、咸而带酸、辛。

【功能主治】 温肾暖脾，固肠止泻；主治脾肾虚寒泄泻。

【应用指征】 形寒肢冷，耳鼻发凉，食欲减退，倦怠肯卧，尿清，泻粪如水，或水粪齐下，口色淡，脉弱。

【临床应用】 仔猪腹泻、药源性腹泻。

【用法用量】 30～60g。

【不良反应】 按规定剂量使用，暂未见不良反应。

十一、补益方

七补散

【主要成分】 党参、白术（炒）、茯苓、甘草、炙黄芪等。

【性状】 淡灰褐色粉末；气清香，味辛、甘。

【功能主治】 培补脾肾，益气养血；主治劳伤、虚损、体弱。

【应用指征】

① 精神倦怠，头低耳耷，食欲减退，毛焦肷吊，多卧少立，口色淡白，脉虚无力；兼见粪便清稀，或直肠、子宫脱垂，咳嗽无力，呼吸气短，动则喘甚，自汗。

② 畏寒怕冷，四肢发凉，口色淡白，脉象沉迟；兼见腰膝痿软，起卧艰难，阳痿滑精，久泻不止。

【临床应用】 子宫脱垂、阴道脱垂、阳痿、滑精、顽固性腹泻等。

【用法用量】 45～80g。

【不良反应】 按规定剂量使用，暂未见不良反应。

六味地黄散

【主要成分】 熟地黄、酒萸肉、山药、牡丹皮、茯苓等。

【性状】 灰棕色粉末；味甜、酸。

【功能主治】 滋补肝肾；主治肝肾阴虚，腰胯无力，盗汗，滑精，阴虚发热。

【应用指征】

① 站立不稳，时欲倒地，腰胯无力，眼干涩，视力减退或夜盲内障。

② 低烧或午后发热，盗汗，口色红，苔少或无苔，脉象细数。

③ 公畜举阳滑精，母畜发情周期不正常。

【临床应用】 公猪滑精、母猪发情障碍、乳汁自溢、提高精液品质和免疫力。

【用法用量】 15～50g。

【不良反应】 按规定剂量使用，暂未见不良反应。

【特别提示】 体实及阳虚者忌用；感冒者慎用；脾虚、气滞、食少纳呆者慎用。

巴戟散

【主要成分】 巴戟天、小茴香、槟榔、肉桂、陈皮等。

【性状】 褐色粉末；气香，味甘、苦。

【功能主治】 补肾壮阳，祛寒止痛；主治腰胯风湿。

【应用指征】 背腰僵硬，患部肌肉与关节疼痛，难起难卧，运步不灵，跛行明显，运动后有所减轻，重则卧地不起，髋结节等处磨破形成褥疮；全身症状有形寒肢冷，耳鼻不温，食欲减少。

【临床应用】 风湿症、种公猪性欲低下、母猪瘫痪。

【用法用量】 45～60g。

【不良反应】 按规定剂量使用，暂未见不良反应。

【特别提示】 有发热、口色红、脉数等热象时忌用，孕畜慎用。

四君子散

【主要成分】 党参、白术（炒）、茯苓、炙甘草。

【性状】 灰黄色粉末；气微香，味甘。

【功能主治】 益气健脾；主治脾胃气虚，食少，体瘦。

【应用指征】 体瘦毛焦，倦怠乏力，食少纳呆，粪便溏稀，完谷不化，口色淡白，脉弱。

【临床应用】 消化不良、僵猪、顽固性腹泻。

【用法用量】 45～60g。

【不良反应】 按规定剂量使用，暂未见不良反应。

生乳散

【主要成分】 黄芪、党参、当归、通草、川芎等。

【性状】 淡棕褐色粉末；气香，味甘、苦。

【功能主治】 补气养血，通经下乳；主治气血不足的少乳和无乳症。

【应用指征】　泌乳减少或完全无乳，乳房松弛干瘪，不愿哺乳，对仔猪吮乳要求反应冷漠，精神沉郁，不愿运动，食欲不振，口色淡，脉沉细无力。

【临床应用】　母猪产后少乳或无乳。

【用法用量】　60～90g。

【不良反应】　按规定剂量使用，暂未见不良反应。

补中益气散

【主要成分】　炙黄芪、党参、白术（炒）、炙甘草、当归等。

【性状】　淡黄棕色粉末；气香，味辛、甘、微苦。

【功能主治】　补中益气，升阳举陷；主治脾胃气虚，久泻，脱肛，子宫脱垂。

【应用指征】　精神不振，食欲减少，毛焦肷吊，体瘦羸形，四肢无力，怠行好卧，粪便稀软，完谷不化或水粪并下，口色淡白，脉沉细无力。严重者，久泻，脱肛或子宫脱垂。

【临床应用】　子宫脱垂、阴道脱垂、脱肛、慢性腹泻、低血糖症、提高免疫力、增强猪瘟疫苗免疫效果等。

【用法用量】　45～60g。

【不良反应】　按规定剂量使用，暂未见不良反应。

百合固金散

【主要成分】　百合、白芍、当归、甘草、玄参等。

【性状】　黑褐色粉末；味微甘。

【功能主治】　养阴清热，润肺化痰；主治肺虚咳喘，阴虚火旺，咽喉肿痛。

【应用指征】　干咳少痰，痰中带血，咽喉疼痛，舌红苔少，脉象细数。

【临床应用】　肺肾阴虚、虚火上炎所致燥咳、猪气喘病。

【用法用量】　45～60g。

【不良反应】　按规定剂量使用，暂未见不良反应。

【特别提示】 外感咳嗽、寒湿痰喘者忌用；脾虚便溏、食欲不振者慎用。

催情散

【主要成分】 淫羊藿、阳起石（酒淬）、当归、香附、益母草等。

【性状】 淡灰色粉末；气香，味微苦、微辛。

【功能主治】 催情。

【应用指征】 不发情。

【临床应用】 母猪乏情、不孕症。

【用法用量】 30～60g。

【不良反应】 按规定剂量使用，暂未见不良反应。

扶正解毒散

【主要成分】 板蓝根、黄芪、淫羊藿。

【性状】 灰黄色粉末；气微香。

【功能】 扶正祛邪，清热解毒。

【临床应用】 母猪亚健康、提高疫苗免疫效果、增强机体免疫力、促进母猪的发情和排卵。

【用法用量】 混饲：1%。

【不良反应】 按规定剂量使用，暂未见不良反应。

参苓白术散

【主要成分】 党参、茯苓、白术（炒）、山药、甘草等。

【性状】 浅棕黄色粉末；气微香，味甘、淡。

【功能主治】 补脾胃，益肺气；主治脾胃虚弱，肺气不足。

【应用指征】

① 脾胃虚弱：精神短少，完谷不化，久泻不止，体形羸瘦，四肢浮肿，肠鸣，小便短少，口色淡白，脉象沉细。

② 肺气不足：久咳气喘，动则喘甚，鼻流清涕，畏寒喜暖，易出汗，日渐消瘦，皮燥毛焦，倦怠肯卧，口色淡白，脉象细弱。

【临床应用】 消化不良性腹泻、脾虚泄泻、断奶仔猪腹泻、顽固性咳嗽、提高断奶仔猪生产性能。

【用法用量】 45～60g；混饲：仔猪0.5%。

【不良反应】 按规定剂量使用，暂未见不良反应。

保胎无忧散

【主要成分】 当归、川芎、熟地黄、白芍、黄芪等。

【性状】 淡黄色粉末；气香，味甘、微苦。

【功能主治】 养血，补气，安胎；主治胎动不安。

【应用指征】 站立不安，回头顾腹，弓腰努责，频频排出少量尿液，阴道流出带血水浊液，间有起卧，胎动增加。

【临床应用】 安胎保胎、习惯性流产。

【用法用量】 30～60g。

【不良反应】 按规定剂量使用，暂未见不良反应。

泰山盘石散

【主要成分】 党参、黄芪、当归、续断、黄芩等。

【性状】 淡棕色粉末；气微香，味甘。

【功能主治】 补气血，安胎；主治气血两虚所致胎动不安，习惯性流产。

【应用指征】 站立不安，回头顾腹，弓腰努责，频频排出少量尿液，阴道流出带血水浊液，间有起卧，胎动增加。

【临床应用】 体虚胎动、安胎保胎、习惯性流产。

【用法用量】 60～90g。

【不良反应】 按规定剂量使用，暂未见不良反应。

催奶灵散

【主要成分】 王不留行、黄芪、皂角刺、当归、党参等。

【性状】 灰黄色粉末；气香，味甘。

【功能】 补气养血，通经下乳。

【应用指征】 产后乳少，乳汁不下。

【临床应用】 母猪产后少乳或缺乳、作为增奶保健剂。

【用法用量】 40～60g。

【不良反应】 按规定剂量使用，暂未见不良反应。

母仔安散

【主要成分】 铁苋菜、苍术、泽泻、山药、白芍。

【性状】 灰棕色粉末；味微酸、涩。

【功能主治】 健脾益气，燥湿止痢。

【临床应用】 预防仔猪黄痢、仔猪白痢。

【用法用量】 一次量，产后带仔母猪 50g，2 次/d，从产仔当日起连用 3d。

【不良反应】 按规定剂量使用，暂未见不良反应。

杜仲山楂散

【主要成分】 女贞子、杜仲、山楂、黄芪、玄明粉。

【性状】 棕黄色粉末；味微咸。

【功能】 补肾益肝，开胃健脾。

【临床应用】 脾肾虚弱，生长迟缓。

【用法用量】 混饲：每千克饲料 5～10g。

【不良反应】 按规定剂量使用，暂未见不良反应。

十二、安神开窍方

朱砂散

【主要成分】 朱砂、党参、茯苓、黄连。

【性状】 淡棕黄色粉末；味辛、苦。

【功能主治】 清心安神，扶正祛邪；主治心热风邪，脑黄。

【应用指征】

① 心热风邪：全身出汗，肉颤头摇，气促喘粗，神志不清，左右乱跌，口色赤红，脉象洪数。

② 脑黄：高热神昏，狂躁不安，前肢腾空，翻槽越栏，低头

或昂头狂奔，有时不住转圈，口色赤红，脉象洪数。

【临床应用】 脑膜炎、中暑、猪链球菌病、猪伪狂犬病、猪高热综合征等。

【用法用量】 10～30g。

【不良反应】 按规定剂量使用，暂未见不良反应。

通关散

【主要成分】 猪牙皂、细辛。

【性状】 浅黄色粉末；气香窜，味辛。

【功能主治】 通关开窍；主治中暑，昏迷，冷痛。

【应用指征】

① 中暑：突然发病，身热喘促，全身肉颤，烦躁不安，行走如醉甚至神昏倒地，痉挛抽搐，口色赤紫，脉象洪数或细数无力。

② 冷痛：间歇性腹痛，起卧不安，频频摆尾，肠鸣如雷，泻粪如水，鼻塞耳冷，口色青黄，口津滑利，脉象沉迟；病情严重者，腹痛剧烈，急起急卧，打滚翻转。

【临床应用】 脑膜炎、中暑、猪链球菌病、猪伪狂犬病、猪高热综合征等。

【用法用量】 外用少许，吹入鼻孔取嚏。

【不良反应】 按规定剂量使用，暂未见不良反应。

【特别提示】 孕畜忌用；用量以取嚏为度，不宜过多，以防吸入气管发生意外；用于急救、中病即止。

枣胡散

【主要成分】 酸枣仁、延胡索、川芎、茯苓、知母等。

【性状】 淡黄色至棕黄色粉末；气微香，味微甘、微酸。

【功能】 镇静安神，健脾消食。

【临床应用】 缓解仔猪断奶应激。

【用法用量】 混饲：断奶仔猪每千克体重 1g，连用 14d。

【不良反应】 按规定剂量使用，暂未见不良反应。

十三、平肝方

千金散

【主要成分】 蔓荆子、旋覆花、僵蚕、天麻、乌梢蛇等。

【性状】 淡棕黄色至浅灰褐色粉末；气香窜，味淡、辛、咸。

【功能】 熄风解痉。

【应用指征】 肌肉僵硬，牙关紧闭，双耳竖立，颈部伸直，头明显前伸，四肢完全伸直无法弯曲，如同木马状。对声音、光照及突然接触等敏感。

【临床应用】 破伤风。

【用法用量】 30～100g。

【不良反应】 按规定剂量使用，暂未见不良反应。

十四、驱虫方

驱虫散

【主要成分】 鹤虱、使君子、槟榔、芜荑、雷丸等。

【性状】 褐色粉末；气香，味苦、涩。

【功能主治】 驱虫；主治胃肠道寄生虫病。

【应用指征】 瘦弱，生长缓慢。

【临床应用】 蛔虫病、绦虫病。

【用法用量】 30～60g。

【不良反应】 按规定剂量使用，暂未见不良反应。

擦疥散

【主要成分】 狼毒、猪牙皂（炮）、巴豆、雄黄、轻粉。

【性状】 棕黄色粉末；气香窜，味苦、辛。

【功能】 杀疥螨。

【应用指征】 患猪经常在墙角、饲槽等粗糙处蹭痒，致使猪毛脱落，皮肤变厚、干枯，形成结痂、皱褶和龟裂。

【临床应用】 猪疥螨病。

【用法用量】 外用适量。将植物油烧热，调药成流膏状，涂擦患处。

【不良反应】 按规定剂量使用，暂未见不良反应。

【特别提示】 不可内服；如疥癣面积过大，应分区分期涂药，并防止患病猪舔食。

十五、外用方

生肌散

【主要成分】 血竭、赤石脂、醋乳香、龙骨（煅）、冰片等。

【性状】 淡灰红色粉末；气香，味苦、涩。

【功能】 生肌敛疮。

【临床应用】 疮疡。

【用法用量】 外用适量，撒布于患处。

【不良反应】 按规定剂量使用，暂未见不良反应。

防腐生肌散

【主要成分】 枯矾、陈石灰、血竭、乳香、没药等。

【性状】 淡暗红色粉末；气香，味辛、涩、微苦。

【功能】 防腐生肌，收敛止血。

【应用指征】 痈疽疮疡破溃处流出黄色或绿色稠脓，带恶臭味，或夹杂有血丝或血块，疮面呈赤红色，有时疮面被褐色痂皮覆盖。

【临床应用】 痈疽溃烂，疮疡流脓，外伤出血。

【用法用量】 外用适量，撒布于创面。

【不良反应】 按规定剂量使用，暂未见不良反应。

青黛散

【主要成分】 青黛、黄连、黄柏、薄荷、桔梗等。

【性状】 灰绿色粉末；气清香，味苦、微涩。

【功能】 清热解毒，消肿止痛。

【应用指征】 唇舌肿胀溃烂，口流黏液甚至带血，口臭难闻，采食困难；伸头直项，吞咽不利，口中流涎。

【临床应用】 口舌生疮，咽喉肿痛。

【用法用量】 将适量药装入纱布袋内，噙于口中。

【不良反应】 按规定剂量使用，暂未见不良反应。

桃花散

【主要成分】 陈石灰、大黄。

【性状】 粉红色细粉；味微苦、涩。

【功能主治】 收敛，止血；主治疮疡不敛，外伤出血。

【临床应用】 局部创伤、出血。

【用法用量】 外用适量，撒布于创面。

【不良反应】 按规定剂量使用，暂未见不良反应。

十六、免疫增强剂

茯苓多糖散

【主要成分】 茯苓。

【性状】 灰白色粉末；气微香，味微甜。

【功能】 增强免疫力。

【临床应用】 用于提高猪对猪瘟疫苗和猪伪狂犬病疫苗的免疫应答。

【用法用量】 混饲：每千克饲料 100mg，疫苗免疫前 3d 给药，连用 14d。

【不良反应】 暂未见不良反应。

芪藿散

【主要成分】 黄芪、淫羊藿。

【性状】 浅棕色粉末。

【功能】 补益正气，增强免疫力。

【临床应用】 用于提高猪对猪瘟疫苗的免疫应答。

【用法用量】 配合疫苗使用，混饲：仔猪 0.7～1g，连用 3d。

【不良反应】 暂未见不良反应。

五加芪粉

【主要成分】 黄芪、刺五加。

【性状】 棕黄色至棕褐色粉末；味微甘。

【功能】 补益正气，增强免疫力。

【临床应用】 用于增强猪对猪瘟疫苗的早期免疫应答。

【用法用量】 混饲：每千克饲料 0.4g，疫苗免疫后连用 7d。

【不良反应】 暂未见不良反应。

黄芪多糖粉

【主要成分】 黄芪。

【性状】 浅黄色或黄色粉末；有较强吸湿性；味微甜。

【功能】 益气固本，增强机体抵抗力。

【临床应用】 用于提高猪瘟、猪口蹄疫疫苗的抗体水平。

【规格】 每 1g 含黄芪多糖应不少于 450mg。

【用法用量】 混饲：每千克饲料 200mg，疫苗免疫前 3d 给药，连用 7d。

【不良反应】 暂未见不良反应。

第二节　口服液

白头翁口服液

【主要成分】 白头翁。

【性状】 棕红色液体；味苦。

【功能主治】 清热解毒，凉血止痢；主治湿热泄泻，下痢脓血。

【应用指征】 腹泻，排黄白色、灰白色或带血稀粪。

【临床应用】 仔猪黄痢、仔猪白痢、仔猪红痢、副伤寒、球虫病等。

【规格】 每1mL相当于原生药1g。

【用法用量】 30～45mL。

【不良反应】 按规定剂量使用，暂未见不良反应。

杨树花口服液

【主要成分】 杨树花。

【性状】 红棕色澄明液体。

【功能主治】 化湿止痢；主治痢疾，肠炎。

【应用指征】 精神沉郁，食欲减少或废绝，口渴多饮；腹泻，粪呈水样、糊状或胶冻样，黄白色、灰白色或带血，里急后重，腹痛。

【临床应用】 仔猪黄痢、仔猪白痢、仔猪红痢、副伤寒、猪痢疾等。

【规格】 每1mL相当于原生药1g。

【用法用量】 10～20mL。

【不良反应】 按规定剂量使用，暂未见不良反应。

黄栀口服液

【主要成分】 黄连、黄芩、栀子、穿心莲、白头翁等。

【性状】 深棕色液体；味甘、苦。

【功能主治】 清热解毒，凉血止痢；主治湿热下痢。

【临床应用】 仔猪黄痢、仔猪白痢、仔猪红痢、副伤寒、猪痢疾等。

【规格】 每1mL相当于原生药1.95g。

【用法用量】 混饮：每升水10～15mL。

【不良反应】 按规定剂量使用，暂未见不良反应。

银黄提取物口服液

【主要成分】 金银花提取物、黄芩提取物。

【性状】 棕黄色至棕红色澄清液体。

【功能主治】 清热疏风，利咽解毒；主治风热犯肺，发热咳嗽。

【临床应用】 猪气喘病、猪传染性胸膜肺炎、猪肺疫、猪流行性感冒、外感风热、猪蓝耳病等。

【规格】 每100mL相当于绿原酸0.24g、黄芩苷2.4g。

【用法用量】 混饮：每升水1mL，连用3d。

【不良反应】 按规定剂量使用，暂未见不良反应。

藿香正气口服液

【主要成分】 苍术、陈皮、姜厚朴、白芷、茯苓等。

【性状】 棕色澄清液体；味辛、微甜。

【功能】 解表祛暑，化湿和中。

【临床应用】 外感风寒、内伤湿滞、夏伤暑湿、胃肠型感冒。

【用法用量】 10～30mL。

【不良反应】 按规定剂量使用，暂未见不良反应。

第三节　颗粒剂

甘草颗粒

【主要成分】 甘草。

【性状】 黄棕色至棕褐色颗粒；味甜、略苦涩。

【功能主治】 祛痰止咳；主治咳嗽。

【临床应用】 猪气喘病、猪传染性胸膜肺炎、猪肺疫、猪流行性感冒、猪蓝耳病、猪圆环病毒病、霉菌毒素中毒等。

【规格】 每100g相当于原生药100g。

【用法用量】 6～12g；混饮：0.1%～0.3%；混饲：0.3%。

【不良反应】 连续服用较大剂量时，可出现水肿等副作用，停药后症状逐渐消失。

【特别提示】 不与海藻、大戟、甘遂、芫花合用。

连参止痢颗粒

【主要成分】 黄连、苦参、白头翁、诃子、甘草。

【性状】 黄色至黄棕色颗粒；味苦。

【功能主治】 清热燥湿，凉血止痢；用于沙门氏菌感染所致的泻痢。

【临床应用】 猪副伤寒。

【规格】 每 1g 相当于原生药 1g。

【用法用量】 一次量，每千克体重 1g，2 次/d。

【不良反应】 按规定剂量使用，暂未见不良反应。

玉屏风颗粒

【主要成分】 黄芪、白术（炒）、防风。

【性状】 浅黄色至棕黄色颗粒；味微苦、涩。

【功能】 益气固表，提高机体免疫力。

【临床应用】 提高免疫力，提高猪对猪瘟疫苗的免疫应答。

【规格】 每 1g 相当于原生药 1g。

【用法用量】 混饲：仔猪每千克饲料 1g，连用 7d。

【不良反应】 按规定剂量使用，暂未见不良反应。

北芪五加颗粒

【主要成分】 黄芪、刺五加。

【性状】 棕色颗粒；味甜、微苦。

【功能】 益气健脾。

【临床应用】 促进免疫器官发育，增强猪对猪瘟疫苗的免疫应答。

【规格】 每 100g 相当于原生药 105.6g。

【用法用量】 混饲：每千克饲料 4g，连用 7d。

【不良反应】 按规定剂量使用，暂未见不良反应。

苦参止痢颗粒

【主要成分】 苦参、白芍、木香。

【性状】 黄棕色至棕色颗粒。

【功能】 清热燥湿，止痢。

【临床应用】 仔猪白痢。

【规格】 每 1g 相当于原生药 1g。

【用法用量】 灌服：仔猪每千克体重 0.2g，连用 5d。

【不良反应】 按规定剂量使用，暂未见不良反应。

石香颗粒

【主要成分】 苍术、关黄柏、石膏、广藿香、木香等。

【性状】 棕色至棕褐色颗粒；气微香，味苦。

【功能】 清热泻火，化湿健脾。

【临床应用】 用于高温引起的精神委顿、食欲不振、生产性能下降。

【规格】 每 1g 相当于原生药 1.44g。

【用法用量】 每千克体重 0.15g，连用 7d；预防量减半。

【不良反应】 按规定剂量使用，暂未见不良反应。

马针颗粒

【主要成分】 马齿苋、三颗针。

【性状】 棕黄色至棕褐色颗粒。

【功能】 清热解毒，止痢。

【临床应用】 仔猪黄痢、仔猪白痢。

【规格】 每 1g 相当于原生药 1.5g。

【用法用量】 口服：一次量，仔猪每千克体重 1g，1 次/d，连用 3d。

【不良反应】 按规定剂量使用，暂未见不良反应。

板蓝根颗粒

【主要成分】 板蓝根。

【性状】 浅棕色至棕褐色颗粒；味甜、微苦。

【功能】 清热解毒，凉血利咽。

【临床应用】 猪风热感冒。

【规格】 每1g相当于原生药1.7g。

【用法用量】 灌服：每千克体重0.1g，连用7d。

【不良反应】 按规定剂量使用，暂未见不良反应。

紫锥菊颗粒

【主要成分】 紫锥菊。

【性状】 黄绿色至浅黄棕色颗粒；味甜、微苦。

【功能】 增强免疫功能。

【临床应用】 用于增强猪对猪瘟疫苗的免疫应答。

【规格】 每1g相当于原生药1.25g。

【用法用量】 混饮：每升水0.5g，连用7d。

【不良反应】 按规定剂量使用，暂未见不良反应。

第四节 注射液

黄芪多糖注射液

【主要成分】 黄芪多糖。

【性状】 黄色至黄褐色澄明液体，长久贮存或冷冻后有沉淀析出。

【功能】 益气固本，诱导产生干扰素，调节机体免疫功能，促进抗体形成。

【临床应用】 用于猪瘟、猪圆环病毒病、猪蓝耳病、猪气喘病，还用于增强猪瘟等疫苗的免疫效果。

【规格】 100mL:1g、10mL:0.1g。

【用法用量】 肌内注射：每千克体重0.1～0.2mL，1～2次/d，连用3d。

【不良反应】 按规定剂量使用，暂未见不良反应。

柴胡注射液

【主要成分】 北柴胡。

【性状】 无色或微乳白色澄明液体；气芳香。

【功能】 解热。

【临床应用】 感冒发热及猪发热性疾病。

【规格】 2mL（相当于原生药2g）、5mL（相当于原生药5g）、10mL（相当于原生药10g）。

【用法用量】 肌内注射：5～10mL。

【不良反应】 按规定剂量使用，暂未见不良反应。

板蓝根注射液

【主要成分】 板蓝根。

【性状】 棕黄色至棕色澄明液体。

【功能】 清热解毒。

【临床应用】 猪流行性感冒、仔猪白痢、肺炎及某些发热性疾患。

【规格】 10mL相当于板蓝根5g，20mL相当于板蓝根10g。

【用法用量】 肌内注射：一次量，10～25mL。

【不良反应】 按规定剂量使用，暂未见不良反应。

【特别提示】 不可与碱性药物合用；有少量沉淀，加热溶解后使用，不影响疗效。

鱼腥草注射液

【主要成分】 鱼腥草。

【性状】 无色澄明液体。

【功能主治】 清热解毒，消肿排脓，利尿通淋；主治肺痈，痢疾，乳痈，淋浊。

【应用指征】

① 肺痈：高热不退，咳喘频繁，鼻流脓涕或带血丝，舌红苔黄，脉数。

② 痢疾：下痢脓血，里急后重，泻粪黏腻，时有腹痛，口色红，苔黄，脉数。

③ 乳痈：乳房胀痛，乳汁变性、混有凝乳块或血丝。

④ 淋浊：尿频、尿急、尿痛、排尿不畅、淋漓不尽，或者尿中有血或沙石。

【临床应用】 猪发热性疾病、猪流行性感冒、猪传染性胸膜肺炎、猪气喘病、猪肺疫、猪腹泻性疾病、乳房炎、膀胱炎、尿道炎、子宫内膜炎等。

【规格】 2mL（相当于原生药 4g）、5mL（相当于原生药 10g）、10mL（相当于原生药 20g）、20mL（相当于原生药 40g）、50mL（相当于原生药 100g）。

【用法用量】 肌内注射：5～10mL。

【不良反应】 按规定剂量使用，暂未见不良反应。

四季青注射液

【主要成分】 四季青叶。

【性状】 棕红色澄明液体。

【功能】 清热解毒。

【临床应用】 腹泻、仔猪红痢、肺炎及泌尿系统感染等。

【规格】 10mL（相当于原生药 20g）、20mL（相当于原生药 40g）。

【用法用量】 肌内注射：一次量，10～20mL。

【不良反应】 按规定剂量使用，暂未见不良反应。

双黄连注射液

【主要成分】 金银花、黄芩、连翘。

【性状】 棕红色澄明液体。

【功能主治】 清热解毒，疏风解表；主治外感风热，肺热咳喘。

【应用指征】 发热，咳嗽，气喘，痰多等。

【临床应用】 猪流行性感冒、感冒发热、子宫内膜炎及仔猪腹泻等。

【规格】 注射液：5mL（相当于原生药 7.5g）、10mL（相当于原生药 15g）；粉针：1g、2g、5g。

【用法用量】 注射液，肌内注射：10～20mL；粉针，肌内注射：一次量，1.0～1.5g，2 次/d，连用 2～3d。

【不良反应】 按规定剂量使用，暂未见不良反应。

【特别提示】 与氨基糖苷类药（庆大霉素、卡那霉素、链霉素）及大环内酯类药（红霉素）等配伍时易产生浑浊或沉淀，请勿配伍使用。

黄藤素注射液

【主要成分】 黄藤素。

【性状】 黄色澄明液体。

【功能主治】 清热解毒；主治菌痢、肠炎。

【临床应用】 仔猪黄痢、仔猪白痢、仔猪红痢、副伤寒及其他肠道细菌感染、子宫内膜炎等。

【规格】 10mL∶100mg。

【用法用量】 皮下、肌内注射：10mL。

【不良反应】 按规定剂量使用，暂未见不良反应。

银黄注射液

【主要成分】 金银花、黄芩。

【性状】 浅棕色至红棕色澄清液体。

【功能】 清热解毒，宣肺燥湿。

【临床应用】 猪肺疫、猪气喘病等。

【规格】 10mL（相当于原生药 7.5g）。

【用法用量】 肌内注射：一次量，每千克体重 0.15mL，2 次/d，连用 5d。

【不良反应】 按规定剂量使用，暂未见不良反应。

苦参注射液

【主要成分】 苦参。

【性状】 黄色至棕黄色澄明液体。

【功能主治】 清热燥湿；主治湿热泻痢。

【临床应用】 猪肺疫、猪气喘病、仔猪黄痢、仔猪白痢、霉变饲料中毒、脱肛及泌尿系统感染等。

【规格】 5mL（含苦参总生物碱 0.1g）、10mL（含苦参总生物碱 0.2g）。

【用法用量】 肌内注射：一次量，每千克体重 0.2mL，2 次/d，连用 4d。

【不良反应】 按规定剂量使用，暂未见不良反应。

穿心莲注射液

【主要成分】 穿心莲。

【性状】 黄色至黄棕色澄明液体。

【功能】 清热解毒。

【临床应用】 肠炎、肺炎、仔猪黄痢、仔猪白痢等。

【规格】 2mL（相当于原生药 2g）、5mL（相当于原生药 5g）、10mL（相当于原生药 10g）、100mL（相当于原生药 100g）。

【用法用量】 肌内注射：5～15mL。

【不良反应】 过敏性休克、药疹、过敏性心肌损伤等。

【特别提示】 脾胃虚寒者慎用。

博落回注射液

【主要成分】 博落回。

【性状】 棕红色澄明液体。

【功能】 抗菌消炎。

【临床应用】 肠炎、仔猪黄痢、仔猪白痢等。

【规格】 5mL:25mg。

【用法用量】 肌内注射：一次量，体重 10kg 以下用量为 2～5mL，体重 10～50kg 用量为 5～10mL，2～3 次/d。

【不良反应】 口服或肌内注射均能引起严重心律失常至心源性脑缺血综合征。

【特别提示】 一次用量不得超过 15mL。

金根注射液

【主要成分】 金银花、板蓝根。

【性状】 红棕色澄明液体。

【功能主治】 清热解毒，化湿止痢；主治湿热泻痢。

【临床应用】 仔猪黄痢、仔猪白痢等。

【规格】 2mL（相当于原生药 4.5g）、5mL（相当于原生药 11.25g）、50mL（相当于原生药 112.5g）。

【用法用量】 肌内注射：一次量，哺乳仔猪 2～4mL，断奶仔猪 5～10mL，2 次/d，连用 3d。

【不良反应】 按规定剂量使用，暂未见不良反应。

鱼金注射液

【主要成分】 鱼腥草、金银花。

【性状】 几乎无色澄明液体。

【功能主治】 清热解毒，消肿排脓；主治咽痛、肺痈、肠黄、痢疾、乳房肿痛。

【临床应用】 猪肺疫、猪流行性感冒、急性上呼吸道感染、急性支气管炎、乳房炎、肠炎等。

【规格】 5mL（相当于原生药 30g）、10mL（相当于原生药 60g）。

【用法用量】 肌内注射：一次量，10～20mL，2～3 次/d。

【不良反应】 按规定剂量使用，暂未见不良反应。

苦木注射液

【主要成分】 苦木。

【性状】 橙黄色澄明液体。

【功能主治】 清热解毒；主治风热感冒，肺热。

【临床应用】 猪流行性感冒、外感风热、猪肺疫、猪传染性胸膜肺炎等。

【规格】 10mL。

【用法用量】 肌内注射：小猪 10mL，连用 3d。

【不良反应】 按规定剂量使用，暂未见不良反应。

芩连注射液

【主要成分】 黄芩、连翘、龙胆。

【性状】 淡棕黄色至棕黄色澄明液体。

【功能主治】 清肺热，利肝胆；主治肺热咳喘，湿热黄疸。

【临床应用】 猪流行性感冒、猪肺疫、猪传染性胸膜肺炎、猪气喘病、猪附红细胞体病等。

【规格】 10mL（相当于原生药 10g）。

【用法用量】 肌内注射：10mL，连用 3d。

【不良反应】 按规定剂量使用，暂未见不良反应。

柴辛注射液

【主要成分】 柴胡、细辛。

【性状】 无色至微黄色澄明液体。

【功能主治】 解表退热，祛风散寒；主治感冒发热。

【临床应用】 风寒感冒、猪流行性感冒、发热性疾病等。

【规格】 2mL（相当于原生药 6g）、5mL（相当于原生药 15g）、10mL（相当于原生药 30g）。

【用法用量】 肌内注射：3～5mL，连用 3d。

【不良反应】 按规定剂量使用，暂未见不良反应。

【特别提示】 不宜长期使用，亦不宜与含藜芦的药物同用；孕畜、弱畜及幼畜慎用。

板陈黄注射液

【主要成分】 板蓝根、麻黄、陈皮。

【性状】 棕黄色至棕红色澄明液体。

【功能主治】 清热解毒，止咳平喘，理气化痰；主治肺热咳喘。

【临床应用】 猪气喘病、猪肺疫、猪传染性胸膜肺炎、猪蓝耳病、猪流行性感冒等。

【规格】 10mL（相当于原生药5g）。

【用法用量】 肌内注射：一次量，每千克体重0.2～0.4mL，2次/d，连用2d。

【不良反应】 按规定剂量使用，暂未见不良反应。

地丁菊莲注射液

【主要成分】 穿心莲、紫花地丁、野菊花。

【性状】 棕黄色或棕红色澄明液体。

【功能】 清热解毒，燥湿止痢。

【临床应用】 仔猪白痢。

【规格】 10mL（相当于原生药10g）。

【用法用量】 肌内注射：5～10mL。

【不良反应】 按规定剂量使用，暂未见不良反应。

硫酸小檗碱注射液

【主要成分】 硫酸小檗碱。

【性状】 黄色澄明液体。

【功能主治】 抗菌；用于肠道细菌感染。

【临床应用】 用于仔猪黄痢、仔猪白痢、副伤寒，以及猪轮状病毒感染等的辅助治疗。

【规格】 5mL:50mg、0.1g，10mL:0.1g、0.2g。

【用法用量】 肌内注射：5～10mL，2次/d，连用2～3d。

【不良反应】 按规定剂量使用，暂未见不良反应。

【特别提示】 不能静脉注射。遇冷析出结晶，用前浸入热水中，用力振摇，溶解成澄明液体，并冷却至与体温相同时使用。

大蒜苦参注射液

【主要成分】 大蒜、苦参。

【性状】 棕黄色或淡棕黄色澄明液体。

【功能】 清热燥湿，止泻止痢。

【临床应用】 仔猪黄痢、仔猪白痢。

【规格】 2mL（相当于原生药 4g）、10mL（相当于原生药 20g）。

【用法用量】 肌内注射：仔猪每千克体重 0.2～0.25mL。

【不良反应】 按规定剂量使用，暂未见不良反应。

银黄提取物注射液

【主要成分】 金银花提取物、黄芩提取物。

【性状】 棕黄色至棕红色澄明液体。

【功能主治】 清热疏风，利咽解毒；主治风热犯肺，发热咳嗽。

【临床应用】 猪肺疫、猪气喘病。

【规格】 2mL、10mL。

【用法用量】 肌内注射：每千克体重 0.1mL，连用 3d。

【不良反应】 按规定剂量使用，暂未见不良反应。

银柴注射液

【主要成分】 金银花、柴胡、黄芩、板蓝根、栀子。

【性状】 棕红色澄明液体。

【功能】 辛凉解表，清热解毒。

【临床应用】 外感发热。

【规格】 10mL（相当于原生药 12g）。

【用法用量】 肌内注射：一次量，10mL，2 次/d，连用 3～5d。

【不良反应】 按规定剂量使用，暂未见不良反应。

第十五章

猪常见传染病处方

按照《动物防疫法》及中华人民共和国农业部公告　第 1125 号规定，生猪的一、二、三类疫病病种如下。

一类疫病（17 种）：

口蹄疫、猪水泡病、猪瘟、非洲猪瘟、高致病性猪蓝耳病、非洲马瘟、牛瘟、牛传染性胸膜肺炎、牛海绵状脑病、痒病、蓝舌病、小反刍兽疫、绵羊痘和山羊痘、高致病性禽流感、新城疫、鲤春病毒血症、白斑综合征。

二类疫病：

多种动物共患病（9 种）：狂犬病、布鲁氏菌病、炭疽病、伪狂犬病、魏氏梭菌（产气荚膜梭菌）病、副结核病、弓形虫病、棘球蚴病、钩端螺旋体病。

猪病（12 种）：猪繁殖与呼吸综合征（经典猪蓝耳病）、猪乙型脑炎、猪细小病毒病、猪丹毒、猪肺疫、猪链球菌病、猪传染性萎缩性鼻炎、猪支原体肺炎、旋毛虫病、猪囊尾蚴病、猪圆环病毒病、副猪嗜血杆菌病。

三类疫病：

多种动物共患病（8 种）：大肠杆菌病、李氏杆菌病、类鼻疽、放线菌病、肝片吸虫病、丝虫病、附红细胞体病、Q 热。

猪病（4 种）：猪传染性胃肠炎、猪流行性感冒、猪副伤寒、猪密螺旋体痢疾。

根据《中华人民共和国动物防疫法》第二十条、二十一条、二十二条、二十三条、二十四条、二十五条（见下文）规定，发现猪一、二、三类疫病时应及时根据《中华人民共和国动物防疫法》相关条款要求处置，不得私自治疗、隐瞒。

《中华人民共和国动物防疫法》

第二十条 任何单位或者个人发现患有疫病或者疑似疫病的动物，都应当及时向当地动物防疫监督机构报告。动物防疫监督机构应当迅速采取措施，并按照国家有关规定上报。

任何单位和个人不得瞒报、谎报、阻碍他人报告动物疫情。

第二十一条 发生一类动物疫病时，当地县级以上地方人民政府畜牧兽医行政管理部门应当立即派人到现场，划定疫点、疫区、受威胁区，采集病料，调查疫源，及时报请同级人民政府决定对疫区实行封锁，将疫情等情况逐级上报国务院畜牧兽医行政管理部门。

县级以上地方人民政府应当立即组织有关部门和单位采取隔离、扑杀、销毁、消毒、紧急免疫接种等强制性控制、扑灭措施，迅速扑灭疫病，并通报毗邻地区。

在封锁期间，禁止染疫和疑似染疫的动物、动物产品流出疫区，禁止非疫区的动物进入疫区，并根据扑灭动物疫病的需要对出入封锁区的人员、运输工具及有关物品采取消毒和其他限制性措施。

疫区范围涉及两个以上行政区域的，由有关行政区域共同的上一级人民政府决定对疫区实行封锁，或者由各有关行政区域的上一级人民政府共同决定对疫区实行封锁。

第二十二条 发生二类动物疫病时，当地县级以上地方人民政府畜牧兽医行政管理部门应当划定疫点、疫区、受威胁区。

县级以上地方人民政府应当根据需要组织有关部门和单位采取隔离、扑杀、销毁、消毒、紧急免疫接种、限制易感染的动物、动物产品及有关物品出入等控制、扑灭措施。

第二十三条 疫点、疫区、受威胁区和疫区封锁的解除，由原决定机关宣布。

第二十四条　发生三类动物疫病时，县级、乡级人民政府应当按照动物疫病预防计划和国务院畜牧兽医行政管理部门的有关规定，组织防治和净化。

第二十五条　二类、三类动物疫病呈暴发性流行时，依照本法第二十一条的规定办理。

第一节　病毒病处方

猪流行性感冒

猪流行性感冒又称猪流感（SI），是由猪流感病毒引起的猪的一种急性、高度接触性呼吸道传染病。临床以突然发病、发热、咳嗽、呼吸困难、衰竭、死亡或迅速康复为主要特征，病情在短时间内可以波及全群。

【治疗原则】　抗病毒，对症治疗，防止继发感染。

【用药方案】　抗流感病毒（银翘散等）＋解热镇痛（氨基比林、卡巴匹林钙等）＋防止继发感染（阿莫西林等）。

【药物选择】　首选药：双黄连、板青颗粒、银翘散、荆防败毒散；备选药：抗生素。

［处方1］　1%～2%荆防败毒散（风寒感冒及感冒初期）或1%～2%银翘散（风热感冒或感冒中后期）混饲，10%阿莫西林2～4kg/t混饲，连用5～7d。发热时配合50%卡巴匹林钙250～500g/t混饮，连用5～7d。

［处方2］　板青颗粒1kg/t、10%氟苯尼考0.5～1kg/t（20%替米考星1kg/t）、50%卡巴匹林钙500～1000g/t混饲，连用5～7d。

［处方3］　头孢噻呋每千克体重3～5mg、双黄连注射液每千克体重0.1～0.2mL（或板蓝根注射液）、复方氨基比林5～10mL，肌内注射，2次/d，连用3～5d。

［处方4］　青霉素每千克体重3万～5万IU、链霉素每千克体

重 10～15mg、5%氟尼辛葡甲胺注射液每千克体重 0.04mL，肌内注射，2 次/d，连用 3～5d。

［处方 5］ 金银花、连翘、桔梗各 30g，薄荷、荆芥、豆豉、牛蒡子、淡竹叶各 15g，甘草 10g，鲜芦根 50g，水煎，灌服，1 剂/d，连用 3 剂（100kg 猪的 1 次用量，小猪酌减）。

［处方 6］ 场地及用具消毒，使用 2%～4%氢氧化钠溶液、1∶50 聚维酮碘、1∶300 苯扎溴胺、0.25%～0.5%过氧乙酸、1∶800 二氯异氰酸钠溶液等。

猪流行性腹泻

猪流行性腹泻（PED）是由猪流行性腹泻病毒引起的一种猪的急性、高度接触性胃肠道传染病。临床以呕吐、腹泻和脱水为特征。

【治疗原则】 抗病毒，对症治疗，防止继发感染。

【用药方案】 抗流行性腹泻病毒（干扰素等）＋补液、止呕、防止酸中毒（口服补液盐等）＋防止继发感染（氨基糖苷类、喹诺酮类等）。

【药物选择】 首选药：白细胞干扰素、中药制剂（黄连素、穿心莲等）；备选药（方案）：返饲疗法。

［处方 1］ 猪传染性胃肠炎、猪流行性腹泻二联活疫苗（HB08＋ZJ08 株）于后海穴注射，临产 7d 以上的母猪 2mL/头（2 头份/头），临产前 3～5d 母猪间隔 1d，干扰素肌内注射 1 次，5mL/次。

［处方 2］ 猪白细胞干扰素，用法用量参考使用说明，肌内注射，1 次/d，连用 2～3d；穿心莲注射液每千克体重 0.1～0.2mL、阿托品每千克体重 0.02～0.05mg（盐酸山莨菪碱每千克体重 1～2mg）混合肌内注射或交巢穴（尾巴下面与肛门上方的凹陷处）注射，2 次/d，连用 3d。

［处方 3］ 黄芪多糖注射液每千克体重 0.1～0.2mL、黄藤素注射液每千克体重 0.1～0.2mL、1%阿托品 0.5mL、5%恩诺沙星

每千克体重 0.05～0.1mL，混合肌内注射，2 次/d，连用 3～5d。

［处方 4］　①口服补液盐溶液（1000mL 温水加氯化钠 3.5g、碳酸氢钠 2.5g、氯化钾 1.5g、葡萄糖 20g)，轻中度脱水每千克体重 40～50mL，6～8h 内饮完；②10％葡萄糖 500mL、5％碳酸氢钠 25mL，5～10mL/次，腹腔注射，2 次/d，连用 3d；③5％葡萄糖 250mL、庆大霉素注射液 5mL（20 万单位)、痢菌净 10mL、维生素 C 10mL、阿托品每千克体重 3mg，腹腔注射，30mL/(头·次)，2 次/d，连用 3～5d。

［处方 5］　党参 50g、白术 50g、茯苓 50g、五味子 30g、诃子 30g、白头翁 20g、地榆炭 20g、陈皮 30g、生姜 30g、甘草 50g，混合粉碎，按 2％比例混饲，连用 5～7d。

［处方 6］　四黄止痢颗粒每升水 0.5～1g、1％～2％白头翁散（葛根芩连散、白龙散等）煎汁灌服或让其自由饮用，连用 5～7d。

［处方 7］　葛根 15g、黄芩 9g、黄连 9g、党参 15g、茯苓 15g、炒白术 15g、焦诃子 15g、泽泻 10g、干姜 10g、甘草 10g。粉碎混饲，每头母猪 100g；仔猪，煎汁灌服（浓缩至含生药 1g/mL)，每千克体重 0.5mL，蒙脱石悬液（50g 加 100mL 温水）每头 8mL，2 次/d，连用 3d。

［处方 8］　*N*-乙酰半胱氨酸（NAC）0.5g/kg、白龙散1g/kg，混饲，连用 7～10d。

［处方 9］　返饲法：取患病 2～3d（或出现腹泻症状后 16～18h 内）哺乳仔猪的小肠、肠内容物或粪便，用手术剪将肠组织剪碎，用生理盐水或脱脂乳稀释（每头仔猪肠内容物稀释约至 500mL，100g 病料加青霉素 320 万单位、链霉素 100 万单位）后与饲料混匀喂给母猪，每头仔猪肠内容物一般可喂食 3～5 头母猪，饲喂时间控制在 2h 内，连用 3～5d。母猪喂后（约 48h 内）出现减料或腹泻症状，即可判为有效。对出现上述症状的母猪无需作任何处理，2～3d 后可自然康复；7d 后对在上次饲喂时未出现腹泻的母猪再次混饲投喂。饲喂对象：产前 15d 以上（100d 以内）的

母猪、1～2 胎母猪及后备母猪。

［处方 10］ 场地及用具消毒，用 1∶800 百菌灭、1∶800 百毒杀、1∶1000 卫康、1∶300 消杀威、1∶300 菌毒敌等。

猪传染性胃肠炎

猪传染性胃肠炎（TGE）是由猪传染性胃肠炎病毒引起的一种猪的急性、高度接触性胃肠道传染病。临床以呕吐、腹泻和脱水为特征。

【治疗原则】【用药方案】【药物选择】 参考猪流行性腹泻。

［处方 1］ 板蓝根 150g，黄柏、秦皮、白头翁各 120g，诃子、乌梅各 80g，枳壳 70g，甘草 60g，半夏、黄连各 50g（10 头仔猪 1d 用量），水煎 2 次，合并滤液（约 1L），灌服，30 日龄内仔猪，20～30mL/头，30 日龄以上，30～50mL/头，2 次/d，连用 3～5d。

［处方 2］ 鸡新城疫Ⅰ系苗（500 羽份）用 40mL 生理盐水稀释，后海穴注射，仔猪 10mL/头，育肥猪 20mL/头，1 次/d，连用 3～5d。

［处方 3］ 博落回注射液 2～5mL（10kg 以下）、白细胞干扰素 1～2mL，肌内注射，1 次/d，连用 3d。

［处方 4］ 其他参考猪流行性腹泻。

猪轮状病毒病

猪轮状病毒病是由猪轮状病毒引起的猪的一种急性肠道传染病，其特征为仔猪多发，表现厌食、呕吐、下痢，育肥猪、成年猪呈隐性感染。

【治疗原则】【用药方案】【药物选择】 参考猪流行性腹泻。

［处方 1］ 穿心莲注射液 5mL、阿托品 1mg、庆大-小诺霉素 15 万～20 万单位，于后海穴注射，1～2 次/d，连用 3d；糖甘氨酸溶液（葡萄糖 43.2g、氯化钠 9.2g、甘氨酸 6.6g、柠檬酸 0.52g、柠檬酸钾 0.13g、无水磷酸钾 4.35g，溶于 2L 水中）或口服补液

盐溶液灌服。

［处方 2］ 5％恩诺沙星每千克体重 0.05mL、山莨菪碱（654-2）每千克体重 0.1～0.3mg，肌内注射，2 次/d；西咪替丁每千克体重 10～15mg，内服，2 次/d，连用 3～5d。

猪痘

猪痘是由猪痘病毒和痘苗病毒引起的猪的一种急性、热性传染病。临床特征是患部皮肤和黏膜发生规律性病变，即红斑、丘疹、水疱、脓疱和结痂。

【治疗原则】 抗病毒，对症治疗，防止继发感染。

【用药方案】 抗痘病毒（中药）＋退烧（氨基比林等）＋防止继发感染（阿莫西林等）。

【药物选择】 首选药：中药（黄芪多糖、板蓝根注射液、鱼腥草注射液等）；备选药：抗生素（阿莫西林等）。

［处方 1］ 皮肤病变部，0.1％～0.2％高锰酸钾溶液或 2％～3％硼酸溶液或淡盐水清洗，5％碘酊或抗生素软膏（金霉素、红霉素、四环素等）涂抹。

［处方 2］ 黄芪多糖（板蓝根注射液或金根注射液）每千克体重 0.2mL、头孢噻呋每千克体重 3～5mg（环丙沙星每千克体重 2.5～5mg 或阿莫西林每千克体重 10～15mg 等）、复方氨基比林 5～10mL，肌内注射，2 次/d，连用 3d。

［处方 3］ 黄连解毒散按 1％～2％混饲或煎汁灌服，连用 5～7d。

第二节 细菌病处方

猪大肠杆菌病

猪大肠杆菌病是由致病性大肠杆菌引起的仔猪的一系列肠道传染性疾病，包括仔猪黄痢、仔猪白痢和猪水肿病，临床以腹泻，排黄色、黄白色或灰白色稀粪，眼睑和皮肤水肿等为特征。

【治疗原则】 抗菌消炎，修复肠黏膜，对症治疗。

【用药方案】 抗菌消炎（抗生素）+消肿、止泻（速尿、穿心莲、阿托品等）。

【药物选择】 首选药：新霉素、头孢噻呋、大观霉素；备选药：黏菌素、庆大霉素、安普霉素。

小提示：大肠杆菌耐药性严重，而且呈多重耐药，不同地区、不同猪场、不同阶段猪对同一种抗生素的敏感性存在差异，有条件时最好做药敏试验。

［处方 1］ 4%庆大霉素每千克体重 0.05～0.1mL、5%乙酰甲喹每千克体重 0.05～0.1mL，肌内注射，2 次/d，连用 3d。

［处方 2］ 头孢噻呋每千克体重 3～5mg、博落回注射液每千克体重 0.1～0.2mL，肌内注射，2 次/d，连用 3d。

［处方 3］ 10%阿米卡星每千克体重 0.1～0.15mL，肌内注射，2 次/d，连用 3～5d；杨树花口服液，2～4mL/头，灌服，2 次/d，连用 3～5d。

［处方 4］ 10%氟苯尼考每千克体重 0.15～0.2mL，肌内注射，2 次/d，连用 3d；白头翁口服液，5～6mL/头，灌服，2 次/d，连用 3～5d。

［处方 5］ 32.5%新霉素 80g、口服补液盐 13.75g、山莨菪碱片 125mg（每片 5mg）、生理盐水 500mL，灌服，5kg 以下猪 1mL/次，5～10kg 猪 2mL/次，2 次/d，连用 3～5d。

［处方 6］ 磺胺脒 0.5g、次硝酸铋 0.5g、胃蛋白酶 1 片、龙胆末 0.5g，内服，3～4 次/d，连用 2～3d；恩诺沙星每千克体重 2.5～5mg、穿心莲注射液 2～5mL，肌内注射，2 次/d，连用 3d。

［处方 7］ 32.5%新霉素 400～500g/t 或四黄止痢颗粒 100g/(100～150kg)、白头翁散 0.5%～1%混饲，连用 5～7d。

［处方 8］ ①10%磺胺间甲氧嘧啶钠每千克体重 0.2mL（10%氟苯尼考每千克体重 0.1～0.2mL），亚硒酸钠维生素 E 每千克体重 0.5mL，肌内注射，1 次/d，连用 2～3d。②10%卡那霉素每千

克体重 0.2mL、5%碳酸氢钠 30mL、25%葡萄糖 40mL，混合静脉注射，2 次/d。③5%盐酸环丙沙星每千克体重 0.1mL、维生素C 4～6mL、呋塞米 20～40mg，肌内注射，1～2 次/d，连用2～3d。④5%恩诺沙星每千克体重 0.1mL、呋塞米 10～20mg、地塞米松 5～10mg，肌内注射，2 次/d，连用 3～5d；20%甘露醇 20～25mL，静脉注射，1 次/d，连用 3d。⑤20%磺胺嘧啶钠每千克体重 0.2mL、50%葡萄糖 100mL、维生素 C 5mL，静脉注射，1 次/d，连用 3d（用于猪水肿病）。

猪传染性胸膜肺炎

猪传染性胸膜肺炎（PCP）是由胸膜肺炎放线杆菌引起的猪的一种急性呼吸道传染病，临床以急性出血性纤维素性胸膜炎和慢性纤维性坏死性胸膜炎为特征。

【治疗原则】 抗菌消炎，止咳平喘，减少纤维素渗出。

【用药方案】 抗菌消炎（抗生素）+止咳平喘（氨茶碱、鱼腥草）+减少渗出（地塞米松）+退烧（复方氨基比林、柴胡等）。

【药物选择】 首选药：氟苯尼考、头孢喹肟、头孢噻呋；备选药：恩诺沙星、环丙沙星、达氟沙星、替米考星、大观霉素。

[处方 1] 头孢噻呋每千克体重 10～20mg、鱼腥草注射液每千克体重 0.1～0.2mL，肌内注射，1～2 次/d，连用 3～5d。

[处方 2] 头孢喹肟每千克体重 2～5mg、麻杏石甘注射液每千克体重 0.1～0.2mL，肌内注射，1～2 次/d，连用 3～5d。

[处方 3] 30%氟苯尼考每千克体重 0.1mL、黄芪多糖注射液每千克体重 0.1～0.2mL，肌内注射，2 次/d，连用 3～5d。

[处方 4] 10%泰拉霉素每 40kg 体重 1mL（每千克体重 2.5mg）、鱼腥草注射液每千克体重 0.1～0.2mL，肌内注射，2 次/d，连用 3～5d。

[处方 5] 复方磺胺对甲氧嘧啶每千克体重 0.2～0.3mL（每千克体重 20～30mg），1～2 次/d，肌内注射，连用 3～5d。

[处方 6] 10%氟苯尼考 1～2kg/t、10%盐酸多西环素 1～

2kg/t、清肺止咳散1%～2%混饲，连用5～7d。

［处方7］ 10%替米考星2～4kg/t、10%盐酸多西环素1～2kg/t、麻杏石甘散1%～2%混饲，连用5～7d。

［处方8］ 对症治疗。退烧，30%安乃近每千克体重0.2mL、10%复方氨基比林或安痛定每千克体重0.2mL；增强抗菌、减少渗出，地塞米松每千克体重0.1～0.2mg，肌内注射，1次/d；止咳平喘，氨茶碱2～4mL，肌内注射；提高免疫力，黄芪多糖每千克体重0.2mL，1次/d，连用3～5d。

猪沙门氏菌病

猪沙门氏菌病又称猪副伤寒，是由猪霍乱沙门氏菌和猪伤寒沙门氏菌引起的一种常见传染病。急性病例表现为败血症；慢性病例表现为坏死性肠炎。

【治疗原则】 抗菌消炎，涩肠止泻，修复肠黏膜。

【用药方案】 抗沙门氏菌（氨基糖苷类、喹诺酮类、氟苯尼考）+涩肠止泻、退烧（复方氨基比林、阿托品等）。

【药物选择】 首选药：头孢噻呋、卡那霉素、庆大霉素、新霉素、环丙沙星、恩诺沙星、氟苯尼考；备选药：强力霉素、硫酸黏菌素、链霉素、磺胺间甲氧嘧啶。

［处方1］ 30%氟苯尼考每千克体重0.1mL、阿托品1mg、维生素C 2～4mL、地塞米松5～10mg，肌内注射，2次/d，连用3～5d。

［处方2］ 5%恩诺沙星或5%盐酸环丙沙星每千克体重0.05～0.1mL，肌内注射，2次/d，连用3～5d。

［处方3］ 10%硫酸卡那霉素每千克体重0.15～0.2mL，肌内注射，2次/d，连用3～5d。

［处方4］ 4%庆大霉素每千克体重0.1～0.2mL，肌内注射，2次/d，连用3～5d。

［处方5］ 10%复方磺胺嘧啶钠每千克体重0.2～0.3mL，肌内注射，2次/d，连用3～5d。

［处方 6］ 32.5%新霉素 300～500g/t、10%强力霉素 1kg/t 混饲，连用 5～7d。

［处方 7］ 10%环丙沙星 2～4kg/t、10%安普霉素 0.8～1.0kg/t 混饲，连用 5～7d。

仔猪红痢

仔猪红痢又称猪梭菌性肠炎，是由 C 型产气荚膜梭菌引起的初生仔猪的一种高度致死性传染病。临床特征为出血性下痢，病程短，病死率高。

【治疗原则】 抗菌消炎，涩肠止血，修复肠黏膜。

【用药方案】 抗产气荚膜梭菌（林可胺类、青霉素、土霉素）+涩肠止血（止血敏、阿托品等）。

【药物选择】 首选药：青霉素、林可霉素、土霉素；备选药：氟苯尼考。

小提示：该病发病急、病程短，治疗效果不佳，重在预防。

［处方 1］ 仔猪产气荚膜梭菌病 A、C 型二价灭活疫苗，母猪分娩前 35～40d 和 10～15d 各接种 1 次，每次 1 头份（2mL）。

［处方 2］ 青霉素、链霉素各 10 万单位，内服，2～3 次/d，连用 3d。

［处方 3］ 土霉素每千克体重 10～20mg（盐酸多西环素每千克体重 3～5mg）、甲硝唑每千克体重 10mg，内服；10%林可霉素每千克体重 0.1mL，肌内注射，2 次/d，连用 3～5d。

猪诺维氏梭菌病

猪诺维氏梭菌病是由诺维氏梭菌引起的以育肥猪和老龄母猪猝死，触摸腹部有肿胀感，敲之有鼓音为特征的一种传染病。

【治疗原则】 抗菌消炎，调节肠道菌群平衡。

【用药方案】 抗诺维氏梭菌（林可霉素、阿莫西林）+调节菌群（酸化剂、微生态制剂等）。

【药物选择】 首选药：林可霉素、杆菌肽锌；备选药：阿莫西林、泰乐菌素、土霉素。

提示：该病发病急、病程短，治疗效果不佳，重在预防。

［处方 1］ 加强饲养管理，提高日粮营养水平，禁止饲喂霉变饲料，减少应激；搞好环境卫生，保证栏舍通风、干燥，定期消毒。

［处方 2］ 药物预防，10％林可霉素 0.5kg/t（10％阿莫西林 2kg/t、10％泰乐菌素 0.5～1kg/t、50％土霉素 400～600g/t、10％杆菌肽锌 1kg/t 等）、甲硝唑 100g/t 混饲，连用 5～7d。

猪痢疾

猪痢疾又称猪血痢、黑痢、黏液出血性下痢或弧菌性痢疾，是由猪痢疾密螺旋体引起的一种以黏液出血性腹泻为主的肠道传染病。临床特征为大肠黏膜卡他性、出血性炎症或纤维素性坏死性炎症。

【治疗原则】 抗菌消炎，涩肠止血，保护肠黏膜。

【用药方案】 抗痢疾密螺旋体（乙酰甲喹、环丙沙星）＋涩肠止血（阿托品、止血敏等）。

【药物选择】 首选药：乙酰甲喹、林可霉素、沃尼妙林；备选药：盐酸大观霉素盐酸林可霉素、硫酸黏菌素、泰乐菌素、泰万菌素等。

［处方 1］ 5％乙酰甲喹注射液（痢菌净）每千克体重 0.05～0.1mL，止血敏 5～10mL，肌内注射，2 次/d，连用 3～5d。

［处方 2］ 乙酰甲喹片（100mg/片）每千克体重 5～10mg，内服，2 次/d，连用 3～5d。

［处方 3］ 10％林可霉素每千克体重 0.1～0.2mL，肌内注射，2 次/d，连用 3～5d。

［处方 4］ 10％盐酸沃尼妙林 0.75kg/t 混饲，连用 10d。

［处方 5］ 10％泰乐菌素 1.1kg/t 或 5％泰万菌素 1～2kg/t 混饲，连用 2～4 周。

［处方 6］ 80％延胡索酸泰妙菌素 125g/t 或 10％硫酸黏菌素 1kg/t 混饲，连用 7～10d。

［处方 7］ 10％盐酸林可霉素每千克体重 0.1mL，肌内注射，2 次/d，连用 3～5d；10％盐酸林可霉素 0.4～0.7kg/t 混饮或 1kg/t 混饲，连用 5～10d。

猪增生性肠炎

猪增生性肠炎（PPE）又称猪增生性出血性肠炎（PPHE）或猪回肠炎（PI），是由专性胞内劳森菌引起的肠道传染病。主要发生于生长育肥猪，表现为排血色水样粪便或黑色柏油样稀粪，有时突然死亡。特征性病变为小肠及回肠黏膜增厚，肠管直径增加。

【治疗原则】 抗菌消炎，涩肠止血，保护肠黏膜。

【用药方案】 抗胞内劳森菌（泰妙菌素、林可霉素等）＋涩肠止血（止血敏等）。

【药物选择】 首选药：泰妙菌素、泰乐菌素、林可霉素；备选药：强力霉素、金霉素、盐酸大观霉素盐酸林可霉素。

［处方 1］ 45％延胡索酸泰妙菌素 220g/t、10％泰乐菌素 1.1kg/t 混饲，连用 5～7d。

［处方 2］ 10％盐酸林可霉素 0.4～0.7kg/t 混饮，连用 5～10d。

［处方 3］ 10％盐酸沃尼妙林 0.75～1kg/t 混饲，连用 10d。

［处方 4］ 盐酸大观霉素盐酸林可霉素可溶性粉（规格：100g 含大观霉素 40g、林可霉素 20g）1kg/t 混饲，连用 5～7d。

［处方 5］ 10％泰乐菌素 1.1kg/t、10％硫酸黏菌素 1kg/t 混饲，连用 7～10d。

［处方 6］ 注射用酒石酸泰乐菌素每千克体重 10mg、止血敏 2～4mL，肌内注射，2 次/d，连用 3～5d。

［处方 7］ 5％恩诺沙星每千克体重 0.05mL、5％盐酸环丙沙星每千克体重 0.05～0.1mL，交替肌内注射，止血敏 2～4mL，肌内注射，2 次/d，连用 3～5d。

猪附红细胞体病

猪附红细胞体病是由附红细胞体寄生于红细胞表面、血浆及骨髓内的一种以血细胞比容降低、血红蛋白降低、白细胞增多、贫血、黄疸、发热为主要临床特征的人畜共患传染病。

【治疗原则】 抗感染，对症治疗，提高免疫力。

【用药方案】 抗附红细胞体（四环素类、三氮脒）＋退烧（复方氨基比林、氟尼辛葡甲胺）＋止血（安络血）＋补血（右旋糖苷铁、维生素 B_{12}）。

【药物选择】 首选药：强力霉素、土霉素、三氮脒；备选药：金霉素、磺胺间甲氧嘧啶。

［处方 1］ 三氮脒（贝尼尔、血虫净）每千克体重 5～7mg，用前配成 5%～7%溶液，肌内注射，1 次/d，连用 2～3d；复方氨基比林 5～10mL、右旋糖酐铁每千克体重 0.1～0.2mL、黄芪多糖注射液每千克体重 0.2mL、复合维生素 B 每千克体重 0.1～0.2mL，肌内注射，1～2 次/d，连用 3d。

［处方 2］ 10%盐酸多西环素每千克体重 0.1mL，肌内注射，2 次/d，连用 3～5d。

［处方 3］ 复方磺胺间甲氧嘧啶每千克体重 0.2～0.3mL（10%磺胺间甲氧嘧啶每千克体重 0.5mL），肌内注射，2 次/d，连用3～5d。

［处方 4］ 10%土霉素每千克体重 0.1～0.2mL，肌内注射，2 次/d，连用 2～3d。

［处方 5］ 10%氟苯尼考 1～2kg/t、10%盐酸多西环素 1kg/t 混饲，连用 5～7d。

［处方 6］ 10%盐酸多西环素 300～400g/t、30%磺胺间甲氧嘧啶 1kg/t、50%卡巴匹林钙 400g/t 混饲，连用 5～7d。

猪渗出性皮炎

猪渗出性皮炎是由葡萄球菌引起的一种急性、高度接触性传染病，患猪以急性全身性渗出性皮炎及败血症为主要特征，又称溢脂性皮炎或煤烟病。

【治疗原则】 抗菌消炎，减少渗出，防止败血症。

【用药方案】 抗葡萄球菌（氨基糖苷类、头孢类）+清热解毒（鱼腥草、板蓝根）+减少渗出（地塞米松）。

【药物选择】 首选药：林可霉素、庆大霉素、头孢噻呋；备选药：大观霉素、氨苄西林、阿莫西林、环丙沙星。

［处方 1］ 轻症，患部皮肤直接涂抹龙胆紫，2～3 次/d，直至痊愈。

［处方 2］ 严重病例，0.1%高锰酸钾溶液浸泡仔猪 1～2min（药液温度接近体温），头部病灶用药棉蘸 0.1%高锰酸钾溶液清洗，擦干，涂紫药水。

［处方 3］ 32.5%硫酸新霉素可溶性粉 10g、凡士林 90g，混匀后涂抹，2 次/d，直至痊愈。

［处方 4］ 青霉素每千克体重 5 万 IU、板蓝根注射液每千克体重 0.1mL，2～3 次/d，肌内注射，连用 3～5d；地塞米松每千克体重 0.2mg，1 次/d，肌内注射，连用 3～5d。

［处方 5］ 4%庆大霉素每千克体重 0.1～0.2mL、鱼腥草注射液每千克体重 0.1mL、安痛定 1～2mL，肌内注射，2 次/d，连用 3～5d；地塞米松每千克体重 0.2mg，1 次/d，连用 3～5d。

［处方 6］ 氨苄西林钠每千克体重 20mg，肌内注射，2～3 次/d，连用 3～5d；地塞米松每千克体重 0.2mg，肌内注射，1 次/d，连用 3～5d。

［处方 7］ 头孢噻呋钠每千克体重 10mg、地塞米松每千克体重 0.2mg，肌内注射，1 次/d，连用 3～5d。

［处方 8］ 阿莫西林每千克体重 10～15mg，肌内注射，2 次/d，连用 3～5d；地塞米松每千克体重 0.2mg，肌内注射，1 次/d，连用 3～5d。

［处方 9］ 10%林可霉素每千克体重 0.15mL、4%庆大霉素每千克体重 0.2mL，肌内注射，2 次/d，连用 3～5d；地塞米松每千克体重 0.2mg，1 次/d，连用 3～5d。

［处方 10］ 环丙沙星每千克体重 2.5～5mg，肌内注射，2 次/d，连用 3～5d；地塞米松每千克体重 0.2mg，1 次/d，连用 3～5d。

［处方 11］ 10％阿莫西林 2kg/t 混饲，连用 7d。

猪衣原体病

猪衣原体病是由鹦鹉热衣原体、沙眼衣原体和反刍动物衣原体等至少 3 个种的衣原体感染引起的一类多症状性传染病，临床以高热、哺乳仔猪死亡率极高、咳嗽、怀孕母猪流产为主要特征。

【治疗原则】 抗感染，对症治疗。

【用药方案】 抗衣原体（四环素类）＋对症治疗（保胎、退烧、止痛等）。

【药物选择】 首选药：四环素类（强力霉素、土霉素、金霉素等）；备选药：青霉素、氟苯尼考、大环内酯类（泰乐菌素等）。

［处方 1］ 15％金霉素预混剂 2kg/t 或 10％强力霉素 1.5kg/t 混饲，连用 7d。

［处方 2］ 10％土霉素每千克体重 0.2mL，肌内注射，1 次/d，连用 5～7d。

［处方 3］ 10％盐酸多西环素每千克体重 0.1～0.2mL，肌内注射，1 次/d，连用 5d。

第十六章

猪寄生虫病处方

第一节　内寄生虫病

猪蛔虫病

猪蛔虫病是由猪蛔虫寄生于猪小肠内引起的疾病，主要特征是仔猪生长发育不良，严重的发育停滞甚至死亡。

【治疗原则】 驱蛔杀虫。

【用药方案】 抗蛔虫（阿苯达唑、左旋咪唑）。

【药物选择】 首选药：阿苯达唑、伊维菌素、左旋咪唑；备选药：阿维菌素、芬苯达唑。

［处方 1］ 阿苯达唑每千克体重 10～20mg，内服。

［处方 2］ 阿苯达唑伊维菌素预混剂（100g:阿苯达唑 6g+伊维菌素 0.25g）1kg/t 混饲。

［处方 3］ 盐酸左旋咪唑每千克体重 8～10mg，内服；5%盐酸左旋咪唑每千克体重 0.15mL，肌内注射。

［处方 4］ 伊维菌素或阿维菌素每千克体重 0.3mg，皮下注射。

［处方 5］ 5%芬苯达唑粉每千克体重 0.1～0.15g，内服；芬苯达唑片每千克体重 5～7.5mg，内服。

［处方 6］ 10%奥芬达唑颗粒每千克体重 40mg，内服；奥芬达唑片每千克体重 4mg，内服。

［处方 7］ 枸橼酸哌嗪片每千克体重 0.25～0.3g，内服。

猪球虫病

猪球虫病是由猪艾美耳属球虫和等孢属球虫寄生于猪肠上皮细胞所引起的以肠黏膜出血和腹泻为主要临床特征的寄生虫病。

【治疗原则】 杀虫止痢。

【用药方案】 抗球虫（妥曲珠利、磺胺类药）。

【药物选择】 首选药：妥曲珠利；备选药：磺胺间甲氧嘧啶、磺胺二甲基嘧啶。

[处方 1] 5%百球清混悬液每千克体重 20～30mg（1mL/头），内服，1 次/d，连用 3～5d；口服补液盐溶液灌服。

[处方 2] 30%磺胺氯吡嗪钠可溶性粉 10g、黄芪多糖口服液 100mL 混合，1mL/头，内服，1 次/d，连用 3～5d。

[处方 3] 0.5%地克珠利溶液 1mL/头，内服，1 次/d，连用 3～5d。

[处方 4] 磺胺间甲氧嘧啶每千克体重 20～25mg，内服，1 次/d，连用 3～5d。

[处方 5] 青霉素 20 万单位/头，内服；10%磺胺间甲氧嘧啶 0.5mL，肌内注射，首次量加倍，2 次/d，连用 3d。

猪小袋纤毛虫病

猪小袋纤毛虫病是由结肠小袋纤毛虫寄生于猪的大肠所引起的一种寄生虫病。轻度感染时无临床症状，重度感染时出现持续性腹泻甚至导致死亡。

【治疗原则】 杀虫止痢。

【用药方案】 抗结肠小袋纤毛虫（地美硝唑、甲硝唑）。

【药物选择】 首选药：地美硝唑；备选药：甲硝唑、乙酰甲喹。

[处方 1] 20%地美硝唑预混剂 1.5～2.5kg/t、10%盐酸多西环素 2kg/t、黄芪多糖粉 0.2%混饲，连用 5～7d。

[处方 2] 甲硝唑每千克体重 10～15mg，内服，2 次/d，连用 5～7d（或 100g/t 混饲，连用 7d）；口服补液盐自由饮用。

［处方 3］ 乙酰甲喹片 0.25g/kg 混饲，连用 5d。

猪毛首线虫病

猪毛首线虫病又称鞭虫病，是由毛尾科毛尾属的猪毛首线虫寄生于猪大肠（主要是盲肠）引起的一种常见线虫病，主要危害仔猪。感染严重时，可引起仔猪大批死亡，造成严重的经济损失。

【治疗原则】 杀虫止痢。

【用药方案】 抗毛首线虫（阿苯达唑、左旋咪唑）。

【药物选择】 首选药：阿苯达唑、伊维菌素、左旋咪唑；备选药：阿维菌素、芬苯达唑。

［处方 1］ 阿苯达唑每千克体重 10～20mg，内服。

［处方 2］ 阿苯达唑伊维菌素预混剂（100g:阿苯达唑 6g＋伊维菌素 0.25g）1kg/t 混饲。

［处方 3］ 盐酸左旋咪唑每千克体重 8～10mg，内服；5%盐酸左旋咪唑每千克体重 0.15mL，肌内注射。

［处方 4］ 伊维菌素或阿维菌素每千克体重 0.3mg，皮下注射。

［处方 5］ 5%芬苯达唑粉每千克体重 0.1～0.15g，内服；芬苯达唑片每千克体重 5～7.5mg，内服。

［处方 6］ 10%奥芬达唑颗粒每千克体重 40mg，内服；奥芬达唑片每千克体重 4mg，内服。

猪胃线虫病

猪胃线虫病是由六翼泡首线虫、圆形似蛔线虫、有齿似蛔线虫、奇异西蒙线虫和刚棘颚口线虫等寄生于猪的胃内而引起的疾病。

【治疗原则】 杀虫止痢。

【用药方案】 抗胃线虫（阿苯达唑、左旋咪唑）。

【药物选择】 首选药：阿苯达唑、伊维菌素、阿维菌素；备选药：左旋咪唑、芬苯达唑。

［处方 1］ 阿苯达唑每千克体重 10～20mg，内服。

［处方 2］ 阿苯达唑伊维菌素预混剂（100g:阿苯达唑 6g＋伊

维菌素 0.25g）1kg/t 混饲。

［处方 3］ 盐酸左旋咪唑每千克体重 8～10mg，内服；5%盐酸左旋咪唑每千克体重 0.15mL，肌内注射。

［处方 4］ 伊维菌素或阿维菌素或多拉菌素每千克体重 0.3mg，皮下注射。

［处方 5］ 5%芬苯达唑粉每千克体重 0.1～0.15g，内服；芬苯达唑片每千克体重 5～7.5mg，内服。

猪食道口线虫病

猪食道口线虫病是由食道口属的多种线虫寄生于猪的结肠引起的一种疾病，临床以腹痛、腹泻或下痢、高度消瘦、粪便中带有脱落黏膜为特征。

［处方 1］ 阿苯达唑每千克体重 10～20mg，内服。

［处方 2］ 盐酸左旋咪唑每千克体重 8～10mg，内服；5%盐酸左旋咪唑每千克体重 0.15mL，肌内注射。

［处方 3］ 伊维菌素或阿维菌素或多拉菌素每千克体重 0.3mg，皮下注射。

猪冠尾线虫病

猪冠尾线虫病又称猪肾虫病，是由冠尾科冠尾属的有齿冠尾线虫寄生于猪的肾盂、肾周围脂肪和输尿管壁等处引起的疾病。

［处方 1］ 阿苯达唑每千克体重 10～20mg，内服。

［处方 2］ 盐酸左旋咪唑每千克体重 8～10mg，内服；5%盐酸左旋咪唑每千克体重 0.15mL，肌内注射。

［处方 3］ 伊维菌素或阿维菌素或多拉菌素每千克体重 0.3mg，皮下注射。

猪后圆线虫病

猪后圆线虫病是由后圆科的长刺后圆线虫、短阴后圆线虫和萨氏后圆线虫寄生于猪支气管和细支气管内所引起的疾病。

［处方 1］ 阿苯达唑每千克体重 10～20mg，内服。

［处方 2］ 阿苯达唑伊维菌素预混剂（100g:阿苯达唑 6g＋伊维菌素 0.25g）1kg/t 混饲。

［处方 3］ 盐酸左旋咪唑每千克体重 8～10mg，内服；5%盐酸左旋咪唑每千克体重 0.15mL，肌内注射。

［处方 4］ 伊维菌素或阿维菌素每千克体重 0.3mg，皮下注射。

［处方 5］ 5%芬苯达唑粉每千克体重 0.1～0.15g，内服；芬苯达唑片每千克体重 5～7.5mg，内服。

猪姜片吸虫病

猪姜片吸虫病是由片形科姜片属的布氏姜片吸虫寄生于猪或人的小肠内（以十二指肠最多）所引起的寄生虫病。

［处方 1］ 吡喹酮每千克体重 50mg，内服。

［处方 2］ 阿苯达唑每千克体重 10～20mg，内服。

第二节 外寄生虫病

猪疥螨

猪疥螨病是由疥螨科疥螨属的疥螨寄生于猪皮肤内所引起的一种高度接触性皮肤病。临床特征为剧痒、脱毛、皮炎、结痂、渐进性消瘦等。

【治疗原则】 杀螨止痒。

【用药方案】 抗疥螨（伊维菌素、阿维菌素等）。

【药物选择】 首选药：伊维菌素、阿维菌素、多拉菌素；备选药：敌百虫、双甲脒、辛硫磷。

［处方 1］ 伊维菌素或阿维菌素每千克体重 0.3mg，1 次皮下注射。

［处方 2］ 1%多拉菌素每千克体重 0.03～0.04mL（每 33kg 体重 1mL），1 次皮下注射。

［处方 3］ 12.5%双甲脒溶液稀释至 0.025%～0.05%或辛硫

磷浇泼溶液每千克体重 30mg，涂擦、药浴或喷淋。涂擦给药时，每次涂药面积不超过体表面积的 1/3，以免中毒，间隔 5～7d 再重复用药 1 次。

[处方 4] 阿苯达唑伊维菌素预混剂 1～2kg/t 混饲，连用 5～7d。

[处方 5] 33.2%精制敌百虫粉每千克体重 240～300mg，内服；1%阿维菌素粉每千克体重 30mg，内服。

猪虱

猪虱病是由猪虱寄生于猪体表引起的一种寄生虫病，又称猪血虱病。该病主要引起猪只瘙痒，不能引起死亡，但严重影响仔猪的生猪发育。猪虱多寄生于猪耳朵周围、体侧、臂部等处，严重时全身都有寄生。

【治疗原则】 灭虱止痒。

【用药方案】 灭虱（有机磷化合物、拟除虫菊酯化合物）。

【药物选择】 首选药：氰戊菊酯、伊维菌素、阿维菌素；备选药：双甲脒、辛硫磷、敌百虫。

[处方 1] 溴氰菊酯溶液，1∶(250～500) 倍稀释，喷雾。

[处方 2] 伊维菌素或阿维菌素每千克体重 0.3mg，1 次皮下注射。

[处方 3] 12.5%双甲脒溶液，配成 0.025%～0.05%的溶液，喷洒或涂擦。

[处方 4] 辛硫磷溶液每 10kg 体重 0.75mL，外用，沿脊背从两耳根浇洒到尾根。

第十七章

猪普通病处方

第一节　消化系统疾病

胃溃疡

急性消化不良与胃出血引起胃黏膜局部组织糜烂、坏死或自体消化，从而形成圆形溃疡面，甚至胃穿孔。

【治疗原则】 除去病因，中和胃酸，保护胃黏膜，促进溃疡面愈合。

【用药方案】 镇静止痛（氯丙嗪）＋中和胃酸（氢氧化铝等）＋保护溃疡面（次硝酸铋等）。

【药物选择】 首选药：大黄碳酸氢钠、氢氧化铝、次硝酸铋；备选药：氧化镁、硅酸镁、鞣酸蛋白。

［处方1］ 盐酸氯丙嗪每千克体重1～3mg，肌内注射。大黄碳酸氢钠（0.3g/片）20～30片或复方氢氧化铝片（0.35g/片）10～20片，内服。次硝酸铋（0.3g/片）5～10g，3次/d；或鞣酸蛋白（0.3g/片）2～5g，2～3次/d，连用5～7d。1%维生素K_1注射液每千克体重0.1～0.25mL或止血敏0.25～0.5g，肌内注射，2次/d，连用2～3d；或3%氯化钙注射液50～150mL或10%葡萄糖酸钙注射液50～150mL、10%维生素C注射液5～10mL，静脉注射。

［处方2］ 碳酸氢钠1%或聚丙烯酸钠0.5%～5%混饲，连用5～7d。

［处方3］ 柴胡20g、白芍30g、枳壳20g、厚朴20g、香附

（炒）30g、佛手20g、建曲（炒）30g、甘草10g，1剂/d，煎汁灌服，连用3剂（母猪）。

［处方4］ 苍术40g、甘草30g、焦山楂40g、陈皮30g、黄连30g、五味子25g、郁金40g、大黄20g、木香20g、莱菔子100g、没药30g、神曲40g、麦芽40g、栀子30g、莪术20g、元胡30g、白芍60g，粉碎混饲，小猪30～50g，中猪50～200g，大猪100～150g，连用7d。

［处方5］ 西咪替丁注射液（2mL:0.2g）2～4mL/头，肌内注射，3次/d，连用3d。

［处方6］ 极度贫血且确诊为胃穿孔或弥漫性腹膜炎病例，无治疗价值，及早淘汰。

便秘

便秘是由于各种原因引起的内分泌紊乱、肠道运动减缓、肠内容物滞留时间过长、水分被过度吸收以后造成的一种病理现象。

【治疗原则】 除去病因，润肠通便。

【用药方案】 导泻（各类泻药）＋止痛（安乃近）。

【药物选择】 首选药：人工盐、硫酸钠、硫酸镁、中药；备选药：植物油、液状石蜡。

［处方1］ 植物油100～150mL或液状石蜡50～150mL，灌服，2次/d，直至正常。

［处方2］ 硫酸钠50g、大黄末15g，研末，加蜂蜜90g，1次灌服，2次/d；硫酸新斯的明（10mL:10mg）2～5mL，肌内注射，1～2次/d，连用3d。

［处方3］ 大黄碳酸氢钠片15～30片，3次/d，内服；硫酸镁或硫酸钠25～50g，内服；30%安乃近3～5mL，肌内注射；心脏衰弱者，10%安钠咖5～10mL，肌内注射；大承气散或增液承气散，50～100g/头，灌服，直至痊愈。

［处方4］ 温肥皂水（45℃）深部灌肠并配合腹部按摩，1次/d，连用2～3次。

［处方 5］　孕猪便秘，提高饲料中麸皮比例（20%～30%），加强运动，饲喂青绿饲料［1～2kg/(头·d)］，增加饮水，口服奶蛋液（500～1000mL 牛奶或 1～2 瓶营养快线加 5 个生鸡蛋）或人工盐 30g 等；党参 50g、当归 30g、白术 15g、白芍 15g、玄参 20g、麦冬 20g、生地 20g、大黄 30g、芒硝 45g、枳实 15g、木香 10g、甘草 10g，水煎，后下大黄，冲入芒硝，候温去渣，加植物油、蜂蜜各 50mL 灌服（以上为 100kg 猪用量），1 剂/d，连用 2～3d。

［处方 6］　10%维生素 C 2～4kg/t 混饲，连用 2～4 周（母猪高温季节用）。

［处方 7］　母猪分娩前 15d 直至断奶，5%氟尼辛葡甲胺颗粒 2kg/t 混饲。

胃肠炎

胃肠炎是指胃肠表层黏膜及深层组织的重剧性炎症。临床以体温升高、剧烈腹泻及全身症状重剧为特征。

【治疗原则】　除去病因，清理胃肠，保护胃肠黏膜，消炎补液和对症处理。

【用药方案】　抗菌消炎（氨基糖苷类、喹诺酮类等）＋止泻（阿托品、博落回等）＋修复胃肠黏膜（次硝酸铋等）＋补液（糖盐水、复方氯化钠）。

【药物选择】　首选药：氟苯尼考、环丙沙星、庆大霉素、恩诺沙星；备选药：阿托品、博落回、苦参、鞣酸蛋白。

［处方 1］　20%氟苯尼考每千克体重 0.1～0.2mL、博落回注射液 5～10mL、阿托品 2～4mg，肌内注射，2 次/d，连用 3d；次硝酸铋 5～10g 或鞣酸蛋白 2～5g，1 次内服；10%安钠咖或 10%樟脑磺酸钠注射液 5～10mL，肌内注射；症状缓解后，胃蛋白酶片、乳酶生片各 2～10g，内服，以恢复胃肠功能。

［处方 2］　环丙沙星或恩诺沙星每千克体重 2.5～5mg、硫酸小檗碱注射液 5～10mL、山莨菪碱 5～30mg，肌内注射，2 次/d，

连用 3d。

［处方 3］ 10%安普霉素每千克体重 0.2～0.3mL 或 4%庆大霉素每千克体重 0.1～0.2mL、苦参注射液每千克体重 0.2mL、阿托品 2～4mg，肌内注射，2 次/d，连用 3d。

［处方 4］ ①5%葡萄糖溶液或生理盐水 100～300mL、10%～25%葡萄糖注射液 30～50mL、5%碳酸氢钠注射液 30～50mL，1 次静脉注射；②复方氯化钠液 500mL、5%葡萄糖液 200mL、20%安钠咖液 10mL、5%氯化钙液 50mL，混合后 1 次静脉注射（仔猪药量酌减）。

［处方 5］ 白头翁散、葛根芩连散、郁金散等任选一种，1%～2%混饲，连用 5～7d。

呕吐

呕吐是指胃肠内容物不由自主地经口腔或鼻腔排出体外的一种病理现象。

【治疗原则】 除去病因，和胃降逆。

【用药方案】 止呕（甲氧氯普安等）。

【药物选择】 首选药：甲氧氯普安；备选药：中药、维生素 B_6。

［处方 1］ 甲氧氯普安注射液（1mL:10mg）每 12.5kg 体重 1mL（母猪按每千克体重 1mg 计）、维生素 B_6 注射液（2mL:100mg）10～20mL 或西咪替丁注射液（2mL:0.2g）4～6mL，肌内注射，1～2 次/d，连用 2～3d。

［处方 2］ 氯丙嗪每千克体重 1～2mg，肌内注射。

［处方 3］ 灶心土 250g，干姜、丁香各 30g，水煎，候温灌服 250～500mL，1 次/d，连用 2～3d。

第二节 呼吸系统疾病

感冒

感冒是急性上呼吸道感染的总称，临床以流鼻液、体温升高、呼吸困难为特征。

【治疗原则】 除去病因，对症治疗。

【用药方案】 解热镇痛（复方氨基比林、氟尼辛葡甲胺等）。

【药物选择】 首选药：复方氨基比林、氟尼辛葡甲胺；备选药：安痛定、安乃近、柴胡。

[处方 1] 复方氨基比林注射液 5～10mL、青霉素每千克体重 3 万～5 万 IU、链霉素每千克体重 10～15mg，肌内注射，2 次/d，连用 3～5d。

[处方 2] 5%氟尼辛葡甲胺每千克体重 0.4mL、氨苄西林钠每千克体重 10～20mg、双黄连注射液每千克体重 0.2mL，肌内注射，2 次/d，连用 3～5d。

[处方 3] 头孢噻呋钠每千克体重 3～5mg、黄芪多糖注射液每千克体重 0.2mL，肌内注射，1 次/d，连用 3d。

[处方 4] 风寒感冒，荆防败毒散 50～80g/头，煎汁灌服或混饲，连用 3～5d；风热感冒，银翘散 50～80g/头，煎汁灌服或混饲，连用 3～5d。

肺炎

肺炎一般由支气管炎症蔓延所引起，是细支气管与个别肺小叶或小叶群肺泡的炎症，分为小叶性肺炎和大叶性肺炎。小叶性肺炎以肺局部炎症为特征；大叶性肺炎是整个肺发生的急性炎症，临床以体温升高、咳嗽为特征。肺炎多发生于气候骤变季节，如初春、秋末、初冬等时节。

【治疗原则】 除去病因，止咳平喘，对症治疗。

【用药方案】 抗菌消炎（β-内酰胺类等）＋退烧（复方氨基比林等）＋止咳化痰（氨溴索、氨茶碱）。

【药物选择】 首选药：阿莫西林、头孢喹肟；备选药：磺胺嘧啶、卡那霉素、青霉素。

[处方 1] 阿莫西林每千克体重 10～15mg、鱼腥草注射液 5～10mL、复方氨基比林 5～10mL，肌内注射，2 次/d，连用 3d。

［处方 2］ 青霉素每千克体重 3 万～5 万 IU、链霉素每千克体重 10～15mg、复方氨基比林 5～10mL，肌内注射，2 次/d，连用 2～3d。

［处方 3］ 头孢喹肟每千克体重 2～5mg、银黄注射液每千克体重 0.15mL，2 次/d，连用 3～5d。

［处方 4］ 10%复方磺胺嘧啶钠每千克体重 0.2～0.3mL 或 10%卡那霉素每千克体重 0.1～0.15mL、鱼腥草注射液 5～10mL，肌内注射，2 次/d，连用 3～5d。

［处方 5］ 呼吸困难，分泌物阻塞支气管时，氨茶碱 2～4mL，肌内注射，2 次/d；咳嗽有痰液时，氨溴索（5mL∶1.25g）每千克体重 0.1～0.2mL，肌内注射，2 次/d。

第三节　神经系统疾病

中暑

猪中暑是指猪长时间处在高温环境中或在炎热环境中进行剧烈活动引起机体体温调节功能紊乱所致的一组临床症候群，以高热、皮肤干燥及中枢神经系统症状为特征。中暑是热射病和日射病的统称，常发生于炎热的夏季。

【治疗原则】 迅速降温，补充水、电解质，纠正酸中毒，防治脑水肿。

【用药方案】 降温（凉水、冰块）＋补液（生理盐水、葡萄糖）＋缓解脑水肿（甘露醇）。

【药物选择】 首选药：呋塞米、甘露醇、生理盐水、葡萄糖；备选药：维生素 C、安钠咖。

［处方 1］ 将病猪移至阴凉通风处，用凉水冲洗头部或将冰块置于头部，并用冷毛巾冷敷头部或躯体部，3～5min 更换 1 次；灌服 0.5%淡盐水或生理盐水，必要时用 0.5%冷盐水反复灌肠，直到体温降至常温；耳尖、尾尖剪毛消毒后，剪开放血 100～300mL。

［处方 2］ 藿香正气水或十滴水 10～20mL，内服，2 次/d；或取西瓜 2～4kg，去皮后捣碎喂服。

［处方 3］ 中暑较重，昏迷时，5%葡萄糖生理盐水 250～500mL、10%维生素 C 10～20mL、10%安钠咖注射液 5～10mL，静脉注射；30%安乃近 10～30mL，肌内注射。兴奋不安、狂躁不止时，氯丙嗪每千克体重 2～4mg，肌内注射；呼吸不规则、两侧瞳孔大小不等，颅内压升高时，20%甘露醇或 25%山梨醇 100～250mL，静脉注射，每隔 6h 注射 1 次，直至脑水肿基本消失。

癫痫

癫痫俗称“羊羔风”，是因大脑皮质机能障碍引起的一种突发性的、不自觉的、暂时性和反复性发作的慢性疾病。其特征是发作时严重意识紊乱和全身痉挛，且迅速恢复，反复发作。

【治疗原则】 消除病因，滋阴镇痉，祛风豁痰。

【用药方案】 镇静解痉（氯丙嗪、中药）。

【药物选择】 首选药：中药、氯丙嗪；备选药：硫酸镁。

［处方 1］ 氯丙嗪每千克体重 2～4mg，肌内注射，1 次/d，连用 5～7d；朱砂安宫丸 1 丸（9g），内服，2 次/d，连用 3～5d。

［处方 2］ 大黄（炒）30g、天竺黄 20g、钩藤 20g、僵蚕 20g、防风 15g、天麻 12g、川芎 15g、全蝎 10g（100kg 猪用量），水煎或粉碎混饲，1 剂/d，连用 3～5 剂；氯丙嗪每千克体重 1～3mg，天门穴（猪后脑窝正中，两耳根后缘连线与背中线相交处的凹陷中）注射，斜刺入 2～3cm，1 次/d 或隔日 1 次，连用 2～3 次。

［处方 3］ 白花蛇 1 条、全蝎 15g、僵蚕 10g、钩藤 20g、桑寄生 15g、菖蒲 20g、香附子 20g、白芍 20g、郁金 20g、防风 15g，水煎灌服，1 剂/d，直至痊愈；维生素 B_1 注射液（10mL:250mg）1～2mL、维生素 B_2 注射液（10mL:50mg）5～6mL，肌内注射，1 次/d，连用 3～5d。

第四节　循环系统疾病

新生仔猪溶血病

新生仔猪溶血病是指新生仔猪吸吮初乳后而引起的红细胞溶解的一类急性溶血性疾病，呈现贫血、黄疸、血红蛋白尿等临床特征。

［处方 1］　立即停喂母乳，将仔猪寄养或人工哺乳；5%葡萄糖、碳酸氢钠、生理盐水静脉注射。

［处方 2］　维生素 C、氢化可的松各 2mL，肌内注射，1 次/d，连用 2～3d。

［处方 3］　25%葡萄糖 40mL、三磷酸腺苷 2mL、维生素 C 10mL、肌苷 2mL、维生素 B_{12} 1mL、辅酶 A 100IU，静脉注射，1 次/d，连用 2～3d。

［处方 4］　配种发生仔猪溶血病的公猪，不再作种用。

仔猪缺铁性贫血

仔猪缺铁性贫血是指半月至 1 月龄哺乳仔猪缺铁所发生的一种营养性贫血。以血红蛋白含量降低、红细胞数量减少、皮肤及可视黏膜苍白及生长受阻为特征。

【治疗原则】　消除病因，补铁。

【用药方案】　补铁（右旋糖酐铁）。

【药物选择】　首选药：右旋糖酐铁；备选药：硫酸亚铁、枸橼酸铁铵、富马酸亚铁。

［处方 1］　硫酸亚铁 0.5～2g/次（枸橼酸铁铵 1～2g/次或富马酸亚铁 0.5～1g/次），内服。

［处方 2］　10%右旋糖酐铁注射液 1～2mL/头，肌内注射；或 2.5%右旋糖酐铁钴 2mL/头，肌内注射。

［处方 3］　硫酸亚铁 2.5g、硫酸铜 1g，溶于 1000mL 水中供仔猪饮用；严重病例用右旋糖酐铁、右旋糖酐铁钴注射 1 次，必要

时间隔 7d 再注射 1 次。

第五节　泌尿系统疾病

膀胱炎

猪膀胱炎是由细菌（如猪棒状杆菌等）感染所引起的一种生殖系统疾病，该病的发生与创伤、尿潴留、难产、导尿、膀胱结石等有关，临床表现为精神沉郁、食欲减退和排出血尿。

【治疗原则】 抗菌消炎，利尿通淋。

【用药方案】 抗菌消炎（阿莫西林、乌洛托品、喹诺酮类）＋利尿通淋（八正散）。

【药物选择】 首选药：乌洛托品、环丙沙星、恩诺沙星；备选药：八正散、秦艽散。

［处方 1］ 10%恩诺沙星每千克体重 0.25～0.5mL（阿莫西林钠克拉维酸钾每千克体重 10～15mg、氨苄西林钠每千克体重 10～15mg、4%庆大霉素每千克体重 0.1～0.2mL），肌内注射，2 次/d，连用 3～5d。

［处方 2］ 20%乌洛托品注射液 20～30mL，静脉注射，1 次/d，连用 3～5d。

［处方 3］ 八正散（秦艽散、三金片）50～100g，煎汁灌服或混饲，1 剂/d，连用 3～5d。

［处方 4］ 止血，安络血或止血敏 2～4mL，肌内注射，2～3 次/d，连用 3～5d。

尿道炎

导尿时操作不慎或因交配等原因损伤尿道，以及尿道结石或有刺激性的药物随尿排出等，均能刺激尿道而导致尿道炎。膀胱、子宫也能诱发此病。公猪发病较少。临床表现为突然发病，排尿频繁，但尿量减少，排尿时弓腰努责，痛苦呻吟，尿少、尿频、尿急，尿色黄赤，有的尿中带有黏液、血液或脓液。

【治疗原则】 抗菌消炎，利尿通淋。

【用药方案】 抗菌消炎（阿莫西林、乌洛托品、喹诺酮类）＋利尿通淋（八正散、滑石散）。

【药物选择】 首选药：乌洛托品、环丙沙星、恩诺沙星；备选药：八正散、秦艽散。

［处方 1］ 5％恩诺沙星注射液每千克体重 0.1～0.2mL（氨苄西林钠或阿莫西林每千克体重 10～15mg），肌内注射，2 次/d，连用 3～5d。

［处方 2］ 尿潴留，1％呋塞米注射液 5～10mL，肌内注射，2 次/d，连用 3～5d；0.1％雷佛奴尔或 0.1％高锰酸钾溶液冲洗尿道，1 次/d，连用 2～3 次。

［处方 3］ 八正散、滑石散等 50～100g/头，水煎灌服或混饲，连用 3～5d。

尿结石

尿石症又称尿路结石、尿石病，是尿道结石、输尿管结石、肾结石和膀胱结石的总称，是由于尿路中存在盐类结晶的凝结物，造成尿路黏膜受到不良刺激而导致的一种泌尿器官疾病，主要特征是排尿障碍、腹痛和血尿，主要发生于公猪。

【治疗原则】 解除病因，利尿通淋，恢复排尿。

【用药方案】 排石（手术治疗）＋利尿通淋（八正散、滑石散）。

【药物选择】 首选药（或方案）：手术疗法；备选药：八正散、滑石散、三金片。

［处方 1］ 1％硫酸阿托品注射液 1～2mL，皮下注射，2 次/d，连用 3～5d；25％硫酸镁 15～20mL，肌内注射，2 次/d，连用3～5d。

［处方 2］ 八正散、滑石散等 50～100g/头，水煎灌服或混饲，连用 3～5d；1％呋塞米注射液 5～10mL，肌内注射，2 次/d，连用 3～5d。

［处方 3］　金钱草 60g、车前子 15g、木通 15g、海金沙 30g、石韦 20g、牛膝 15g、鸡内金 15g、甘草 6g，水煎灌服，2 次/d，连用 5d。严重时手术取石。

［处方 4］　水冲法（砂淋），小儿头皮针去针头留塑料管作为尿道冲洗管，将龟头拉出把冲洗管插入尿道内至结石处，用手捏紧尿道固定龟头，用注射器吸取生理盐水，向尿道反复注入进行冲洗。

第六节　产科病

难产

孕猪妊娠期满，胎儿不能顺利产下，称为难产。

【治疗原则】　排除病因，促进子宫收缩。

【用药方案】　促进子宫收缩（缩宫素）。

【药物选择】　首选药（方案）：缩宫素（人工助产）；备选药（方案）：剖宫产。

［处方 1］　5%葡萄糖 500mL、生理盐水 500mL、10%维生素 C 20mL、地塞米松 20mL，静脉注射；氯前列醇钠 0.2～0.4mg，肌内注射。

［处方 2］　雌二醇 2～5mL（规格 2mL:4mg，3～10mg），肌内注射；缩宫素，每隔 20～30min 肌内或皮下注射 1～4mL（规格 2mL:20IU，10～40IU）。子宫颈口未完全打开之前、产道阻塞、胎位不正、骨盆狭窄等情况下应禁用或慎用催产素。

［处方 3］　人工助产，助产人员把指甲剪平磨光，用肥皂水清洗，并涂抹凡士林润滑，然后五指并拢成圆锥形，慢慢将手伸入产道内，抓住胎儿耳部，随着母猪努责，将胎儿慢慢拉出。若胎位不正，先纠正胎位，然后将胎儿慢慢拉出。助产后要及时注射青霉素、链霉素等抗生素，以防止感染。

［处方 4］　常规方案无效时，由专业兽医实施剖宫产。

子宫内膜炎

子宫内膜炎是子宫黏膜的黏液性和化脓性炎症。临床以体温升高、阴门流出暗红色或棕黄色分泌物、发情异常和受胎率低为特征。

【治疗原则】 清除子宫内感染，促进子宫收缩和渗出物排出。

【用药方案】 抗菌消炎（抗生素）+促进子宫收缩（缩宫素）+冲洗子宫（消毒剂）+修复子宫（中药制剂）。

【药物选择】 首选药：冲洗液（0.1%高锰酸钾溶液、0.1%雷佛奴尔溶液、生理盐水、宫炎清溶液等）、恩诺沙星、头孢噻呋、缩宫素；备选药：中药制剂（生化散、益母生化散）。

[处方 1] 子宫冲洗，用 0.1%雷佛奴尔溶液、生理盐水、稀碘酊溶液（5%碘酊 5～10mL 加生理盐水 500mL）、1%～1.5%宫炎清溶液等冲洗子宫，1 次/d，连用 3～5d；子宫灌注，20～40mL 生理盐水溶解青霉素 160 万～240 万 IU、链霉素 100 万～200 万 IU（或头孢类、恩诺沙星等）灌入子宫，1 次/d，连用 3～5d。冲洗后，缩宫素 10～30IU，皮下或肌内注射。

[处方 2] 头孢噻呋每千克体重 3～5mg（或恩诺沙星每千克体重 2.5～5mg 或阿莫西林每千克体重 10～15mg 或 10%马波沙星注射液每千克体重 0.02～0.04mL）、复方氨基比林 5～10mL、鱼腥草注射液 10～20mL、地塞米松 10mg，肌内注射，2 次/d，连用 2～3d。

[处方 3] 青霉素 480 万 IU、链霉素 200 万 IU、安乃近 20mL、地塞米松 10mg，混合肌内注射，2 次/d，连用 2～3d；0.1%高锰酸钾溶液冲洗子宫，排尽异物和消毒液；中药（当归 60g、川芎 45g、桃仁 25g、益母草 30g、柴胡 40g、黄芩 40g、黄芪 20g、白术 20g、炙甘草 15g）水煎后将药汁浓缩约 200mL，无菌注射器抽取，连上导管注入子宫，1 次/d，连用 3d。

[处方 4] 生地、赤芍、栀子、大黄各 30g，桃仁 12g，归尾、地肤子、车前子、猪苓、泽泻各 15g，甘草 12g，紫花地丁 10g，水煎灌服，药渣混饲，1 剂/d，连用 3 剂。

［处方 5］ 益母生化散或生化散 100g/头，混饲，1 次/d，连用 5～7d。

［处方 6］ 当归 60g、川芎 45g、桃仁 25g、益母草 30g、柴胡 40g、黄芩 40g、当归 20g、白术 20g、炙甘草 15g，煎汁混饲，1 剂/d，连用 3 剂。

乳腺炎

乳腺炎又称乳房炎，是乳腺受到物理、化学、微生物等致病因子作用后所发生的一种炎症性疾病。临床以红、肿、热、痛及泌乳减少为特征。

【治疗原则】 消除感染，通乳消肿，促进乳汁排空。

【用药方案】 抗菌消炎（β-内酰胺类、喹诺酮类）＋消肿止痛（安痛定、中药）。

【药物选择】 首选药：普鲁卡因青霉素、中药制剂（公英散）；备选药：氨苄西林、阿莫西林、恩诺沙星、环丙沙星。

［处方 1］ 隔离仔猪，挤去患病乳腺的乳汁，局部涂擦 10%鱼石脂软膏或聚维酮碘软膏等。

［处方 2］ 封闭疗法，母猪侧卧保定，局部用 75%酒精棉球消毒，0.25%～0.5%盐酸普鲁卡因溶液 30～40mL 加入青霉素 300 万～400 万 IU，乳房基底部封闭注射（乳房实质与腹壁之间的空隙），用封闭针头平行刺入 4～8cm 后注入，分点注射，每点注射 3～4mL；青霉素 400 万 IU、链霉素 150 万～200 万 IU（5%乳酸环丙沙星每千克体重 0.1mL、氨苄西林钠每千克体重 20mg、阿莫西林每千克体重 10～15mg）、安痛定 10mL、地塞米松 10～20mg、催产素 20IU，2 次/d，连用 3～5d；食欲差，复合维生素 B 注射液 15mL，肌内注射，1 次/d，连用 3～4d。

［处方 3］ 公英散或公英散加减（蒲公英 100g、金银花 60g、瓜蒌 30g、连翘 30g、当归 30g、益母草 30g、防己 30g、泽兰 30g、穿山甲 30g、通草 30g、川芎 30g、甘草 30g），水煎灌服，1 剂/d，连用 3～5 剂。

［处方 4］ 发生脓肿时，及早行纵切开，排出脓液，然后用3%过氧化氢溶液等冲洗，按化脓创处理并进行全身治疗。

子宫脱出与阴道脱出

子宫部分或全部翻转脱出于阴门外，称为子宫脱出（也叫子宫脱垂），通常发生于产后数小时内。阴道壁部分或全部突出于阴门外，称为阴道脱出，产前产后均可发生。

【治疗原则】 消除病因，补中益气，脱出整复。

【用药方案】 脱出整复（人工复位、手术缝合）＋抗感染（消毒剂、抗生素）。

【药物选择】 首选药（方案）：人工复位、手术缝合；备选药：中药（补中益气散）。

［处方 1］（阴道脱出）不全脱出，0.1%高锰酸钾溶液或2%明矾溶液冲洗脱出部，损伤部涂碘甘油或抗生素软膏，将其复位。全脱出时，先彻底清洗脱出部分，再在破损处涂碘甘油或缝合，用消毒的手将脱出的阴道慢慢送回阴道内，手伸入阴道，将黏膜展平并恢复原位，然后阴门缝合（纽扣缝合法、圆枕缝合法和双向内翻缝合法）进行固定，缝合时，应从距阴门3～4cm处下针，针穿入要深，针的穿出以距阴门约0.5cm为宜，只缝合阴门上角及中部，以免影响排尿。也可用70%酒精10mL缓慢向阴道壁内注射，然后再将脱出阴道复位，此法不需要缝合。

［处方 2］（子宫脱出）用3%过氧化氢溶液或0.1%高锰酸钾溶液将病猪脱出的子宫表面清洗干净，用手将子宫送回阴道复原，把阴户缝合一针，以免子宫再次脱出，7d后拆掉缝合线；手术结束后，维生素K注射液0.5～1mL、青霉素每千克体重3万～5万IU，混合肌内注射，2次/d，连用3d。脱出的子宫无法整复或有大的损伤和坏死时，可行子宫切除术。

缺乳症

缺乳症是母猪产后的常见病，临床以泌乳期乳房皱缩，泌乳量下降，或乳房胀大而乳汁不通，排乳不畅，乳汁甚少或无乳为主要特征。

【治疗原则】 消除病因，理气活血，通经下乳。

【用药方案】 催乳（中药、激素）。

【药物选择】 首选药：中药；备选药：缩宫素、垂体后叶素。

［处方 1］ 人用的“妈妈多”或催乳片（主要成分王不留行）20～30 片/次（或人用通乳颗粒，每次 10 包），2 次/d，内服，连用 5～7d。适用于产后气血亏虚、乳少、无乳、乳汁不通等。

［处方 2］ 当归 35g、川芎 20g、桃仁 15g、炮姜 5g、炙甘草 5g，王不留行、通草、路路通、漏芦各 20g，红糖 500g，1 剂/d，水煎灌服，连用 3～5 剂（适用于体质瘦弱，气血不足）。

［处方 3］ 黄芪 20g、党参 20g、白术 25g、甘草 10g、当归 30g、阿胶 30g、杜仲 10g、川断 15g、川芎 15g、木通 10g、通草 15g、王不留行 30g，1 剂/d，水煎灌服，连用 3～5 剂（适用于体质瘦弱，气血不足）。

［处方 4］ 生乳散（气血不足的缺乳和乳少症，症见乳房干瘪、无乳）、通乳散或催奶灵散（产后乳少，乳汁不下）、公英散（乳痈初起，红肿热痛，症见乳房炎）100g/头，1 次/d，连用 3～5d。

［处方 5］ 垂体后叶素 10～20IU 或催产素 10～20IU，肌内注射，每 6h 一次，连用 4～6 次。

流产与死产

母猪妊娠终止，排出未足月的胎儿，称为流产；妊娠足月，但产出死的胎儿，称为死产。

【治疗原则】 保胎。

【用药方案】 保胎（黄体酮）。

【药物选择】 首选药：黄体酮；备选药：中药。

［处方 1］ 黄体酮（1mL：50mg）15～30mg，肌内注射，每 3d 用 1 次；泰山盘石散或保胎无忧散 100g/头，混饲，1 次/d，连用 3～5d。

［处方 2］ 保胎无效，流产胎儿排出受阻时，按难产进行救助，并注意产后治疗，预防不孕症；对延期流产，应设法排出胎儿；确诊胎儿浸润和中毒时，必须全身应用抗生素。

［处方 3］ 对传染性流产，要特别注意隔离和消毒，针对不同病原实施治疗。

不孕症

不孕症是指母猪生殖机能发生障碍，以致暂时或永久不能繁殖后代的病理现象。

【治疗原则】 排除病因，辨证施治。

【用药方案】 分类治疗。

【药物选择】 首选药：激素（PMSG、氯前列醇钠等）；备选药：中药。

［处方 1］ 生殖器官发育不全时，提高改善饲养管理水平，用激素处理。孕马血清（PMSG）1000IU 或 PG600（PMSG400IU＋HCG200IU，5mL/头份）5mL，肌内或皮下注射，1 次/d，连用 2d；配种前 0～4h 注射促排卵 3 号（或注射用促黄体素释放激素 A_3）25～50μg。对于两性畸形、异性孪生等，应及早阉割育肥，转变用途。

［处方 2］ 生殖器官疾病。持久黄体：氯前列醇钠 0.2～0.4mg，肌内注射；卵巢静止：PG600 1 头份或孕马血清 1000IU，肌内或皮下注射；卵巢囊肿：促排卵 3 号 25～50μg、绒毛膜促性腺激素（HCG）2000IU，1 次/d，连用 3～5d；习惯性流产：黄体酮 15～30mg；子宫内膜炎的治疗参考前面所述。

［处方 3］ 乏情，催情散 80～100g/头，内服，连用 5d；氯前列醇钠 0.2～0.4mg，肌内注射，一般使用后 2.5～7d 母猪会出现发情，发情后 24～36h 即可配种。

［处方 4］ 营养缺乏引起的，供给全价平衡日粮，合理饲喂或短期集中优饲。

生产瘫痪

生产瘫痪是以四肢运动机能丧失，肌肉松弛，反射减弱，低血钙，排粪、排尿、哺乳停止为主要特征的营养代谢病。该病常发生于母猪分娩后的2～5d，不同季节、品种、年龄、胎次的母猪均可发生，但冬春季节易发生。

【治疗原则】 排除病因，补钙，对症治疗。

【用药方案】 补钙（钙制剂）。

【药物选择】 首选药：葡萄糖酸钙；备选药：维丁胶性钙、氯化钙。

［处方1］ 10%葡萄糖酸钙溶液100～150mL，静脉注射，1次/d，连用3～5d；或维丁胶性钙注射液5～10mL、维生素B_{12}（1mL:0.5mg）2～4mL，肌内注射，2次/d，连用5～7d；硫酸镁或硫酸钠40g，内服，或温肥皂水灌肠，清除直肠内的粪便。若出现褥疮，用温热0.1%高锰酸钾溶液进行清理，再涂抹抗生素软膏（如土霉素、四环素、红霉素等）。

［处方2］ 10%葡萄糖溶液300mL、5%氯化钙注射液100mL，1次静脉注射；生理盐水450mL、青霉素300万～400万IU、地塞米松10mL、维生素C 20mL，1次静脉注射。

胎衣不下

母猪产出胎儿后经2～3h未排出胎衣或只排出一部分，称为胎衣不下。

【治疗原则】 抗菌消炎，防止腐败胎衣吸收，促进子宫收缩。

【用药方案】 促子宫收缩（缩宫素等）＋补钙（葡萄糖酸钙）。

【药物选择】 首选药：缩宫素、垂体后叶素；备选药：氯前列醇钠、葡萄糖酸钙、氯化钙。

［处方1］ 缩宫素10～30IU或氯前列醇钠0.2mg，肌内注射，若仍不下，2h后再重复1次；10%葡萄糖酸钙溶液100～150mL或10%氯化钙20mL，静脉注射；益母生化散100g/头，水煎灌服或混饲，连用3～5d。

［处方 2］ 垂体后叶注射液 2～5mL（1mL:10U），肌内注射，第 1 次注射后若胎衣仍不下，2h 后再重复 1 次；第 2 次注射后仍未排出，10%葡萄糖酸钙溶液 100～150mL，静脉注射；益母生化散 100g/头，水煎灌服或混饲，连用 3～5d。

［处方 3］ 使用药物仍不能排出胎衣时，应在胎衣的露出部分系重物或将胎衣在阴唇处剪掉。将手消毒后伸入子宫，用手剥离胎衣，最后青霉素和链霉素各 200 万～300 万 IU 溶于 50mL 生理盐水子宫灌注。

产后不食

母猪产后不食是由产后消化系统紊乱、食欲减退引起的，它不是一种独立的疾病，而是由多种因素引起的一种症状表现。

【治疗原则】 抗感染，调节胃肠功能，补充营养。

【用药方案】 抗感染（抗生素）+促进胃肠蠕动（新斯的明、胃复安、中药等）+补充营养（糖盐水、钙制剂等）。

【药物选择】 首选药：新斯的明、中药、阿莫西林；备选药：氯化氨甲酰甲胆碱、糖盐水、葡萄糖酸钙。

［处方 1］ 甲基硫酸新斯的明 2～6mL（10mL:10mg），肌内注射，1 次/d，连用 3d；胃复安每千克体重 10～20mg 或 0.1mL（1mL:10mg）、复合维生素 B 注射液 4～6mL，肌内注射，2 次/d，连用 3～5d。

［处方 2］ 0.25%比赛可灵注射液 3～5mL，皮下注射，2 次/d，连用 3d；健胃消食片 20～30 片，内服，3 次/d，连用 3d。

［处方 3］ 产后衰竭不食，0.5%氢化可的松 10mL、50%葡萄糖 100mL、10%维生素 C 20mL，静脉注射，1 次/d，连用 3d；产后大量泌乳引起的不食，10%葡萄糖酸钙 100～200mL、10%葡萄糖 500mL、10%维生素 C 20mL，静脉注射，1 次/d，连用 3d；产后感染引起的不食，阿莫西林每千克体重 10～15mg 或青霉素 480 万单位、链霉素 100 万单位、地塞米松 5～10mg、维生素 C 5～10mL、复方氨基比林 10～20mL，肌内注射，2 次/d，连用 3d。

［处方 4］ 当归 35g、川芎 20g、桃仁 15g、炮姜 5g、炙甘草

30g，焦三仙、莱菔子、厚朴各 20g，红糖 500g，1 剂/d，水煎灌服，连用 3～5 剂。

产后尿闭

产后尿闭指母猪分娩后 10d 内出现排尿困难，尿液潴留于膀胱的一种危急症，又称尿潴留。老龄母猪及产程过长、体况极差的母猪发病较多。

【治疗原则】 解除病因，恢复排尿。

【用药方案】 兴奋膀胱括约肌（新斯的明、中药）＋人工导尿。

【药物选择】 首选药：新斯的明；备选药（方案）：人工导尿、中药。

［处方 1］ 0.1％甲基硫酸新斯的明 2～5mL、2.5％维生素 B_1 注射液 10～20mL，肌内注射，每隔 6h 注射 1 次，连用 2～3 次。

［处方 2］ 白术（炒）、猪苓、茯苓各 15g，泽泻 20g，白芍、黄柏、石菖蒲、苍术、桂枝、甘草各 10g，水煎灌服，1 剂/d，连用 2～3 剂。

［处方 3］ 滑石 20g、猪苓 10g、泽泻 8g、茵陈 15g、灯芯草 15g、知母 15g、黄柏 10g，水煎灌服；4％庆大霉素 1mL、地塞米松 10mL，肌内注射，1 次/d，连用 2～3 次。

［处方 4］ 木通 20g、车前子 20g、萹蓄 20g、大黄 20g、滑石 20g、瞿麦 20g、干草 15g、栀子 20g、灯芯草 10g、连翘 20g、蒲公英 20g、金钱草 20g，水煎灌服，1 剂/d，连用 3 剂。

［处方 5］ 严重患猪人工导尿，术者左手中指伸入阴道，找到尿道口，右手将导尿管一端顺着左手中指缓慢插入尿道口，插入 20～40cm，尿液即迅速流出，2～3 次/d；青霉素 3 万～5 万单位，肌内注射。

第七节 外科病

创伤

创伤常因各种机械性外力作用于猪体组织和器官而引起，如互相咬斗、尖锐物刺（划）伤等。

【治疗原则】 清创，预防感染。

【用药方案】 清除异物、坏死组织＋防止感染（消毒剂、抗生素）。

【药物选择】 首选药：消毒剂（0.1%高锰酸钾溶液、3%过氧化氢溶液或0.1%新洁尔灭溶液等）；备选药：抗生素（消炎粉、软膏）。

［处方1］ 新鲜创：若创缘整齐、创内无破坏组织和异物，用生理盐水洗净、擦干后撒布青霉素、消炎粉（灭菌结晶磺胺），5%碘酊涂擦创口周围，根据创口大小可行缝合或开放疗法，若创口内有异物或损伤的组织血块，应修整创缘，清除异物，用0.1%高锰酸钾溶液冲洗，撒布消炎药物，外涂5%碘酊，缝合、包扎。

［处方2］ 化脓疮：清洁创围，用0.1%高锰酸钾溶液、3%过氧化氢溶液或0.1%新洁尔灭溶液等冲洗创腔，除去深部异物和坏死组织，排出脓液，创内涂抹祛腐生肌膏、松碘流膏等。

［处方3］ 肉芽创：清理创围，然后清洁创面（生理盐水清洗），最后再局部用药（应用刺激性小、能促进肉芽组织和上皮生长的药，如3%龙胆紫等）。如肉芽组织赘生，可用硫酸铜腐蚀。

脓肿

任何组织或器官因化脓性炎症形成局限性脓液积聚，并被脓肿膜包裹的称为脓肿。

【治疗原则】 消炎止痛，促脓肿成熟，切开排脓。

【用药方案】 消炎止痛、促成熟（β-内酰胺类、安痛定等）＋切开排脓。

【药物选择】 首选药：鱼石脂软膏、抗生素（氨苄西林、头孢噻呋、阿莫西林等）、消毒剂（碘酊等）；备选药（或方案）：切开引流。

［处方1］ 初期脓肿尚未成熟（较硬）时，鱼石脂软膏或75%酒精涂抹，鱼腥草5～10mL、安痛定5～10mL、氨苄西林每千克

体重10～20mg，肌内注射，1次/d，连用2～3d。

［处方2］　脓肿已成熟（有明显的波动感），立即抽取脓液（局部5%碘酊消毒，用注射器抽出脓液，然后反复注入生理盐水冲洗脓腔，再抽净腔中液体，最后灌注青霉素溶液）或将脓肿切开（适用于较大的脓肿，局部用5%碘酊消毒，在最软化部位切开）排脓。

直肠脱出

直肠脱出是指直肠后段里层肠壁脱出肛门外的一种疾病，如仅少部分黏膜脱出肛门外，称为脱肛。

【治疗原则】　整复直肠，补中益气。

【用药方案】　整复（人工复位、手术疗法）＋提举中气（补中益气散）。

【药物选择】　首选药（方案）：人工复位、手术疗法；备选药：中药（补中益气散）。

［处方1］　轻度脱肛（脱出体外的直肠段较短），用温热的1%明矾溶液或0.1%高锰酸钾溶液清洗脱出的肠管及肛门周围，提起猪的两条后腿，缓慢送回腹腔，在肛门上下左右分四点注射95%酒精，每点2～3mL。最后使猪的后躯离开地面，保定20～30min，待直肠不良刺激逐渐减轻，努责消失后，放入单圈隔离饲养。

［处方2］　严重脱肛，需要手术治疗。水肿严重的用注射针头轻刺水肿黏膜，再用手轻轻挤出水肿液；若黏膜溃烂坏死，应剥去溃烂部后清洗干净。然后，将脱出部分轻轻整复送入肛门内，并在肛门周围做荷包口状缝合。缝合后打结应适当松些，使猪能顺利排粪。整个过程必须做到无菌。为防止剧烈努责造成肠管再次脱出，可于交巢穴注射1%盐酸普鲁卡因液5～10mL。术后注意全身变化，必要时用抗生素进行配合治疗，一般3～5d即可恢复正常。

［处方3］　如为霉菌毒素所致，应立即更换饲料，在新饲料中添加3%～5%葡萄糖和0.1%维生素C；同时以中药制剂混饲，如

补中益气散（1％～2％）或柴胡10g、当归10g、黄芪20g、白术10g、升麻20g、党参15g、苍术15g、厚朴10g、甘草10g、陈皮10g、薄荷10g、地榆20g、熟大黄5g，水煎分3次灌服，1剂/d，连用3剂。

咬癖

咬癖是指以猪群相互啃咬为特征的一种恶癖，特别是50kg以下猪群发生较为严重。

【治疗原则】 消除病因，对症治疗。

【用药方案】 单独饲养＋调整营养＋加强管理＋镇静（氯丙嗪）＋防止感染（消毒剂）。

【药物选择】 首选药（方案）：人工隔离；备选药（方案）：提高饲养管理水平，也可使用氯丙嗪。

［处方1］ 恶癖猪单独饲养并纠正其咬癖，提高饲养管理水平，调整营养水平，及时驱虫，专人看管。

［处方2］ 2.5％氯丙嗪每千克体重0.1～0.15mL，肌内注射；有外伤及伤口流血的猪，0.1％高锰酸钾溶液冲洗消毒并涂抹5％碘酊。

蹄裂症

蹄裂症指蹄壁角质分裂形成各种状态的裂隙。蹄裂症按角质分裂延长的状态可以分为复缘裂、蹄冠裂和全长裂；按照发生的部位可以分为蹄尖裂、蹄侧裂、蹄踵裂；根据裂缝的深浅可分为表层裂和深层裂。我国引进的种猪蹄裂病发病率较高，种母猪发病率达15％～30％。主要发生于每年的10～12月份和次年1月份，以12月份最为严重。

【治疗原则】 消除病因，补充营养，对症治疗。

【用药方案】 补充营养（钙、锌）＋溃烂处理（消毒剂）＋增加油性（鱼肝油、凡士林）。

【药物选择】 首选药：硫酸锌、生物素、油性剂；备选药（方案）：中药，还可增加营养。

［处方 1］ 干裂蹄壳，鱼肝油、凡士林或植物油涂抹，1～2 次/d；胡萝卜 0.5kg/d、1%脂肪混饲；或维生素 AD 剂，内服，小猪 0.5～1.0mL，大猪 2～4mL；或维生素 AD 油，内服，小猪 0.5～2.0mL，大猪 10～30mL。

［处方 2］ 有脓肿并破损的蹄壳，0.1%高锰酸钾溶液冲洗，2～3 次/d；20%硫酸铜溶液喷雾蹄部，2 次/d，连续 3～5d。

［处方 3］ 调整日粮配方，建议钙锌比例为 100∶1，当日粮中钙达 0.4%～0.6%时，锌要达到 50～60mg/kg 才能满足营养需要；每吨饲料添加硫酸锌、2%生物素（或维生素 H 200～250mg）各 100～200g 或复合维生素 0.5～1kg，有条件的可添加 1%～3%脂肪粉或豆油，连用 2～3 周。

［处方 4］ 病猪蹄部消毒，用氧化锌软膏涂抹；因蹄裂、蹄底磨损等继发感染、肢蹄发炎肿胀者，用青霉素、鱼石脂、阿莫西林等对症治疗。先将感染部位清洗干净，涂抹 5%碘酊，然后撒上血竭粉，再用烙铁（烧红）在药粉表面轻轻熨烙，使之熔化成为一层保护膜，最后包扎。或用 10%甲醛溶液涂擦患部，也可用桐油 50g 和青霉素 80 万 IU 混匀后涂敷于患部，或用桐油 250g、硫黄粉 100g 混匀后烧开，趁热涂擦于患部。

［处方 5］ 败酱草 1500g，蒲公英 150g，瞿麦、小蓟、车前草、佩兰各 100g，硫酸锌 0.3g（1 头猪用量），粉碎混饲，连用 1～3周，严重病例 4～5 周。

疝气

疝气指腹部的内脏从自然孔道或病理性破裂孔脱至皮下或邻近解剖腔的一种常见外科疾病。主要有脐疝、腹股沟阴囊疝、腹壁疝及会阴疝。

【治疗原则】 消除病因，手术整复。

【治疗方案】 手术整复。

［方案 1］（脐疝）术前禁食。手术时将病猪仰卧保定，做好术前准备，术部刮毛、洗净（用 0.1%新洁尔灭溶液），5%碘酊消

毒，脱碘后用0.5%～1%普鲁卡因溶液局部浸润麻醉。切开疝囊，注意不要损伤疝囊内的肠管。将肠管还纳入腹腔，如果肠管与囊壁有粘连，要仔细进行剥离。用手术剪或手术刀沿疝轮一周将疝囊内壁（腹膜及腹壁的筋膜）剪断，连续缝合腹膜闭合疝孔，钝性分离剩余的疝囊内壁，剪去多余的皮肤，撒布磺胺粉或氨苄西林粉，皮肤做结节缝合，术部涂布碘酊。

［方案2］（腹股沟阴囊疝）两后肢系绳吊起倒立保定，术部刮毛、洗净、消毒，局部浸润麻醉。在患侧腹股沟处做与身体纵轴平行的3～5cm切口，如肠管与疝囊粘连，切口应略长。皮下组织做钝性分离，露出总鞘膜，将其剥离至阴囊底，前移睾丸连同总鞘膜从切口处拿出创口外，提起睾丸和总鞘膜向同一方向捻转数圈至腹股沟外环（此时肠管已还纳腹腔内），在总鞘膜和精索上做贯穿结扎，然后在结扎外1cm处剪断，除去睾丸、精索及总鞘膜，将断端缝合到腹股沟环上，结节缝合腹股沟环。清理创部后撒布磺胺粉或氨苄西林粉，皮肤做结节缝合，术部涂布碘酊。另一侧睾丸按正常去势术操作。若为双侧性腹股沟阴囊疝，两侧做法相同。

［方案3］（腹壁疝）术前禁食。仰卧保定（或依疝部位而定），术部刮毛、洗净、消毒，局部浸润麻醉。切开皮肤，小心分离囊壁后将肠管还纳于腹腔（若肠管发生粘连时，先将小肠和小肠襻与囊壁组织钝性分离，然后再把附着在肠管上的组织剪掉），除去增生的结缔组织，用纱布隔离，修整疝轮，纽扣状闭锁疝轮并结节缝合，撒布磺胺粉或氨苄西林粉，剪去多余的皮肤后结节缝合。术部涂布碘酊。

［方案4］ 术后仔猪肌内注射破伤风抗毒素1支，同时肌内注射青霉素、链霉素或氨苄西林1～3d；术后2～3d术部涂布5%碘酊，2次/d；不宜剧烈活动，应与猪群隔离7d；饲喂营养丰富且易消化的饲料，并控制采食量；保持圈舍干燥、卫生以防感染。术后7～10d拆线。

风湿病

猪风湿病是一种全身性胶原组织疾病。主要引起猪生理机能紊乱，脏腑、经络功能失调，气血运行不畅，肌肉关节疼痛，致使肢体麻木，关节肿胀变形甚至卧地不起，食欲减退或废绝等，直接影响猪的生长和发育。

【治疗原则】 消除病因，祛风除湿，镇痛。

【用药方案】 祛湿止痛（水杨酸钠、安痛定）。

【药物选择】 首选药：水杨酸钠、复方水杨酸钠；备选药：糖皮质激素（可的松、强的松）、中药。

[处方 1]　10%水杨酸钠或复方水杨酸钠 20～50mL，静脉注射，1 次/d，连用 3～5d。

[处方 2]　30%安乃近 10～30mL、2.5%醋酸可的松 5～10mL，肌内注射，2 次/d，连用 3～5d。

[处方 3]　前肢患病，先选用抢风穴（肩关节与肘头连线中点的凹陷中，左右侧各 1 穴），再触摸痛点；后肢患病，选用大胯穴（股骨中转子前下方的凹陷中，左右侧各 1 穴），再触摸痛点；前后肢都有疾患者，前后穴位都用。先将患肢拉直，对选定穴位和痛点用 5%碘酊消毒，用 12 号针头刺入并左右旋转，同时上下提刺数次，然后注射复方当归注射液 2mL，1 次/d，连用 5～8 次。

第八节　营养代谢病

仔猪低血糖症

仔猪低血糖症是由于新生仔猪体内血糖含量过低引起的一种糖代谢病，多发生于 1 周龄以内的仔猪，冬春季节多发。

【治疗原则】 消除病因，升高血糖，缓解症状。

【用药方案】 调节血糖水平（葡萄糖）。

【药物选择】 首选药：葡萄糖溶液；备选药：能量合剂（ATP）、糖皮质激素（可的松）。

[处方 1]　10%～25%葡萄糖溶液 20～30mL（预热至 39℃），腹腔注射，每隔 4～6h 注射 1 次，直到症状缓解，并能自行吃奶为止；或每头 20mL，灌服，2 次/d，连用 3d。

［处方 2］ 25%～50%葡萄糖溶液 10～20mL，灌服，每 2～3h 一次，连用 2～3d。

维生素 A 缺乏症

维生素 A 缺乏症是由于维生素 A 或维生素 A 原的缺乏而引起的以生长发育不良、视觉障碍、繁殖机能障碍、皮肤黏膜角质化及机体免疫力低下为特征的营养代谢病，以仔猪最为常见，多发生于青饲料不足的春初、秋末和冬季。

【治疗原则】 消除病因，补充维生素 A。

【用药方案】 给予维生素 A（维生素 A）。

【药物选择】 首选药：维生素 AD 注射液、维生素 AD 油；备选药：维生素 A 添加剂、青绿饲料、胡萝卜。

［处方 1］ 维生素 AD 注射液，母猪 2～5mL，仔猪 0.5～1mL，肌内注射，1 次/d，连用 2～3d。

［处方 2］ 维生素 AD 油，母猪 20mL，仔猪 2～3mL，内服，1 次/d，连用 5～7d。

维生素 D 缺乏症

由于维生素 D 缺乏导致骨骼发育障碍，仔猪出现骨骼变形、关节肿大、脊椎弯曲、运步不稳等异常表现，用手摸仔猪肋骨下端会感觉有小的凸起（捻珠状物）。

【治疗原则】 消除病因，补充维生素 D。

【用药方案】 给予维生素 D（维生素 D）。

【药物选择】 首选药：维生素 D_3 注射液、维生素 AD 注射液、维生素 AD 油；备选药：维生素 D_2 胶性钙注射液。

［处方 1］ 维生素 D_3 注射液每千克体重 1500～3000IU，肌内注射，隔日 1 次。

［处方 2］ 维生素 AD 注射液，母猪 2～5mL，仔猪 0.5～1mL，肌内注射，1 次/d，连用 2～3d。

［处方 3］ 维生素 AD 油，母猪 20mL，仔猪 2～3mL，内服，1 次/d，连用 5～7d。

［处方 4］　维生素 D_2 胶性钙注射液（母猪 10～15mL，仔猪 2～4mL）、地塞米松 5mg，肌内注射，1 次/d，连用 5～7d。

维生素 E 缺乏症

维生素 E 缺乏症是由维生素 E 缺乏引起的，主要表现为肌营养不良、营养性肝病、桑葚心等病。

【治疗原则】　消除病因，补充维生素 E。

【用药方案】　给予维生素 E（维生素 E）。

【药物选择】　首选药：维生素 E 注射液、亚硒酸钠维生素 E 注射液；备选药：亚硒酸钠维生素 E 预混剂、维生素 E 添加剂。

［处方 1］　维生素 E 注射液 2～10mL，肌内注射，1 次/d，连用 3～5d。

［处方 2］　亚硒酸钠维生素 E 注射液，母猪 10mL，仔猪 1～2mL，肌内注射，1 次/d，连用 2～3d。

［处方 3］　亚硒酸钠维生素 E 预混剂 0.5～1kg/t 混饲，连用 7～10d。

维生素 B_1 缺乏症

维生素 B_1 缺乏症是由维生素 B_1 缺乏引起的，临床特征为厌食、呕吐、腹泻、生长缓慢、黏膜发绀等，同时还会导致神经紊乱，患猪可能突然死亡。

【治疗原则】　消除病因，补充维生素 B_1。

【用药方案】　给予维生素 B_1（维生素 B_1）。

【药物选择】　首选药：维生素 B_1 注射液、维生素 B_1 片；备选药：复合维生素 B。

［处方 1］　维生素 B_1 片 25～50mg，内服，2 次/d，连用 5～7d。

［处方 2］　维生素 B_1 注射液 25～50mg，肌内注射，1 次/d，连用 3～5d。

［处方 3］　复合维生素 B 注射液 2～6mL，肌内注射，1 次/d，连用 3d。

［处方 4］ 复合维生素 B 可溶性粉 500g/t 混饲，连用 7～10d；或维生素 B_1 30～60mg/kg 混饲，连用 7～10d。

维生素 B_2 缺乏症

维生素 B_2 缺乏症是由于青饲料或饲料处理不当而使维生素 B_2 遭破坏，使机体物质代谢发生障碍的营养代谢性疾病。临床特征为口角发炎和口舌溃疡，以及角结膜发炎。

【治疗原则】 消除病因，补充维生素 B_2。

【用药方案】 给予维生素 B_2（维生素 B_2）。

【药物选择】 首选药：维生素 B_2 注射液；备选药：复合维生素 B。

［处方 1］ 维生素 B_2 片 20～30mg，内服，2 次/d，连用5～7d。

［处方 2］ 维生素 B_2 注射液 20～30mg，肌内注射，1 次/d，连用 3～5d。

［处方 3］ 复合维生素 B 注射液 2～6mL，肌内注射，1 次/d，连用 3d。

［处方 4］ 复合维生素 B 可溶性粉 500g/t 混饲，连用 7～10d。

钙磷缺乏症

猪钙磷缺乏症是由于饲料中缺乏钙、磷，或者是钙磷比例不当，以及猪只生长速度过快等因素引起的，可导致仔猪出现佝偻病，成年猪出现骨质疏松，泌乳猪出现产后瘫痪等症状。

【治疗原则】 消除病因，补充钙磷。

【用药方案】 给予钙磷（钙磷制剂）。

【药物选择】 首选药：葡萄糖酸钙、维生素 D_2 胶性钙；备选药：维丁胶性钙、磷酸氢钙、肉骨粉、维生素 D_3。

［处方 1］ 10％葡萄糖酸钙注射液 50～150mL，静脉注射，1 次/d，连用 3～5d。

［处方 2］ 维生素 D_2 胶性钙注射液 5～10mL，或维丁胶性钙注射液 2～4mL，肌内注射，2 次/d，连用 5～7d。

［处方 3］ 维生素 D_3 注射液每千克体重 1500～3000IU，肌内注射，2 次/d，连用 5～7d。

［处方 4］ 磷酸氢钙片 2g，内服，1 次/d，连用 2～4 周。

硒缺乏症

硒缺乏症是由于硒缺乏所致的一种营养代谢障碍综合征。临床特征为白肌病、桑葚心、营养性肝病等。该病具有明显的地域性和群体选择性特点，主要发生于幼龄猪。

【治疗原则】 消除病因，补硒。

【用药方案】 补硒（亚硒酸钠）。

【药物选择】 首选药：亚硒酸钠维生素 E；备选药：亚硒酸钠。

［处方 1］ 亚硒酸钠维生素 E 注射液，仔猪 1～2mL，肌内注射，间隔 15d 再用药 1 次。

［处方 2］ 0.2%亚硒酸钠注射液，母猪 5～10mL，仔猪0.5～1mL，肌内注射，间隔 15d 再用药 1 次；维生素 E 注射液，2～10mL，肌内注射，2 次/d，连用 3～5d。

［处方 3］ 亚硒酸钠维生素 E 预混剂 0.5～1kg/t 混饲，连用 7～10d。

锌缺乏症

锌缺乏症又称角化不全症，是由于日粮中锌绝对或相对缺乏而引起的一种营养代谢病，临床以食欲不振、生长迟缓、脱毛、皮肤痂皮增生、皲裂为特征。

【治疗原则】 消除病因，补锌。

【用药方案】 补锌（硫酸锌）。

【药物选择】 首选药：硫酸锌；备选药：碳酸锌。

［处方 1］ 硫酸锌或碳酸锌 0.2～0.5g，内服，或 100～200g/t 混饲，连用7～10d。

［处方 2］ 皮肤皲裂严重时局部涂抹氧化锌软膏，皮肤破溃化脓时涂抹 1%龙胆紫溶液。

［处方 3］ 葡萄糖酸锌 10mL，内服，2 次/d，连用 3～5d。

［处方 4］ 预防，0.1％碳酸锌混饲。

锰缺乏症

锰缺乏症是由于饲料中锰含量绝对或相对不足引起的一种营养代谢病，临诊特征为骨骼畸形、繁殖机能障碍及新生仔猪运动失调。

【治疗原则】 消除病因，补锰。

【用药方案】 补锰（硫酸锰）。

【药物选择】 首选药：硫酸锰；备选药：高锰酸钾。

［处方 1］ 硫酸锰 120～240mg/kg，混饲，连用 15d。

［处方 2］ 1∶3000 高锰酸钾溶液混饮，连用 1～2 周。

异食癖

异食癖是猪常见的消化系统紊乱及代谢异常病症，临床以食欲反常、咀嚼异物为特征。据统计，秋季异食癖发病率较高，尤其是体重 20～80kg 的猪发病率最高。

【治疗原则】 消除病因，针对治疗。

【用药方案】 补充维生素、微量元素＋调整营养水平＋提高饲养管理水平＋对症治疗。

［处方 1］ 提高饲养管理水平，保持适宜的温度、湿度、光照及饲养密度，供给全价营养日粮，额外添加维生素和微量元素添加剂，及时驱虫处理。

［处方 2］ 对带头攻击的猪和受伤的猪单独饲养；对攻击性极强的猪，2.5％氯丙嗪每千克体重 0.1～0.15mL，肌内注射；圈内放置旧轮胎等，以分散注意力。

［处方 3］ 受伤部位，5％碘酊、紫药水等涂抹，撒布消炎粉。

［处方 4］ 患慢性胃肠疾病的猪，治疗主要以抑菌消炎、清除肠内有害物质为原则，并结合补液、强心措施，并辅以抗生素治疗。

黄脂病

猪体内脂肪组织为蜡样质的黄色颗粒所沉着，因而呈现黄色，称作“黄膘”。

【治疗原则】 消除病因，针对治疗。

【用药方案】 补充维生素 E＋减少鱼粉、糠麸、不饱和脂肪酸（油脂）等用量。

【药物选择】 首选药：维生素 E；备选药：维生素 B_{12}。

［处方 1］ 维生素 E 0.5～0.7g/（头・d），内服，连用 10～15d。

［处方 2］ 维生素 E 注射液 2～10mL、维生素 B_{12} 注射液 0.3～0.4mg，肌内注射，1 次/d，连用 3～5d。

［处方 3］ 淘汰有黄脂病遗传性的母猪和种公猪；控制磺胺类药物使用；不使用霉变饲料等。

应激综合征

应激是机体受到各种不良因素的刺激所产生的一种全身性应答反应，是一种非特异性反应。最常发生于封闭式饲养、运输或肉联厂饲养待宰的猪，肌肉发育良好、体型较矮的猪多发。

［处方 1］ 早期病猪单独饲养，症状不重者多可自愈。

［处方 2］ 症状较重者，氯丙嗪每千克体重 1～2mg，肌内注射；5%碳酸氢钠溶液 50～150mL，静脉注射；肌肉僵硬，25%硫酸镁 10～30mL，肌内注射；防止变态反应性炎症和过敏性休克，氢化可的松 5～15mL，静脉注射。

僵猪

僵猪是由于先天发育不足或后天营养不良所引起的一种疾病，俗称“小赖猪”“小老头猪”。临床以饮食正常，但生长发育迟缓甚至停滞为特征。该病一年四季均可发生，但以冬季和早春多发；不同品种的猪均可发生，多发生于 10～30kg 体重的猪。

【治疗原则】 消除病因，针对治疗。

【用药方案】 健胃、驱虫、促消化（中药）+改善营养。

【药物选择】 首选药：中药；备选药：能量合剂（ATP、肌苷、辅酶 A）。

［处方 1］ 驱虫，阿苯达唑伊维菌素每 10kg 体重 0.7～1g 或左旋咪唑每千克体重 10mg，1 次内服；大黄碳酸氢钠 5～10g 健胃，连用 3～5d。

［处方 2］ 调整营养，供给富含蛋白质、矿物质、维生素和微量元素的日粮，饲料中添加中药，如肥猪散、多味健胃散、肥猪菜等，50～80g/头，连用 2～3 周。

［处方 3］ 山楂 25g、陈皮 25g、厚朴 25g、香附 25g、甘草 30g、麦芽 30g、大黄 30g、黄芪 30g、肉桂 30g、党参 30g、茯苓 30g、白术 30g、山药 30g（50kg 体重猪只用量），水煎灌服，药渣混饲，1 剂/d，分 2 次服，连用 3 剂。

［处方 4］ 牡蛎粉、山楂、麦芽各 250g，芒硝、何首乌、食盐各 100g，莱菔子 120g，使君子、鹤虱、雷丸各 40g，粉碎混饲，10～15g/头，2 次/d，连用 5～10d。

［处方 5］ 人工盐 70%、焦三仙 20%（炒山楂 30%、炒麦芽 40%、炒神曲 30%）、鱼粉 10%。健胃用量为 5～10g/(头·次)，泻下用量为 30～50g/(头·次)，1 次口服，2 次/d，连用 3～5d。

［处方 6］ 维生素 B_{12} 1mL、肌苷 2mL、ATP 2mL、辅酶 A 500IU，混合肌内注射，隔日 1 次，连用 3 次。

第九节　中毒病

霉菌毒素中毒

霉菌毒素能抑制消化酶的活性，干扰机体对营养物质的吸收，降低饲料转化率，使猪场生产成本升高，还能导致免疫抑制，引起猪群免疫失败。

【治疗原则】 消除病因，针对治疗。

【用药方案】 保肝护肾、排毒补液、维持电解质平衡（葡萄糖、中药)＋更换新饲料。

【药物选择】 首选药：葡萄糖、维生素C；备选药：中药、脱霉剂。

［处方1］ 立即停喂发霉饲料，葡萄糖5%、维生素C 150～200g/t、甘草颗粒0.3%混饲，连用5～7d。

［处方2］ 饲料中添加霉菌毒素吸附剂，黄芪多糖粉0.02%或扶正解毒散8～10kg/t、10%阿莫西林1kg/t混饲，连用5～7d。

［处方3］ 急性中毒，人工盐60～100g，内服，排出胃肠道内的毒素；保肝，10%葡萄糖100～500mL、10%维生素C 5～10mL，静脉注射；强心排毒、增强抗病力，促进毒素排出，10%安钠咖10～20mL，皮下注射；添加青绿饲料，提高饲料中维生素、硒、叶酸的添加量。

［处方4］ 玉米赤霉烯醇中毒引起的母猪不发情，1次注射氯前列醇钠0.2mg，或每天注射0.1mg，连用2d；麦角毒素中毒引起的无乳症，可多次少量外阴部皮下注射缩宫素，每次10IU，每4～6h注射1次，连用2d。

食盐中毒

食盐中毒主要是由于采食过量含食盐的饲料，尤其是在饮水不足的情况下而发生的中毒性疾病。临床以神经症状（兴奋不安、无目的徘徊、转圈、横冲直撞、碰墙、肌肉痉挛、磨牙和吐白沫后退）和消化功能紊乱（饮水增加）为特征。

【治疗原则】 消除病因，排钠利尿，恢复阳离子平衡，对症治疗。

【用药方案】 排钠利尿（葡萄糖)＋缓解脑水肿（甘露醇等)＋降低兴奋性（氯丙嗪等)。

［处方1］ 初期，1%硫酸铜溶液50～100mL口服催吐，5%葡萄糖500～1000mL、10%维生素C 5～10mL静脉注射，必要时8～12h后再注射1次，小猪可酌情减量。或200～500mL豆浆加50～100g白糖灌服。

［处方 2］ 严重病例，耳部或尾尖大量放血 100～200mL。降低兴奋性，氯丙嗪每千克体重 1～3mg 或 25%硫酸镁 20～40mL 肌内注射，以缓解狂躁兴奋。脑水肿，20%甘露醇 100～250mL、50%葡萄糖 20～50mL、5%葡萄糖 500～1000mL、10%樟脑磺酸钠 5～10mL、10%维生素 C 5～10mL，静脉注射，12h 后再注射 1 次，小猪酌情减量；或速尿 2～4mL，肌内注射，1 次/d，连用 3d。

［处方 3］ 绿豆 30g、车前草 30g、茶叶 15g、葛根 30g、鲜芦根 30g、甘草 30g、生石膏 30g、大黄 30g、竹叶 30g、当归 30g（100kg 体重猪用量，小猪用 1/3 量），水煎灌服，1 剂/d，分 2 次服用，连用 3～5d。

药物中毒

药物中毒是由用药量大或重复用药、用药时间长、拌料不均匀等引起的。

【治疗原则】 消除病因，保肝护肾。

【用药方案】 保肝护肾（葡萄糖、中药）。

【药物选择】 首选药：葡萄糖、维生素 C、碳酸氢钠；备选药：中药。

［处方 1］ 磺胺类药物中毒。立即停止使用磺胺类药物，0.2%～0.5%碳酸氢钠混饲，5%葡萄糖混饮，连用 5～7d；严重病例，5%葡萄糖 250～500mL，静脉注射，连用 3～5d。

［处方 2］ 替米考星中毒。立即停止用药，3%～5%葡萄糖、维生素 C 0.05%～0.1%、黄芪多糖口服液（规格 100mL:150g）每千克体重 0.1～0.3mL，混饮，连用 5d；严重病例，肌苷 2～4mL、10%维生素 C 5～10mL、速尿每千克体重 0.05～0.1mL，肌内注射，2 次/d，连用 2d。瘙痒严重，2%苯海拉明 2～3mL，肌内注射。

［处方 3］ 恩诺沙星中毒。3%～5%葡萄糖、维生素 C 0.05%～0.1%、黄芪多糖口服液每千克体重 0.1～0.3mL，混饮，连用 5d；

0.3%～0.5%碳酸氢钠混饲，连用7d。

［处方4］ 阿苯达唑中毒。地塞米松10mg、5%维生素C 10mL，肌内注射，2次/d，连用3d；10%葡萄糖150mL，静脉注射，1次/d，连用3d；3%～5%葡萄糖、维生素C 0.05%～0.1%、黄芪多糖口服液每千克体重0.1～0.3mL，混饮，连用5d。

亚硝酸盐中毒

亚硝酸盐中毒是由于其摄入过多含有丰富亚硝酸盐、硝酸盐的饲料或者饮水而引起的一种中毒性疾病，主要特征是呼吸困难、黏膜发绀。猪对亚硝酸盐敏感性较高，一般成年猪摄入6g就会发生中毒死亡。

【治疗原则】 消除病因，兴奋呼吸中枢，对症治疗。

【用药方案】 特效解毒（亚甲蓝、甲苯胺蓝）+缓解呼吸困难（尼可刹米）+强心（安钠咖）。

【药物选择】 首选药：亚甲蓝；备用药：甲苯胺蓝。

［处方1］ 1%亚甲蓝（美蓝）注射液每千克体重0.2～0.3mL或甲苯胺蓝每千克体重5mg、10%葡萄糖300～500mL、10%维生素C 5～10mL，静脉注射，1次/d，连用2～3d；呼吸困难，25%尼可刹米2～4mL，肌内注射；心脏衰弱，10%安钠咖5～10mL，肌内注射。

［处方2］ 尾尖或血印穴（猪耳背的3条静脉血管，任选1条）放血100～200mL。灌服十滴水，体重50kg以上15mL，50kg以下10mL；10%维生素C每千克体重0.1～0.2mL、10%～25%葡萄糖300～500mL，静脉注射。

附录Ⅰ　猪的生理参数

附表1　猪的生理参数

日龄	体温(范围为±0.3℃)/℃	呼吸数/(次/min)	心率/(次/min)
生后1h	36.8		
生后12h	38.0		
生后24h	38.6	50～60	200～250
哺乳仔猪	39.2		
保育仔猪(断奶仔猪)	39.3	25～40	90～100
后备猪	39.0	30～40	80～90
育肥猪(50～90kg)	38.8	25～35	75～85
妊娠母猪	38.7	13～18	70～80
母猪产前6h	39.0	95～105	
产出第1头仔猪	39.4	35～45	
产后12h	39.7	20～30	
产后24h	40.0	15～22	
产后1周至断奶	39.3		
断奶后	38.6		
种公猪	38.4	13～18	70～80

附录Ⅱ　中华人民共和国农业农村部公告禁用兽药

1. 中华人民共和国农业农村部关于食品动物禁止使用的药物及其他化合物清单（农业农村部公告　第250号）

附表2　食品动物禁止使用的药品及其他化合物清单

序号	药物及其他化合物名称	禁用动物种类	可食组织及产品
1	酒石酸锑钾（antimony potassium tartrate）	所有食品动物	所有可食组织及奶、蛋、蜂蜜等
2	β-兴奋剂类及其盐、酯	所有食品动物	所有可食组织及奶、蛋、蜂蜜等
3	汞制剂：氯化亚汞（甘汞）（calomel）、醋酸汞（mercurous acetate）、硝酸亚汞（mercurous nitrate）、吡啶基醋酸汞（pyridyl mercurous acetate）	所有食品动物	所有可食组织及奶、蛋、蜂蜜等
4	毒杀芬（氯化烯）（camahechlor）	所有食品动物	所有可食组织及奶、蛋、蜂蜜等
5	卡巴氧（carbadox）及其盐、酯	所有食品动物	所有可食组织及奶、蛋、蜂蜜等
6	呋喃丹（克百威）（carbofuran）	所有食品动物	所有可食组织及奶、蛋、蜂蜜等
7	氯霉素（chloramphenicol）及其盐、酯	所有食品动物	所有可食组织及奶、蛋、蜂蜜等
8	杀虫脒（克死螨）（chlordimeform）	所有食品动物	所有可食组织及奶、蛋、蜂蜜等

续表

序号	药物及其他化合物名称	禁用动物种类	可食组织及产品
9	氨苯砜(dapsone)	所有食品动物	所有可食组织及奶、蛋、蜂蜜等
10	硝基呋喃类:呋喃西林(furacilinum)、呋喃妥因(furadantin)、呋喃它酮(furaltadone)、呋喃唑酮(furazolidone)、呋喃苯烯酸钠(nifurstyrenate sodium)	所有食品动物	所有可食组织及奶、蛋、蜂蜜等
11	林丹(lindane)	所有食品动物	所有可食组织及奶、蛋、蜂蜜等
12	孔雀石绿(malachite green)	所有食品动物	所有可食组织及奶、蛋、蜂蜜等
13	类固醇激素:醋酸美仑孕酮(melengestrol acetate)、甲基睾丸酮(methyltestosterone)、群勃龙(去甲雄三烯醇酮)(trenbolone)	所有食品动物	所有可食组织及奶、蛋、蜂蜜等
14	安眠酮(methaqualone)	所有食品动物	所有可食组织及奶、蛋、蜂蜜等
15	硝呋烯腙(nitrovin)	所有食品动物	所有可食组织及奶、蛋、蜂蜜等
16	五氯酚酸钠(pentachlorophenol sodium)	所有食品动物	所有可食组织及奶、蛋、蜂蜜等
17	硝基咪唑类:洛硝达唑(ronidazole)、替硝唑(tinidazole)	所有食品动物	所有可食组织及奶、蛋、蜂蜜等
18	硝基酚钠(sodium nitrophenolate)	所有食品动物	所有可食组织及奶、蛋、蜂蜜等
19	己二烯雌酚(dienoestrol)、己烯雌酚(diethylstilbestrol)、己烷雌酚(hexoestrol)及其盐、酯	所有食品动物	所有可食组织及奶、蛋、蜂蜜等
20	锥虫砷胺(tryparsamile)	所有食品动物	所有可食组织及奶、蛋、蜂蜜等
21	万古霉素(vancomycin)及其盐、酯	所有食品动物	所有可食组织及奶、蛋、蜂蜜等

2. 禁止在饲料和动物饮用水中使用的药物品种目录（中华人民共和国农业部公告　第176号）

（1）肾上腺素受体激动剂：盐酸克伦特罗、沙丁胺醇、硫酸沙丁胺醇、莱克多巴胺、盐酸多巴胺、西马特罗、硫酸特布他林。

（2）性激素：己烯雌酚、雌二醇、戊酸雌二醇、苯甲酸雌二醇、氯烯雌醚、炔诺醇、炔诺醚、醋酸氯地孕酮、左炔诺孕酮、炔诺酮、绒毛膜促性腺激素（绒促性素）、促卵泡生长激素（尿促性素主要含卵泡刺激FSHT和黄体生成素LH）。

（3）蛋白同化激素：碘化酪蛋白、苯丙酸诺龙及苯丙酸诺龙注射液。

（4）精神药品：（盐酸）氯丙嗪、盐酸异丙嗪、安定（地西泮）、苯巴比妥、苯巴比妥钠、巴比妥、异戊巴比妥、异戊巴比妥钠、利血平、艾司唑仑、甲丙氨脂、咪达唑仑、硝西泮、奥沙西泮、匹莫林、三唑仑、唑吡旦、其他国家管制的精神药品。

（5）各种抗生素滤渣：该类物质是抗生素类产品生产过程中产生的工业三废，因含有微量抗生素成分，在饲料和饲养过程中使用后对动物有一定的促生长作用。但对养殖业的危害很大，一是容易引起耐药性，二是由于未做安全性试验，存在各种安全隐患。

3. 禁止在饲料和动物饮水中使用的物质（中华人民共和国农业部公告　第1519号）

包括：苯乙醇胺A、班布特罗、盐酸齐帕特罗、盐酸氯丙那林、马布特罗、西布特罗、溴布特罗、酒石酸阿福特罗、富马酸福莫特罗、盐酸可乐定、盐酸赛庚啶。

4. 中华人民共和国农业部公告　第2292号

为保障动物产品质量安全和公共卫生安全，我部组织开展了部分兽药的安全性评价工作。经评价，认为洛美沙星、培氟沙星、氧氟沙星、诺氟沙星4种原料药的各种盐、酯及其各种制剂可能对养殖业、人体健康造成危害或者存在潜在风险。根据《兽药管理条例》第六十九条规定，我部决定在食品动物中停止使用洛美沙星、培氟沙星、氧氟沙星、诺氟沙星4种兽药，撤销相关兽药产品批准文号。现将有关事项公告如下。

一、自本公告发布之日起，除用于非食品动物的产品外，停止受理洛美沙星、培氟沙星、氧氟沙星、诺氟沙星 4 种原料药的各种盐、酯及其各种制剂的兽药产品批准文号的申请。

二、自 2015 年 12 月 31 日起，停止生产用于食品动物的洛美沙星、培氟沙星、氧氟沙星、诺氟沙星 4 种原料药的各种盐、酯及其各种制剂，涉及的相关企业的兽药产品批准文号同时撤销。2015 年 12 月 31 日前生产的产品，可以在 2016 年 12 月 31 日前流通使用。

三、自 2016 年 12 月 31 日起，停止经营、使用用于食品动物的洛美沙星、培氟沙星、氧氟沙星、诺氟沙星 4 种原料药的各种盐、酯及其各种制剂。

农业部

2015 年 9 月 1 日

5. 中华人民共和国农业部公告　第 2638 号

为保障动物产品质量安全，维护公共卫生安全和生态安全，我部组织对喹乙醇预混剂、氨苯胂酸预混剂、洛克沙胂预混剂 3 种兽药产品开展了风险评估和安全再评价。评价认为喹乙醇、氨苯胂酸、洛克沙胂等 3 种兽药的原料药及各种制剂可能对动物产品质量安全、公共卫生安全和生态安全存在风险隐患。根据《兽药管理条例》第六十九条规定，我部决定停止在食品动物中使用喹乙醇、氨苯胂酸、洛克沙胂等 3 种兽药。现将有关事项公告如下。

一、自本公告发布之日起，我部停止受理喹乙醇、氨苯胂酸、洛克沙胂等 3 种兽药的原料药及各种制剂兽药产品批准文号的申请。

二、自 2018 年 5 月 1 日起，停止生产喹乙醇、氨苯胂酸、洛克沙胂等 3 种兽药的原料药及各种制剂，相关企业的兽药产品批准文号同时注销。2018 年 4 月 30 日前生产的产品，可在 2019 年 4 月 30 日前流通使用。

三、自 2019 年 5 月 1 日起，停止经营、使用喹乙醇、氨苯胂酸、洛克沙胂等 3 种兽药的原料药及各种制剂。

农业部

2018 年 1 月 11 日

附录Ⅲ　兽药地方标准废止目录
中华人民共和国农业部公告

第 560 号

为加强兽药标准管理，保证兽药安全有效、质量可控和动物性食品安全，根据《兽药管理条例》和农业部第 426 号公告规定，现公布首批《兽药地方标准废止目录》（见附表 3，以下简称《废止目录》），并就有关事项公告如下：

一、经兽药评审后确认，以下兽药地方标准不符合安全有效审批原则，予以废止。一是沙丁胺醇、呋喃西林、呋喃妥因和替硝唑，属于我部明文（农业部 193 号公告）禁用品种；卡巴氧因安全性问题、万古霉素因耐药性问题会影响我国动物性食品安全、公共卫生以及动物性食品出口。二是金刚烷胺类等人用抗病毒药移至兽用，缺乏科学规范、安全有效实验数据，用于动物病毒性疫病不但给动物疫病控制带来不良后果，而且影响国家动物疫病防控政策的实施。三是头孢哌酮等人医临床控制使用的最新抗菌药物用于食品动物，会产生耐药性问题，影响动物疫病控制、食品安全和人类健康。四是代森铵等农用杀虫剂、抗菌药用作兽药，缺乏安全有效数据，对动物和动物性食品安全构成威胁。五是人用抗疟药和解热镇痛、胃肠道药品用于食品动物，缺乏残留检测试验数据，会增加动物性食品中药物残留危害。六是组方不合理、疗效不确切的复方制剂，增加了用药风险和不安全因素。

二、本公告发布之日，凡含有《废止目录》序号 1～4 药物成分的所有兽用原料药及其制剂地方质量标准，属于《废止目录》序号 5 的复方制剂地方质量标准均予同时废止。

三、列入《废止目录》序号1的兽药品种为农业部193号公告的补充，自本公告发布之日起，停止生产、经营和使用，违者按照《兽药管理条例》实施处罚，并依法追究有关责任人的责任。企业所在地兽医行政管理部门应自本公告发布之日起15个工作日内完成该类产品批准文号的注销、库存产品的清查和销毁工作，并于12月底将上述情况及数据上报我部。

四、对列入《废止目录》序号2～5的产品，企业所在地兽医行政管理部门应自本公告发布之日起30个工作日内完成产品批准文号注销工作，并对生产企业库存产品进行核查、统计，于12月底前将产品批准文号注销情况（包括企业名称、批准文号、产品名称及商品名）及产品库存详细情况上报我部，我部将于年底前汇总公布。

五、列入《废止目录》序号2～5的产品自注销文号之日起停止生产，自本公告发布之日起6个月后，不得再经营和使用，违者按生产、经营和使用假劣兽药处理。对伪造、变更生产日期继续从事生产的，依法严厉处罚，并吊销其所有产品批准文号。

六、阿散酸、洛克沙胂等产品属农业部严格限制定点生产的产品，自本公告发布之日起，地方审批的洛克沙胂及其预混剂，氨苯胂酸及其预混剂不得生产、经营和使用。企业所在地兽医行政管理部门应在12月底前完成该类产品批准文号注销工作，并将有关情况上报我部。

七、为满足动物疫病防控用药需要并保障用药安全，促进新兽药研发工作，在保证兽药安全有效、维护人体健康和生态环境安全的前提下，各相关单位可在规定时期内对《废止目录》中的部分品种履行兽药注册申报手续。其中，列入《废止目录》序号3的品种5年后可受理注册申报，列入序号2、4、5的品种自本公告发布之日起可受理注册申报。

二〇〇五年十月二十八日

附表3　兽药地方标准废止目录

（中华人民共和国农业部公告　第560号）

序号	类别	名称/组方
1	禁用兽药	见农业农村部公告　第250号
2	抗病毒药物	金刚烷胺、金刚乙胺、阿昔洛韦、吗啉（双）胍（病毒灵）、利巴韦林等及其盐、酯及单、复方制剂
3	抗生素、合成抗菌药及农药	抗生素、合成抗菌药：头孢哌酮、头孢噻肟、头孢曲松（头孢三嗪）、头孢噻吩、头孢拉啶、头孢唑啉、头孢噻啶、罗红霉素、克拉霉素、阿奇霉素、磷霉素、硫酸奈替米星、氟罗沙星、司帕沙星、甲替沙星、克林霉素（氯林可霉素、氯洁霉素）、妥布霉素、胍哌甲基四环素、盐酸甲烯土霉素（美他环素）、两性霉素、利福霉素等及其盐、酯及单、复方制剂 农药：井冈霉素、浏阳霉素、赤霉素及其盐、酯及单、复方制剂
4	解热镇痛类等其他药物	双嘧达莫（预防血栓栓塞性疾病）、聚肌胞、氟胞嘧啶、代森铵（农用杀虫菌剂）、磷酸伯氨喹、磷酸氯喹（抗疟药）、异噻唑啉酮（防腐杀菌）、盐酸地酚诺酯（解热镇痛）、盐酸溴己新（祛痰）、西咪替丁（抑制人胃酸分泌）、盐酸甲氧氯普胺、甲氧氯普胺（盐酸胃复安）、比沙可啶（泻药）、二羟丙茶碱（平喘药）、白细胞介素-2、别嘌醇、多抗甲素（α-甘露聚糖肽）等及其盐、酯及制剂
5	复方制剂	①注射用的抗生素与安乃近、喹诺酮类等化学合成药物的复方制剂； ②镇静类药物与解热镇痛药等治疗药物组成的复方制剂

附录Ⅳ　常用兽药配伍禁忌

附表 4　常用兽药配伍禁忌

分类	药物	配伍药物	配伍结果
青霉素类	青霉素钠、钾盐；氨苄西林类；阿莫西林类	喹诺酮类、氨基糖苷类（庆大霉素除外）、多黏菌素类	效果增强
		四环素类、头孢菌素类、大环内酯类、酰胺醇类、庆大霉素、利巴韦林	拮抗或疗效相抵或产生副作用，应分别使用、间隔给药
		维生素 C、B 族维生素、罗红霉素、磺胺类、氨茶碱、高锰酸钾、盐酸氯丙嗪、过氧化氢	沉淀、分解、失效
头孢菌素类	"头孢"系列	氨基糖苷类、喹诺酮类	疗效、毒性增强
		青霉素类、林可胺类、四环素类、磺胺类	拮抗或疗效相抵或产生副作用，应分别使用、间隔给药
		维生素 C、B 族维生素、磺胺类、罗红霉素、氨茶碱、氟苯尼考、甲砜霉素、强力霉素	沉淀、分解、失效
氨基糖苷类	卡那霉素、阿米卡星、妥布霉素、庆大霉素、大观霉素、新霉素、链霉素等	抗生素类	尽量避免与其他抗生素类药物联合应用，会增加毒性或降低疗效
	大观霉素	青霉素类、头孢菌素类、林可胺类、TMP	疗效增强
	卡那霉素、庆大霉素	碱性药物（如碳酸氢钠、氨茶碱等）	疗效增强，毒性增强
		维生素 C、B 族维生素	疗效减弱
		氨基糖苷同类药物、头孢菌素类	毒性增强
		酰胺醇类、四环素	呈拮抗作用，疗效抵消
		其他抗菌药物	不可同时使用

续表

分类	药物	配伍药物	配伍结果
大环内酯类	红霉素、罗红霉素、硫氰酸红霉素、替米考星、吉他霉素（北里霉素）、泰乐菌素、乙酰螺旋霉素、阿奇霉素	林可胺类、麦迪霉素、螺旋霉素、阿司匹林	疗效降低
		青霉素类、无机盐类、四环素类	沉淀，降低疗效
		碱性物质	增强稳定性，增强疗效
		酸性物质	不稳定，易分解失效
四环素类	土霉素、四环素、金霉素、强力霉素、米诺环素	甲氧苄啶、三黄粉	稳效
		含钙、镁、铝、铁的中药（如石类、贝壳类、骨类、矾类、脂类等），含碱类、鞣质的中药，含消化酶的中药（如神曲、麦芽、豆豉等）	不宜同用，如确需联用应至少间隔 2h
		其他药物	四环素类药物不宜与绝大多数其他药物混合使用
酰胺醇类	甲砜霉素、氟苯尼考	喹诺酮类、磺胺类	毒性增强
		青霉素类、大环内酯类、四环素类、多黏菌素类、氨基糖苷类、氯丙嗪、林可胺类、头孢菌素类、B 族维生素、铁制剂、利福平	呈拮抗作用，疗效抵消
		碱性药物（如碳酸氢钠、氨茶碱等）	分解、失效
喹诺酮类	“沙星”系列	青霉素类、链霉素、新霉素、庆大霉素	疗效增强
		林可胺类、氨茶碱、金属离子（如钙、镁、铝、铁等）	沉淀、失效
		四环素类、酰胺醇类、罗红霉素、利福平	疗效降低
		头孢菌素类	毒性增强
磺胺类	磺胺嘧啶、磺胺二甲嘧啶、磺胺甲噁唑、磺胺对甲氧嘧啶、磺胺间甲氧嘧啶	青霉素类	沉淀、分解、失效
		头孢菌素类	疗效降低
		酰胺醇类、罗红霉素	毒性增强
		TMP、新霉素、庆大霉素、卡那霉素	疗效增强

续表

分类	药物	配伍药物	配伍结果
磺胺类	磺胺嘧啶	阿米卡星、头孢菌素类、氨基糖苷类、利卡多因、林可霉素、普鲁卡因、四环素类、青霉素类、红霉素	疗效降低或抵消或产生沉淀
抗菌增效剂	二甲氧苄啶、甲氧苄啶、三甲氧苄啶	参照磺胺类药物	参照磺胺类药物
		磺胺类、四环素类、红霉素、庆大霉素、多黏菌素	疗效增强
		青霉素类	沉淀、分解、失效
		其他抗菌药物	增效或呈协同作用
林可胺类	盐酸林可霉素、克林霉素	氨基糖苷类	呈协同作用
		大环内酯类、氟苯尼考	疗效降低
		喹诺酮类	沉淀、失效
多肽类	硫酸黏菌素	磺胺类、甲氧苄啶、利福平	疗效增强
	杆菌肽锌	青霉素类、链霉素、新霉素、金霉素、多黏菌素	呈协同作用，疗效增强
		吉他霉素、恩拉霉素	呈拮抗作用，疗效抵消，禁止并用
	恩拉霉素	四环素、吉他霉素、杆菌肽锌	
抗寄生虫药	苯并咪唑类	长期使用	易产生耐药性
		同类药物	易产生耐药性并增加毒性，应避免同时使用
	其他抗寄生虫药	长期使用	此类药物一般毒性较强，应避免长期使用
		同类药物	毒性增强，间隔用药，确需同用应减低用量
		其他药物	易增加毒性或产生拮抗，应尽量避免合用
助消化与健胃药	乳酶生	酊剂、抗菌剂、鞣酸蛋白、铋制剂	疗效减弱
	胃蛋白酶	中药	能降低胃蛋白酶的疗效，应避免合用
		强酸、碱性物质、重金属盐、鞣酸溶液	沉淀或灭活、失效

续表

分类	药物	配伍药物	配伍结果
助消化与健胃药	干酵母	磺胺类	拮抗，疗效降低
	稀盐酸、稀醋酸	碱类、盐类、有机酸及洋地黄	沉淀、失效
	人工盐	酸类	中和，疗效减弱
	胰酶	强酸、碱性物质、重金属盐溶液	沉淀或灭活、失效
	碳酸氢钠	镁盐、钙盐、鞣酸类、生物碱类等	疗效降低或分解或沉淀或失效
		酸性溶液	中和失效
平喘药	茶碱类（氨茶碱）	其他茶碱类、林可胺类、四环素类、喹诺酮类、氯丙嗪、大环内酯类、酰胺醇类、利福平	毒副作用增强或失效
		酸性药物与碱性药物	酸性药物可增加氨茶碱排泄，碱性药物可减少氨茶碱排泄
维生素类	所有维生素	长期使用、大剂量使用	易导致中毒甚至致死
	B族维生素	碱性溶液	沉淀、破坏、失效
		氧化剂、还原剂	分解、失效
		青霉素类、头孢菌素类、四环素类、多黏菌素类、氨基糖苷类、林可胺类、酰胺醇类	灭活、失效
	维生素C	碱性溶液、氧化剂	氧化、破坏、失效
		青霉素类、头孢菌素类、四环素类、多黏菌素类、氨基糖苷类、林可胺类、酰胺醇类	灭活、失效
消毒防腐类	漂白粉	酸类	分解、失效
	酒精	氯化剂、无机盐等	氧化、失效
	硼酸	碱性物质、鞣酸	疗效降低
	碘类制剂	氨水、季铵盐类	生成爆炸性的碘化氮
		重金属盐	沉淀、失效
		生物碱类	析出生物碱沉淀
		淀粉类	溶液变蓝
		龙胆紫	疗效减弱
		挥发油	分解、失效

续表

<table>
<tr><th>分类</th><th>药物</th><th>配伍药物</th><th>配伍结果</th></tr>
<tr><td rowspan="8">消毒防腐类</td><td rowspan="2">高锰酸钾</td><td>氨及其制剂</td><td>沉淀</td></tr>
<tr><td>甘油、酒精</td><td>失效</td></tr>
<tr><td>过氧化氢(双氧水)</td><td>碘制剂、高锰酸钾、碱类、药用炭</td><td>分解、失效</td></tr>
<tr><td>过氧乙酸</td><td>碱类(如氢氧化钠、氨溶液等)</td><td>中和失效</td></tr>
<tr><td>碱类(生石灰、氢氧化钠等)</td><td>酸性溶液</td><td>中和失效</td></tr>
<tr><td rowspan="2">氨溶液</td><td>酸性溶液</td><td>中和失效</td></tr>
<tr><td>碘类溶液</td><td>生成爆炸性的碘化氮</td></tr>
</table>

附录Ⅴ　兽用处方药品种目录

兽用处方药品种目录（第一批，中华人民共和国农业部公告　第1997号；第二批，中华人民共和国农业部公告　第2471号）

一、抗微生物药

（一）抗生素类

（1）β-内酰胺类：注射用青霉素钠、注射用青霉素钾、氨苄西林混悬注射液、氨苄西林可溶性粉、注射用氨苄西林钠、注射用氯唑西林钠、阿莫西林注射液、注射用阿莫西林钠、阿莫西林片、阿莫西林可溶性粉、阿莫西林克拉维酸钾注射液、阿莫西林硫酸黏菌素注射液、注射用苯唑西林钠、注射用普鲁卡因青霉素、普鲁卡因青霉素注射液、注射用苄星青霉素、复方阿莫西林粉、复方氨苄西林粉、氨苄西林钠可溶性粉。

（2）头孢菌素类：注射用头孢噻呋、盐酸头孢噻呋注射液、注射用头孢噻呋钠、头孢氨苄注射液、硫酸头孢喹肟注射液、注射用硫酸头孢喹肟。

（3）氨基糖苷类：注射用硫酸链霉素、注射用硫酸双氢链霉素、硫酸双氢链霉素注射液、硫酸卡那霉素注射液、注射用硫酸卡那霉素、硫酸庆大霉素注射液、硫酸安普霉素注射液、硫酸安普霉素可溶性粉、硫酸安普霉素预混剂、硫酸新霉素溶液、硫酸新霉素粉（水产用）、硫酸新霉素预混剂、硫酸新霉素可溶性粉、盐酸大观霉素可溶性粉、盐酸大观霉素盐酸林可霉素可溶性粉、硫酸黏菌素预混剂、硫酸黏菌素预混剂（发酵）、硫酸黏菌素可溶性粉、硫酸庆大-小诺霉素注射液。

（4）四环素类：土霉素注射液、长效土霉素注射液、盐酸土霉素注射液、注射用盐酸土霉素、长效盐酸土霉素注射液、四环素片、注射用盐酸四环素、盐酸多西环素粉（水产用）、盐酸多西环素可溶性粉、盐酸多西环素片、盐酸多西环素注射液。

（5）大环内酯类：红霉素片、注射用乳糖酸红霉素、硫氰酸红霉素可溶性粉、泰乐菌素注射液、注射用酒石酸泰乐菌素、酒石酸泰乐菌素可溶性粉、酒石酸泰乐菌素磺胺二甲嘧啶可溶性粉、磷酸泰乐菌素磺胺二甲嘧啶预混剂、替米考星注射液、替米考星可溶性粉、替米考星预混剂、替米考星溶液、磷酸替米考星预混剂、酒石酸吉他霉素可溶性粉。

（6）酰胺醇类：氟苯尼考粉、氟苯尼考粉（水产用）、氟苯尼考注射液、氟苯尼考可溶性粉、氟苯尼考预混剂、氟苯尼考预混剂（50%）、甲砜霉素注射液、甲砜霉素粉、甲砜霉素粉（水产用）、甲砜霉素可溶性粉、甲砜霉素片、甲砜霉素颗粒。

（7）林可胺类：盐酸林可霉素注射液、盐酸林可霉素片、盐酸林可霉素可溶性粉、盐酸林可霉素预混剂、盐酸林可霉素硫酸大观霉素预混剂。

（8）其他：延胡索酸泰妙菌素可溶性粉。

（二）合成抗菌药

（1）磺胺类药：复方磺胺嘧啶预混剂、复方磺胺嘧啶粉（水产用）、磺胺对甲氧嘧啶二甲氧苄啶预混剂、复方磺胺对甲氧嘧啶粉、磺胺间甲氧嘧啶粉、磺胺间甲氧嘧啶预混剂、复方磺胺间甲氧嘧啶可溶性粉、复方磺胺间甲氧嘧啶预混剂、磺胺间甲氧嘧啶钠粉（水产用）、磺胺间甲氧嘧啶钠可溶性粉、复方磺胺间甲氧嘧啶钠粉、复方磺胺间甲氧嘧啶钠可溶性粉、复方磺胺二甲嘧啶粉（水产用）、复方磺胺二甲嘧啶可溶性粉、复方磺胺甲噁唑粉、复方磺胺甲噁唑粉（水产用）、复方磺胺氯达嗪钠粉、磺胺氯吡嗪钠可溶性粉、复方磺胺氯吡嗪钠预混剂、磺胺喹噁啉二甲氧苄啶预混剂、磺胺喹噁啉钠可溶性粉、盐酸氨丙啉磺胺喹噁啉钠可溶性粉、复方磺胺二甲嘧啶钠可溶性粉、联磺甲氧苄啶预混剂、复方磺胺喹噁啉钠可溶性粉、磺胺氯达嗪钠乳酸甲氧苄啶可溶性粉。

（2）喹诺酮类药：恩诺沙星注射液、恩诺沙星粉（水产用）、恩诺沙星片、恩诺沙星溶液、恩诺沙星可溶性粉、恩诺沙星混悬液、盐酸恩诺沙星可溶性粉、乳酸环丙沙星可溶性粉、乳酸环丙沙星注射液、盐酸环丙沙星注射液、盐酸环丙沙星可溶性粉、盐酸环丙沙星盐酸小檗碱预混剂、维生素C磷酸酯镁盐酸环丙沙星预混剂、盐酸沙拉沙星注射液、盐酸沙拉沙星片、盐酸沙拉沙星可溶性粉、盐酸沙拉沙星溶液、甲磺酸达氟沙星注射液、甲磺酸达氟沙星溶液、甲磺酸达氟沙星粉、盐酸二氟沙星片、盐酸二氟沙星注射液、盐酸二氟沙星粉、盐酸二氟沙星溶液、烟酸诺氟沙星注射液、烟酸诺氟沙星可溶性粉、烟酸诺氟沙星溶液、烟酸诺氟沙星预混剂(水产用)、噁喹酸散、噁喹酸混悬液、噁喹酸溶液、氟甲喹可溶性粉、氟甲喹粉、盐酸洛美沙星片。

(3) 其他：乙酰甲喹片、乙酰甲喹注射液。

二、抗寄生虫药

(1) 抗蠕虫药：阿苯达唑硝氯酚片、甲苯咪唑溶液（水产用)、硝氯酚伊维菌素片、阿维菌素注射液、碘硝酚注射液、精制敌百虫片、精制敌百虫粉、精制敌百虫粉（水产用)、乙酰氨基阿维菌素注射液。

(2) 抗原虫药：注射用三氮脒、注射用喹嘧胺、盐酸吖啶黄注射液、甲硝唑片、地美硝唑预混剂。

(3) 杀虫药：辛硫磷溶液（水产用)、氯氰菊酯溶液（水产用)、溴氰菊酯溶液（水产用)、高效氯氰菊酯溶液。

三、中枢神经系统药物

(1) 中枢兴奋药：安钠咖注射液、尼可刹米注射液、樟脑磺酸钠注射液、硝酸士的宁注射液、盐酸苯噁唑注射液。

(2) 镇静药与抗惊厥药：盐酸氯丙嗪片、盐酸氯丙嗪注射液、地西泮片、地西泮注射液、苯巴比妥片、注射用苯巴比妥钠、复方水杨酸钠注射液。

(3) 麻醉性镇痛药：盐酸吗啡注射液、盐酸哌替啶注射液。

(4) 全身麻醉药与化学保定药：注射用硫喷妥钠、注射用异戊巴比妥钠、盐酸氯胺酮注射液、复方氯胺酮注射液、盐酸赛拉嗪注射液、盐酸赛拉唑注射液、氯化琥珀胆碱注射液。

四、外周神经系统药物

(1) 拟胆碱药：氯化氨甲酰甲胆碱注射液、甲硫酸新斯的明注射液。

（2）抗胆碱药：硫酸阿托品片、硫酸阿托品注射液、氢溴酸东莨菪碱注射液。

（3）拟肾上腺素药：重酒石酸去甲肾上腺素注射液、盐酸肾上腺素注射液。

（4）局部麻醉药：盐酸普鲁卡因注射液、盐酸利多卡因注射液。

五、抗炎药

氢化可的松注射液、醋酸可的松注射液、醋酸氢化可的松注射液、醋酸泼尼松片、地塞米松磷酸钠注射液、醋酸地塞米松片、倍他米松片。

六、泌尿生殖系统药物

丙酸睾酮注射液、苯丙酸诺龙注射液、苯甲酸雌二醇注射液、黄体酮注射液、注射用促黄体素释放激素 A_2、注射用促黄体素释放激素 A_3、注射用复方鲑鱼促性腺激素释放激素类似物、注射用复方绒促性素 A 型、注射用复方绒促性素 B 型、三合激素注射液。

七、抗过敏药

盐酸苯海拉明注射液、盐酸异丙嗪注射液、马来酸氯苯那敏注射液。

八、局部用药物

注射用氯唑西林钠、头孢氨苄乳剂、苄星氯唑西林注射液、氯唑西林钠氨苄西林钠乳剂（泌乳期）、氨苄西林钠氯唑西林钠乳房注入剂（泌乳期）、盐酸林可霉素硫酸新霉素乳房注入剂（泌乳期）、盐酸林可霉素乳房注入剂（泌乳期）、盐酸吡利霉素乳房注入剂（泌乳期）。

九、解毒药

（1）金属络合剂：二巯丙醇注射液、二巯丙磺钠注射液。

（2）胆碱酯酶复活剂：碘解磷定注射液。

（3）高铁血红蛋白还原剂：亚甲蓝注射液。

（4）氰化物解毒剂：亚硝酸钠注射液。

（5）其他解毒剂：乙酰胺注射液。

附录Ⅵ　一、二、三类动物疫病病种名录
中华人民共和国农业部公告

第1125号

为贯彻执行《中华人民共和国动物防疫法》，我部对原《一、二、三类动物疫病病种名录》进行了修订，现予发布，自发布之日起施行。1999年发布的农业部第96号公告同时废止。

特此公告

附件：一、二、三类动物疫病病种名录

二〇〇八年十二月十一日

附件：

一、二、三类动物疫病病种名录

一类动物疫病（17种）

口蹄疫、猪水泡病、猪瘟、非洲猪瘟、高致病性猪蓝耳病、非洲马瘟、牛瘟、牛传染性胸膜肺炎、牛海绵状脑病、痒病、蓝舌病、小反刍兽疫、绵羊痘和山羊痘、高致病性禽流感、新城疫、鲤春病毒血症、白斑综合征

二类动物疫病（77种）

多种动物共患病（9种）：狂犬病、布鲁氏菌病、炭疽、伪狂犬病、魏氏梭菌病、副结核病、弓形虫病、棘球蚴病、钩端螺旋体病

牛病（8种）：牛结核病、牛传染性鼻气管炎、牛恶性卡他热、牛白血病、牛出血性败血病、牛梨形虫病（牛焦虫病）、牛锥虫病、

日本血吸虫病

绵羊和山羊病（2 种）：山羊关节炎脑炎、梅迪一维斯纳病

猪病（12 种）：猪繁殖与呼吸综合征（经典猪蓝耳病）、猪乙型脑炎、猪细小病毒病、猪丹毒、猪肺疫、猪链球菌病、猪传染性萎缩性鼻炎、猪支原体肺炎、旋毛虫病、猪囊尾蚴病、猪圆环病毒病、副猪嗜血杆菌病

马病（5 种）：马传染性贫血、马流行性淋巴管炎、马鼻疽、马巴贝斯虫病、伊氏锥虫病

禽病（18 种）：鸡传染性喉气管炎、鸡传染性支气管炎、传染性法氏囊病、马立克氏病、产蛋下降综合征、禽白血病、禽痘、鸭瘟、鸭病毒性肝炎、鸭浆膜炎、小鹅瘟、禽霍乱、鸡白痢、禽伤寒、鸡败血支原体感染、鸡球虫病、低致病性禽流感、禽网状内皮组织增殖症

兔病（4 种）：兔病毒性出血病、兔黏液瘤病、野兔热、兔球虫病

蜜蜂病（2 种）：美洲幼虫腐臭病、欧洲幼虫腐臭病

鱼类病（11 种）：草鱼出血病、传染性脾肾坏死病、锦鲤疱疹病毒病、刺激隐核虫病、淡水鱼细菌性败血症、病毒性神经坏死病、流行性造血器官坏死病、斑点叉尾鮰病毒病、传染性造血器官坏死病、病毒性出血性败血症、流行性溃疡综合征

甲壳类病（6 种）：桃拉综合征、黄头病、罗氏沼虾白尾病、对虾杆状病毒病、传染性皮下和造血器官坏死病、传染性肌肉坏死病

三类动物疫病（63 种）

多种动物共患病（8 种）：大肠杆菌病、李氏杆菌病、类鼻疽、放线菌病、肝片吸虫病、丝虫病、附红细胞体病、Q 热

牛病（5 种）：牛流行热、牛病毒性腹泻/黏膜病、牛生殖器弯曲杆菌病、毛滴虫病、牛皮蝇蛆病

绵羊和山羊病（6 种）：肺腺瘤病、传染性脓疱、羊肠毒血症、干酪性淋巴结炎、绵羊疥癣，绵羊地方性流产

马病（5 种）：马流行性感冒、马腺疫、马鼻腔肺炎、溃疡性淋巴管炎、马媾疫

猪病（4 种）：猪传染性胃肠炎、猪流行性感冒、猪副伤寒、猪密螺旋体痢疾

禽病（4 种）：鸡病毒性关节炎、禽传染性脑脊髓炎、传染性鼻炎、禽结核病

蚕、蜂病（7 种）：蚕型多角体病、蚕白僵病、蜂螨病、瓦螨病、亮热厉螨病、蜜蜂孢子虫病、白垩病

犬猫等动物病（7 种）：水貂阿留申病、水貂病毒性肠炎、犬瘟热、犬细小病毒病、犬传染性肝炎、猫泛白细胞减少症、利什曼病

鱼类病（7 种）：鮰类肠败血症、迟缓爱德华氏菌病、小瓜虫病、黏孢子虫病、三代虫病、指环虫病、链球菌病

甲壳类病（2 种）：河蟹颤抖病、斑节对虾杆状病毒病

贝类病（6 种）：鲍脓疱病、鲍立克次体病、鲍病毒性死亡病、包纳米虫病、折光马尔太虫病、奥尔森派琴虫病

两栖与爬行类病（2 种）：鳖腮腺炎病、蛙脑膜炎败血金黄杆菌病

附录Ⅶ　一、二类猪疫病的防控措施（仅供参考）

疫病种类	疫病名称	用药方案	用药选择	控制方案
一类	非洲猪瘟			目前尚无有效疫苗预防和治疗药物。一旦发现疫情，必须立即上报，采取隔离、封锁及扑杀等措施
	猪瘟	抗病毒（疫苗、干扰素等）＋对症治疗＋提高免疫力（转移因子、黄芪多糖等）＋防止继发感染（抗生素）	首选药：生物制剂（高免血清、疫苗、干扰素等）； 备选药：中药	1. 假定健康猪，猪瘟兔化弱毒苗4～6头份，转移因子注射液2～4mL或黄芪多糖注射液每千克体重0.2mL紧急接种发病猪。体重25～50kg猪，8～10头份/头，体重50kg以上，10～30头份/头，肌注。 2. 猪白细胞干扰素、黄芪多糖注射液每千克体重0.2mL，混合肌注，1次/d，连用3d
	口蹄疫			目前尚无有效治疗药物。一旦发现疫情，必须立即上报，采取隔离、封锁及扑杀等措施
	高致病性猪蓝耳病			目前尚无有效治疗药物。一旦发现疫情，必须立即上报，采取隔离、封锁及扑杀等措施
二类	猪繁殖与呼吸障碍综合征	抗病毒（中药）＋提高免疫力（扶正解毒散、黄芪多糖等）＋防止继发感染（替米考星、泰万菌素）	首选药：中药（黄芪多糖、板蓝根、清瘟败毒散等）； 备选药：替米考星、泰万菌素	1. 假定健康母猪，猪繁殖与呼吸综合征活疫苗紧急接种2头份。 2. 黄芪多糖粉0.5～1kg/t、10%替米考星2～4kg/t、清肺止咳散3～5kg/t混饲，连用5～7d。 3. 板蓝根颗粒1kg/t、20%泰万菌素300g/t、10%氟苯尼考1～2kg/t混饲，连用5～7d

续表

疫病种类	疫病名称	用药方案	用药选择	控制方案
二类	猪圆环病毒病	抗病毒(中药)+提高免疫力(扶正解毒散、黄芪多糖等)+防止继发感染(头孢噻呋、强力霉素、氟苯尼考等)	首选药:中药(黄芪多糖、扶正解毒散等); 备选药:抗生素	1. 1%～2%扶正解毒散、20%替米考星1～2kg/t、10%泰乐菌素0.5～1kg/t混饲,连用5～7d。 2. 黄芪多糖粉0.02%～0.05%、10%氟苯尼考1kg/t混饲,连用5～7d。 3. 头孢噻呋钠每千克体重3～5mg、黄芪多糖注射液每千克体重0.2mL,肌注,1～2次/d,连用3～5d
	猪细小病毒病	抗病毒(中药)+对症治疗(消除子宫内膜炎等)+防止继发感染(阿莫西林、环丙沙星等)	首选药:中药(黄芪多糖等); 备选药:抗生素(环丙沙星、头孢噻呋等)	1. 后备母猪,猪细小病毒病灭活疫苗紧急接种,每头2mL。 2. 10%氟苯尼考1～2kg/t或10%阿莫西林1kg/t、黄芪多糖粉500g/t、5%葡萄糖混饲,连用7d
	日本乙型脑炎	抗病毒(中药)+对症治疗(消除子宫内膜炎、脑水肿等)+防止继发感染(磺胺嘧啶、阿莫西林、环丙沙星等)	首选药:中药(清瘟败毒散、白虎汤等); 备选药:抗生素(头孢噻呋等)	1. 1%～2%清瘟败毒散混饲,连用7～10d;公猪两侧睾丸均有炎症且萎缩,予以淘汰,母猪全窝产木乃伊胎的亦建议淘汰;超过预产期3d仍不分娩的母猪,氯前列醇钠0.2mg,肌注,引产不成的予以淘汰。 2. 20%磺胺嘧啶钠每千克体重0.25～0.5mL、20%甘露醇100～200mL、10%葡萄糖100～500mL,静注,1次/d,连用2～3d
	猪伪狂犬病	抗病毒(疫苗)+对症治疗(消除子宫内膜炎等)+防止继发感染(阿莫西林、环丙沙星等)	首选药:生物制剂(疫苗、干扰素等); 备选药:中药(黄芪多糖等)、抗生素(环丙沙星等)	1. 猪伪狂犬病活疫苗紧急接种,母猪2～3头份,仔猪1头份,间隔4周再加强免疫1次;初产3d内仔猪滴鼻1头份,50日龄再加强免疫1次。 2. (仔猪)猪白细胞干扰素1mL、黄芪多糖每千克体重0.2mL,肌注,2次/d,连用3～5d

续表

疫病种类	疫病名称	用药方案	用药选择	控制方案
二类	猪肺疫	抗菌消炎（抗生素）＋止咳平喘（氨茶碱、清肺止咳散等）	首选药：氟苯尼考、头孢喹肟、泰拉霉素、磺胺间甲氧嘧啶； 备选药：卡那霉素、阿莫西林、恩诺沙星	1. 30％氟苯尼考每千克体重0.05～0.1mL、鱼腥草注射液每千克体重0.15～0.2mL、12.5％氨茶碱2～4mL、复方氨基比林5～10mL，肌注，2次/d，连用3～5d。 2. 头孢喹肟每千克体重5～10mg、银黄注射液每千克体重0.15～0.2mL、12.5％氨茶碱2～4mL、复方氨基比林5～10mL，肌注，2次/d，连用3～5d
	猪链球菌病	抗菌消炎（抗生素）＋对症治疗（退烧、缓解神经症状（复方氨基比林、复合维生素B等）	首选药：环丙沙星、头孢噻呋、氨苄西林、阿莫西林； 备选药：青霉素、恩诺沙星、氟苯尼考、庆大霉素、卡那霉素	1. 头孢噻呋每千克体重5mg、复方氨基比林5～10mL，肌注，2次/d，连用3～5d。 2. 环丙沙星每千克体重2.5～5mg、复方氨基比林5～10mL，肌注，2次/d，连用3～5d。 3. 10％磺胺嘧啶钠每千克体重0.25～0.5mL、30％林可霉素每千克体重0.05mL、复方氨基比林5～10mL，肌注，2次/d，连用3～5d
	副猪嗜血杆菌病	抗菌消炎（抗生素）＋减少渗出（地塞米松）＋退烧、消除关节肿胀（复方氨基比林、柴胡等）	首选药：头孢喹肟、头孢噻呋、氟苯尼考、氨苄西林、阿莫西林； 备选药：恩诺沙星、环丙沙星、庆大霉素、替米考星、大观霉素	1. 头孢喹肟每千克体重2～5mg、10％恩诺沙星每千克体重0.05～0.1mL、地塞米松5～10mg，肌注，2次/d，连用3～5d。 2. 头孢噻呋每千克体重5～10mg、10％恩诺沙星每千克体重0.05～0.1mL、地塞米松5～10mg、维生素C5mL、复方氨基比林5～10mL，肌注，2次/d，连用3～5d

续表

疫病种类	疫病名称	用药方案	用药选择	控制方案
二类	猪支原体肺炎	抗支原体(大环内酯类、喹诺酮类、四环素类)+止咳平喘(鱼腥草、麻杏石甘散等)	首选药:泰万菌素、泰乐菌素、泰妙菌素、替米考星; 备选药:氟苯尼考、恩诺沙星	1. 泰乐菌素每千克体重10～13mg、鱼腥草注射液每千克体重0.1～0.2mL、维生素C 5～10mL、地塞米松5mL,肌注,2次/d,连用3～5d。 2. 45%延胡索酸泰妙菌素220g/t、10%盐酸多西环素1～2kg/t、1%～2%麻杏石甘散混饲,连用5～7d
	猪萎缩性鼻炎	抗菌消炎(氨基糖苷类、磺胺类、喹诺酮类)+通窍止血(止血敏、0.1%肾上腺素等)	首选药:氟苯尼考、卡那霉素、庆大霉素、强力霉素; 备选药:恩诺沙星、环丙沙星、新霉素、磺胺二甲嘧啶	1. 颜面变形(歪鼻、短鼻、翘鼻)的病猪,及时淘汰处理。 2. 生理盐水冲洗鼻腔,卡那霉素注射液5mL(5mL:0.5g)、0.1%肾上腺素1mL,滴鼻或喷雾,每孔0.5～0.8mL,2～3次/d,连用3～5d;10%硫酸卡那霉素每千克体重0.2～0.3mL、地塞米松5～10mg,肌注,2次/d,连用3～5d
	猪丹毒	抗菌消炎(β-内酰胺类、大环内酯类、喹诺酮类)+退烧(复方氨基比林、安乃近、柴胡等)	首选药:青霉素、阿莫西林、头孢噻呋、恩诺沙星、环丙沙星; 备选药:氨苄西林、强力霉素、泰乐菌素	1. 青霉素每千克体重5万～8万IU、链霉素每千克体重20～30mg、双黄连注射液每千克体重0.1～0.2mL、30%安乃近5～10mL,3次/d,连用3～5d。 2. 氨苄西林钠每千克体重10～20mg、黄芪多糖注射液每千克体重0.1～0.2mL、复方氨基比林5～10mL,2次/d,连用3～5d
	猪弓形虫病	抗弓形虫(磺胺间甲氧嘧啶钠)+退烧、平喘(复方氨基比林等)	首选药:磺胺间甲氧嘧啶钠; 备选药:磺胺嘧啶、林可霉素	1. 10%磺胺间甲氧嘧啶钠每千克体重0.5～1mL(首次量加倍)、复方氨基比林5～10mL,肌注,1～2次/d,连用3～5d。 2. 复方磺胺间甲氧嘧啶每千克体重0.15～0.3mL、黄芪多糖注射液每千克体重0.2mL,肌注,1～2次/d,连用3d

参考文献

[1] 中国兽药典委员会．中华人民共和国兽药典：一部[M]．2015年版．北京：中国农业出版社，2016.

[2] 中国兽药典委员会．中华人民共和国兽药典：二部[M]．2015年版．北京：中国农业出版社，2016.

[3] 中国兽药典委员会．中华人民共和国兽药典兽药使用指南：化学药品卷[M]．2010年版．北京：中国农业出版社，2011.

[4] 中国兽药典委员会．中华人民共和国兽药典兽药使用指南：中药卷[M]．2010年版．北京：中国农业出版社，2011.

[5] 中国兽医药品监察所．兽药产品说明书范本：化学药品卷[M]．北京：中国农业出版社，2017.

[6] 中国兽医药品监察所．兽药产品说明书范本：中药卷[M]．北京：中国农业出版社，2017.

[7] 胡功政，李荣誉．新全兽药手册[M]．郑州：河南科学技术出版社，2015.

[8] 余祖功．兽药合理应用与联用手册[M]．北京：化学工业出版社，2014.

[9] 芮荣．猪病诊疗与处方手册[M]．北京：化学工业出版社，2012.

[10] 胡功政，崔耀明．兽药合理配伍与使用[M]．郑州：河南科学技术出版社，2012.

[11] 吕惠序，杨赵军．猪场兽药使用与猪病防治技术[M]．北京：化学工业出版社，2013.

[12] 王艳丰，张丁华．猪健康养殖与疾病防治宝典[M]．北京：化学工业出版社，2017.

[13] 周虹．最新450种中西药注射剂配伍应用检索表[M]．北京：中国医药科技出版社，2013.

[14] 郑继方．兽医药物临床配伍与禁忌[M]．北京：金盾出版社，2006.

附本书中单位说明对照表：

单位名称	吨	千克	克	毫克	微克	米	厘米	毫米	微米	纳米	转/每分	公顷	平方米
对应国际标准符号	t	kg	g	mg	μg	m	cm	mm	μm	nm	r/min	hm^2	m^2

单位名称	平方厘米	立方米	升	毫升	天	小时	分钟	秒	摄氏度	千焦	兆焦	国际单位	瓦	勒克斯
对应国际标准符号	cm^2	m^3	L	mL	d	h	min	s	℃	kJ	MJ	IU	W	lx